环境污染引发的社会脆弱性研究

A Study on the Relations between Environmental Pollution and Social Vulnerability

朱海忠　著

图书在版编目（CIP）数据

环境污染引发的社会脆弱性研究 / 朱海忠著. —北京：世界图书出版有限公司北京分公司，2023.7
ISBN 978-7-5232-0133-6

Ⅰ.①环… Ⅱ.①朱… Ⅲ.①环境污染—研究 Ⅳ.①X508

中国国家版本馆CIP数据核字（2023）第000387号

书　　名　环境污染引发的社会脆弱性研究
HUANJING WURAN YINFA DE SHEHUI CUIRUOXING YANJIU

著　　者　朱海忠
责任编辑　陈俞蒨
装帧设计　崔欣晔

出版发行　世界图书出版有限公司北京分公司
地　　址　北京市东城区朝内大街137号
邮　　编　100010
电　　话　010-64038355（发行）　64033507（总编室）
网　　址　http://www.wpcbj.com.cn
邮　　箱　wpcbjst@vip.163.com
销　　售　新华书店
印　　刷　北京建宏印刷有限公司
开　　本　710mm × 1000mm　1/16
印　　张　18.5
字　　数　246千字
版　　次　2023年7月第1版
印　　次　2023年7月第1次印刷
国际书号　ISBN 978-7-5232-0133-6
定　　价　59.80元

目录

第一章 绪论

第一节　研究缘起与背景

一、研究缘起

在有关“农民环境抗争”的教育部课题（2009—2012年）结项之后，我曾一度决定放弃做环境问题的研究。2013年初，我去南京拜访童星教授并提及自己的想法时，童老师觉得，2012年党的十八大提出要加强生态文明建设，并将其纳入“五位一体”的总体布局之中，环境问题很可能在未来若干年仍然是研究热点问题。这一观点从其后几年国家社科基金立项课题中有关环境问题的课题数量上得到了充分验证（2015年立项项目中，有关环境问题的一般项目和青年项目数量分别是81项和37项，总计118项。2016年和2017年的相应数目分别是74项、30项、104项和88项、36项、124项）。

在老师的鼓励下，我从南京归来后写了一个很粗糙的项目申报书。项目名称是《生态文明视域下的乡村环境整治——基于扬州市的实证分析》。后来我感觉不太完善，于是便放弃了。2014年，鉴于社会风险研究正成为另一学术热点，于是我初步拟定以《生态文明建设中的社会风险》为题申报国家社科基金。在陆续阅读了一些有关灾害社会学的文章之后，我了解到了灾害社会学和灾害管理领域的一些核心概念，如“脆弱性”“深度不确定性”“韧性”等，但此时并没有对环境问题与风险问题的关联进行深入学习和思考。2014年5月—2015年5月在美国访学期间，在一次散步的时候，我偶然想到，污染治理与灾害治理有很多相似的地方，比如，灾害治理中特别强调特定社会系统的抗逆能力、复原能力、调整与适应能力。污染治理同样如此：特定社会系统对即将或已经出现的污染风险如何抵制？如何利用最新技术手段提高环境风险的预测与先期化解能力？一旦污染等环境事件发生，如何在最短的时间内使社会秩序回归正常状态？如何从污染事故中吸取经验，通过学习和制度调整避免同类事件的重演？鉴于两者有很多相似之处，能否将灾害管理领域中的核心概念移植到环境社会学和环境管理领域呢？带着这些疑惑，我查阅了一些有关社会脆弱性的文献，将原先申报的题目改为《环境污染引发的社会脆弱性研究》，并且有幸获得了立项。

2014—2015年，媒体上有关环境污染的两篇报道给了我很大的触动，让我首次将环境污染与脆弱性概念联系在了一起。第一篇报道来自“中外对话”，内容涉及中国土壤污染及其引发的食品安全和粮食安全问题。报道以2013年镉米风暴（湖南大米在广东被多次查出镉含量严重超标）为切入点，论及湖南乃至全国的土壤污染问题（湖南全省有13%的土地受到“矿毒”及重金属污染，全国有5000万亩左右的耕地受到中重度污染）。[①]土壤污染必然导致粮食产量下降和民众的食品安全得不到保障。如果作者所说的“人们对于食品安全的担忧与中央迫切希望能够解决国家粮食安全问题”之间的冲突没有得到解决，在这种情况下，河南、湖南等农业省份迫于中央压力而让农民在受污染的土地上继续耕作所出产的粮食

① 详细内容参阅何光伟：《特别报道：土壤污染威胁中国食品安全》，中外对话：https：//chinadialogue.net/zh/7/42361/，2014年7月7日。

会流向何方？第二篇报道来自央广网，报道对象涉及湖南省株洲市的青霞社区。该社区居民因为附近清水塘工业区的环境污染而罹患癌症的比例超过10%，远远高于全国其他地区肿瘤发病率最高1%的水平。社区中的桎木组受害最为严重。记者援引桎木组组长的统计，全村癌症病人的户口比例超过了60%。村里的男人因为在当地工厂上班，长期接触汞等有害物质，都得癌症死了，桎木组因此成了远近闻名的“寡妇村”。报道中所反映的受害村民在多次上访无果后采取的极端维权手段和对生存前景的焦虑、所提供的桎木组18户寡妇名单和部分患癌去世的村民名单、所呈现的部分癌症患者瘦骨嶙峋的躯体和凄惨的家庭状况，无一不给读者以极大的震撼。[①]

这两则报道刊发之前不久，党中央已经提出了“总体国家安全观”。报道中所涉及的食品安全、健康安全等多种安全类型都被纳入一个统一整体中进行谋划。在社会层面上，随着各类社会风险的增加，中国民众的安全意识和安全需求越来越强烈。2014年兰州自来水污染事件中近10个小时的信息延误激起的民怨远远超过2005年松花江水污染事件中11天的信息隐瞒所引发的民怨（童星，2016）。“我怕”这一风险社会的主导原则已成为中国民众的关注焦点。在这样的时代背景下，两则报道中所反映的问题便格外显眼。它们虽然分别着眼于宏观和微观事实的呈现，但蕴含着一个共同的主题，即环境污染会让社会系统的某些方面变得非常脆弱。那么，环境污染引发的社会脆弱性除了涉及国家安全、食品安全以及社区居民的健康与生命安全之外，还有哪些维度？这样的脆弱性会使社会系统面临哪些风险和后果？为什么一些群体比另一些群体更容易受到环境污染的伤害或者伤害更大？如何实现在消减伤害、回归常态的基础上进一步提升脆弱

---

① 详见央广网：《湖南株洲“寡妇村”污染肆虐，男人多因癌死亡》，http://news.cnr.cn/native/pic/20150122/t20150122_517493259.shtml。

性群体的污染问题解决能力？降低环境污染引发的社会脆弱性是一个系统工程，如何认识这一工程的系统性特征并且很好地完成工程任务？所有这些问题都值得进一步讨论和研究。

二、研究背景

环境污染几乎是所有工业化国家在特定发展阶段的共性问题。受贫困和发展问题所迫，工业化国家在处理施奈伯格所说的“社会与环境的辩证关系”时很难跨越“经济合题”（economic synthesis）和“有计划匮乏合题”（planned scarcity synthesis）而直接进入“生态合题”（ecological synthesis）（Schnaiberg，1975），由此造成特定历史时期环境问题的严重性。新中国在走向现代化的过程中亦是如此。20世纪70年代，随着工业经济的起步，污染问题开始显现并渐趋严重。尽管中央政府强调可持续发展、科学发展和环境保护，但全国各地以牺牲生态环境为代价换取经济增长的做法似乎成为一种“路径依赖”，即使在东部经济发达的省份亦是如此。以湖南、贵州和重庆三省市交界处的“锰三角”地区为例，在锰产业高速发展的2004年，湖南省花垣县以23%的GDP增长率位居湖南各县市区之首，贵州省松桃县的财政收入由2003年的5600万元增长到9300万元，重庆市秀山县的财政收入增幅高达200%。“锰三角”污染治理的真正难点就藏在这些数字的背后。再以江苏省无锡市为例，2006年，无锡人均GDP突破了7000美元，但在此前几年当中，无锡每年大约要用8万亩土地换取15%的GDP增长和20%的工业增长，而生态功能水平只相当于全省的65%，生态需求却高出40%。经济发展与生态保护的失衡导致了环境污染曾像瘟疫一样在全国普遍蔓延，污染事故与生态灾难频繁出现。[①]

20世纪90年代，中国政府对环境污染也曾高调治理过。以淮河污染治理为例，从1994年中央相关部门组织“中华环保世纪行”活动，对淮河流域水污染自行揭短开始，到2004年淮河再次出现严重污染险情结束，10年间中央政府有很多实质性治污行动，诸如颁布我国大江大河水污染预防的第一个规章制度——《关于淮河流域防止河道突发性污染事故的决定（试行）》，颁布我国历史上第一部流域性法规——《淮河流域水污染防治暂行条例》，明确1997年底和2000年底两个阶段的防治目标，直接领导对淮河流域工业污染源的集中整治等。可是，高调治污的结果竟是淮河污染又回到了“原点”。

淮河治污的低效表明，同时承担了经济发展和环境保护责任的政府并没有协调好两者之间的矛盾。21世纪以来，中央政府在环境保护工作上的力度不断加大。2007年，党的十七大报告首次提出要“建设生态文明”，并且要在2020年实现国家的“生态环境良好”。2008年，为了凸显环境保护的重要性，中央在环保体制上做了调整，将国家环保总局由原先的国务院从属机构升格为国务院组成部门。2012年11月，党的十八大将“生态文明建设”纳入“五位一体”的总体战略布局，提升了环境保护的重要性和民众生态权益的地位。2013年，国务院印发《大气污染防治行动计划》（简称《大气十条》），建立跨区域大气污染防治协作机制。2014年，新《环境保护法》颁布，对跨区域环境治理联动与协调、强制环境信息公开、加重环境违法处罚等做出了新的规定。2015年和2016年，《水污染防治行动计划》和《土壤污染防治行动计划》相继出台实施。从2015年开始，中央开始深化生态环保领域改革，逐步实行诸如中央环境保护督察、

---

① 中央电视台“经济与法”栏目：《“锰三角”启示录》，2009年6月11日；刘晓星：《蓝藻围困无锡　守着太湖没水吃》，中国环境网https：//www.cenews.com.cn/xwzx/sj/200802/t20080214_222049.html，2007年6月12日。

生态环境损害责任追究、环境污染第三方治理等制度。2017年，李克强在两会上做政府工作报告时，代表中央政府向全国人民宣称要“坚决打好蓝天保卫战”。2018年，环境保护领域出现了若干重要变动，其中包括：第八次全国生态环境保护大会与习近平生态文明思想的正式确立，将绿色发展理念、生态文明、建设美丽中国等要求写入宪法，组建生态环境部和生态环境保护综合执法队伍，《打赢蓝天保卫战三年行动计划》的颁布等。中央政府的诸多强有力措施终于扭转了生态环境渐趋恶化的态势。与此同时，习近平自执政以来在多个场合对“绿水青山就是金山银山”理念做出强调和对环境保护做出要求，甚至亲自批示整改一批突出的生态环境问题，推动了全国各地逐步形成绿色发展的共识。

在全国生态环境日益好转的同时，唯GDP是从的思维惯性可能还会持续很长时间。另外，以牺牲环境为代价换取经济增长所带来的问题也不可能一下子解决。以土壤污染为例，首次全国土壤污染状况调查（2005年4月—2013年12月）结果显示，全国土壤总的点位超标率和耕地点位超标率分别为16.1%和19.4%。在1.35亿多公顷的耕地中，中度和重度污染耕地超过300万公顷。由于土壤修复难度大、周期长、耗资多，因此，土壤污染防治必将面临资金、法律、技术三大难题。资金不足、评估标准模糊、技术不成熟这三大问题“使土壤修复注定是一场持久战”[①]。再以大气污染为例，2020年9月，习近平向全世界宣布了中国CO_2排放的两个重要时间节点，一是2030年的碳达峰，二是2060年的碳中和。这就意味着，未来若干年，中国的CO_2排放还将持续增加。

环境问题的紧迫性还可以从以下几个方面的事实得到佐证。第一，全国各地环境污染事件和生态灾难事故还在不断出现。表1–1列出了2011年

① 何光伟：《特别报道：中国土壤重金属污染之困》，中外对话：https：//chinadialogue.net/zh/7/42360/，2014年6月30日；何光伟：《特别报道：中国面临土壤修复挑战》，中外对话：https：//chinadialogue.net/zh/7/42362/，2014年7月14日。

以来全国各地突发环境事件状况。截止到2018年底，每年都有数百起突发环境事件发生，且“重大”和“较大”类型的环境事件没有间断。

表1-1 2011年以来中国突发环境事件状况表

年份＼次数＼类型	突发环境事件	特别重大环境事件	重大环境事件	较大环境事件	一般环境事件
2011	542	—	6	10	465
2012	542	—	5	5	532
2013	712	—	3	12	697
2014	471	—	3	16	452
2015	334	—	3	5	326
2016	304	—	3	5	296
2017	302	—	1	6	295
2018	286	—	2	6	278
2019	261	—	—	3	258

资料来源：国家统计局，《中国统计年鉴》（2012—2020年）。2011年有61起未定级环境事件没有计算在内。

第二，环境信访的数量虽然在减少，但仍然维持在较高水平。根据生态环境部公布的《中国生态环境状况公报》的数字，2011—2015年，“010-12369”热线接受的群众环境信访的次数分别是25 610次、23 486次、48 749次、59 917次、38 689次。2015年开展中央环保督察工作之后，2016年受理群众举报3.3万件，问责6454人。2017年，督察组受理群众环境举报的数字分别激增至13.5万件和1.8万多人。2019年，先期针对6个省和2家中央企业开展的第二轮环保督察又受理转办了1.89万件群众举报问题。由此可见，环境问题引起的社会矛盾仍然是影响社会稳定的重要隐患。

第三，中央政府不断强调要加大环境监测、深入推进环保督察并保持常态化，由此导致的涉及环境问题的行政处罚力度逐年增加。2017年，中央环境保护督察完成了所有省份的全覆盖；2018年实行了“回头看”，且出台《关于进一步强化生态环境保护监管执法的意见》等文件；2019年启动了第二轮例行督察。从2015年到2018年，各地环保部门下达的行政处罚决定分别为9.7万余件、12.4万余件、23.3万件和18.6万件；罚款数额分别为42.5亿元、66.3亿元、115.8亿元、152.8亿元，分别比上一年度增长34%、56%、74.7%、32%。2019年，行政处罚案件数量和罚款金额有所下降，但亦有16.28万件和118.78亿元。[①]值得注意的是，在生态环境部通报的全国环境行政处罚案件中，无论是案件数量还是罚款金额，排名靠前的多是东部发达省份。[②]

环境突发事件的不断涌现以及生态文明建设的长期性使得持久而深入地探讨环境变迁（包括环境污染）与社会系统之间的关系变得十分必要，尤其是要关注环境变化对社会系统造成的社会风险、暴露的社会系统原先潜隐的问题以及对社会系统带来的冲击。在灾害学研究中，自然灾害与社会脆弱性之间关系的研究十分丰富，但人为灾难与社会脆弱性之间关联的研究相对不足。

---

① 生态环境部：《中国生态环境状况公报》（2015—2019年），http://www.mee.gov.cn/hjzl/sthjzk/。

② 以2021年1—6月为例，环境行政处罚案件数量排名前五的省份是河北、江苏、河南、山东、广东；罚款金额排名前五的省份是江苏、河北、山东、广东、云南。详情见《中国环境报》2021年7月26日01+04版。

第二节　研究问题与意义

一、研究问题

本书研究的核心问题是环境污染与社会脆弱性的内在关联。无论是环境污染，还是社会脆弱性，都具有很强的社会建构特征。因此，“脆弱性”概念采用威斯勒等人的定义，即认为它是“个体或群体及其生存处境的特征。这些特征影响了他们预测、应对、抵御自然灾害（极端自然事件或过程）并从灾害影响中得以恢复的能力”。脆弱性涉及人们在面临单一或多个灾难性事件冲击时，生命、生计与资产风险程度的多个影响因素组合（Wisner，et al.，2004：11）。这一定义涉及人群和空间两大构成因素，因此，许多学者在脆弱性的分析内容上沿用卡特等（Cutter，Boruff and Shirley，2003）、鲍尔登等（Borden，et al.，2007），以及霍兰德等人（Holand，et al.，2011）的思路，将社会脆弱性分为社会经济因素（人口特征、生活条件等）和建成环境因素（居住密度、基础设施状况等）。

围绕环境污染与社会脆弱性的关联而展开的其他问题主要包括以下几个方面：

第一，在引发脆弱性的多个因素中，既有自然因素（如各类自然灾害），也有人为因素（如种族歧视、发展政策、土地征用等），环境污染只是其中的因素之一。环境污染可能出于自然原因（如火山爆发或森林大火导致空气污浊），但更多是由人类活动造成的。探讨环境污染引发的社会脆弱性，必须深入理解社会脆弱性的内涵、在不同维度和不同尺度上的表现，以及生成与消减机理等。在概念界定和文献综述部分将对这些问题做比较详细的梳理。

第二，社会脆弱性的分析框架。在灾害研究领域，分析社会脆弱性的多个框架至少可以纳入三大理论视角（政治经济学视角、社会-生态视角、综合视角）之中。学术界已有学者对这些视角和分析框架进行了认真梳理（Birkmann，et al.，2013；黄晓军等，2014）。这些梳理可以使读者对相关框架拥有初步的认识，但是，若要深入领会框架内涵并在实践中加以运用，还需要仔细揣摩原文并结合特定的案例进行更细致的解读。

第三，根据联合国政府间气候变化专门委员会（IPCC）的著名公式，即脆弱性=风险—适应，（社会）脆弱性与（社会）风险密切相关。除了气候变化研究领域之外，贫困研究和灾害研究领域的学者也讨论过脆弱性和风险的关系。这些讨论的结论并不一致，有必要做进一步梳理。只有弄清楚脆弱性与风险的关系，才能更好地理解环境污染蕴含的社会风险与污染引发的社会脆弱性的关联。包括环境风险在内的与污染相关的风险类型特征及其可能的相互演化机制、环境社会风险向社会危机转化过程中社会脆弱性的角色、环境冲突与社会脆弱性的关联等问题将在第三章中具体讨论。

第四，社会脆弱性在不同空间尺度上的表现与评估一直是学术界关注的主要问题之一。本书无力描绘该问题的宏观图景，只是借助于社会脆弱性分析框架中的可持续生计框架从微观尺度考察一个村庄在特定污染事件中的脆弱性状况。2018年发生于江苏省泗洪县的洪泽湖水污染事件为这一尝试提供了调研和分析对象。

第五，环境污染引发的社会脆弱性如何治理，尤其是从适应性角度如何通过学习和制度调整减少污染的发生及其对社会-生态系统造成的损害？由于社会脆弱性与社会韧性在适应性维度上有内容的交叉，因此，在讨论脆弱性治理的过程中会涉及社会脆弱性和社会韧性的关系。

二、研究意义

（一）有助于整合学术界关于社会脆弱性和韧性的研究成果，使其得以系统化和进一步深化。

在灾害学研究中，按照危险的来源，通常将灾难分为三类，即自然灾难（如海啸、地震、旱涝等）、技术灾难（核辐射、环境污染等），以及社会（或人为）灾难（如轰炸、绑架、踩踏、9·11袭击等）（Alexander，2002：3）。这三个类型是出于研究的便利而做出的划分，在特定情境中，三种灾难可能会互相转化，如地震引起核泄漏、环境污染引发社会冲突等。20世纪70年代，自然灾害研究的工程-技术主导范式中逐渐引入社会脆弱性范式，至90年代又进一步纳入了社会韧性的内容。相比自然灾难而言，技术灾难与社会灾难中的社会脆弱性问题没有被过多地探讨。

“社会脆弱性”指特定群体、组织或者社区在遭到某种风险威胁时，容易受到伤害并遭受重大损失的可能性。社会脆弱性的研究涉及自然灾害、气候变化、地方/区域、特定社会系统（如矿业城市）、土地利用等多个视角（黄晓军等，2014），但从环境污染的视角研究社会脆弱性的成果非常稀少。将社会脆弱性的探讨从自然灾难领域拓展到技术灾难与社会灾难层面，研究环境污染（作为一种重要的“人为扰动”类型）引发的社会脆弱性可以更深入地透视吉登斯所说的“人为制造的风险”与社会脆弱性之间的关联。

自20世纪70年代社会脆弱性概念进入学术视野以来，关于社会脆弱性的研究思路和分析框架已有很多，诸如压力-释放模型、区域脆弱性模型、可持续分析框架、人与环境耦合系统框架等。韧性研究同样如此，有社会韧性模型、可持续性与韧性复合分析框架、诺里斯社区韧性模型等。这些“散落的珍珠”需要加以整合和连贯化，即它们需要被放在一个整体的认知脉络或者连贯的学术思路中加以考察，否则，纷繁复杂的框架或者模型常常让人感到迷惘和不知所从。在应急管理研究领域，已有学者对相关研究进行了卓有成效的整合，比如，南京大学的风险与灾害研究中心将“工程-技术”领域的灾害研究、“政治-社会”领域的风险研究，以及“组织-制度”领域的危机研究整合成“风险-灾害（突发事件）-危机演化连续统”模型（童星、张海波，2010）。社会脆弱性和韧性研究同样需要将不同的研究内容和分析框架进行整合，或者在时间维度上将社会脆弱性的发生机理、演变过程、未来走向的过程进行模型整合。

（二）无论是环境污染，还是社会脆弱性，都会对国家总体安全带来一定的负面影响，因此，本书的研究对不同空间尺度下的安全建设有一定的指导意义。

传统的国家安全观侧重于军事和政治维度，强调外部威胁对国家安全产生的影响。但是，安全问题并不仅仅局限于外部敌对势力有可能对“国家”进行军事入侵或者政治颠覆，而是同时包含“环境”和“社会”层面的内容。比如，国际恐怖主义者有可能制造重大环境污染事故并由此引发社会混乱，这就需要国家安全部门与环保部门合作，共同制定战略计划，防范此类事故的发生。1978年以来，随着改革开放进程的逐步推进，中国社会中原先并不严重或被忽略的安全问题，比如社会不公与社会冲突、宗教矛盾与宗教极端主义、跨国犯罪与恐怖主义、环境污染与可持续发展、瘟疫传播与疾病流行等日益显现，国家安全的内涵与外延大大拓展。正是在这样的背景下，2014年，以习近平同志为核心的党中央提出了涵盖11种安全门类（新冠肺炎疫情发生后又纳入了“生物安全”）的“总体国家安全观”，强调国家安全的综合性特征和体系化构建。

在新的国家安全体系中，环境污染与生态安全最为相关，而生态问题与科技的作用、经济发展、政治运作与政策取向、生物多样性、能源等问题紧密关联，同时又可能引发国际政治与军事冲突。因此，环境污染又同科技安全、经济安全、政治安全、生物安全、资源安全、国土安全、军事安全等联系在了一起，对国家安全影响至深。在有关“安全”问题的学术史上，将环境因素纳入考察视野，讨论社会冲突的环境根源被看作是环境与安全研究的“第二波”，继之出现了强调“人的安全”（human security）的第三次研究浪潮（Najam，2004）。在涉及环境问题时，这些研究讨论的是环境变动（环境退化、资源稀缺等）对国家、区域以及民众安全产生的影响，没有细化到环境污染层面，因此有进一步研究空间。

从社会脆弱性角度考虑，环境污染同贫困、社会不平等、生态韧性等因素一样，可能会对国家安全带来威胁。另外，社会脆弱性的内容和视角与“以人为中心”的安全研究视角有很大程度的契合性。如果一个国家的民众得不到安全保障（人身、职业、环境层面等），那么，这个国家的国家安全势必具有极大的不确定性和脆弱性。2020年5月发生于美国明尼阿波利斯市的“乔治·弗洛伊德事件”是一个典型例子。长期以来，研究美国社会环境中的社会脆弱性、种族不平等一直是无法绕开的维度。弗洛伊德之死及其引发的全美近百座城市的示威或骚乱严重影响了美国社会的稳定。社会脆弱性与国家安全之间的关系有必要做进一步探讨。

（三）在环境社会学领域，本书的研究有助于进一步深化自然环境与人类社会之间关系的认识。

自1987年布伦特兰夫人代表世界环境和发展委员会发表《我们共同的未来》报告以来，人类虽然越来越关注如何才能在满足自身需求的同时不损害自然环境的生命支持系统，但是，由于各种客观上的“不能”和主观上的“不顾”原因，世界各地以牺牲环境为代价换取暂时利益和满足的行为依然十分普遍。以中国为例，世纪交替前后20年间，中国生态环境极速倒退，以至于有学者发出了“国在山河破”“中国生态环境危急”的呼喊（蒋高明，2011）。环境污染是社会系统对自然环境的不适当利用造成的，环境污染反过来又造成了社会系统的脆弱性后果。迄今为止，这两个领域都有进一步研究的空间。比如，雾霾的出现是由社会系统的哪些因素造成的？环境污染对社会冲突、国家的粮食安全、生物多样性、民众的健康造成了怎样的影响？可持续发展理念的有效落实需要不断推进所谓的“可持续科学”（sustainability science），揭示自然环境与社会系统之间相互作用的复杂机制。

社会脆弱性研究范式也涉及环境与社会之间的相互作用，与可持续性研究范式密切关联，甚至在社会脆弱性的分析框架中还包含一个“可持续生计分析框架”。该框架虽发端于贫困研究，但其中的生计资本、生计策略选择与生态环境之间的关系一直是此研究视角的核心内容之一。一方面，生态环境构成了生计资本的生成情境，分析环境特征可以把握生计资本的特定属性；另一方面，从生计策略选择与生计活动着手，可以揭示行动者如何开发、利用自然资源以及对生态环境的干预方式和干预程度，由此透视环境与生计之间的持续互动。正因如此，可持续生计分析的奠基者钱伯斯和孔威（R. Chambers and G. R. Conway）才将“可持续性”分为社会和环境两个类别（Martha G. Roberts、杨国安，2003），强调各自的重要性和相互影响。在人地系统科学领域，相关研究已有很多，比如，赵雪雁以甘南高原为例，考察了不同区域（纯牧区、半农半牧区、农区）和不同类型农户（纯农户、兼业户、非农户）的生活用能与生态足迹，以此来衡量不同生计方式的环境后果，同时运用STIRPAT模型讨论了若干人文因素与环境影响之间的关系（赵雪雁，2013）。这些研究视角为社会系统寻找环境问题的形成原因与解决方式提供了极好的工具。

第三节 相关概念与文献综述

一、脆弱性

从字面意义上看，“脆”指容易破损、碎裂或损坏；“弱”指力量单薄和不够强大。“脆”与“弱”合在一起意味着人或物体因为不够强大或坚固，在外力干扰或打击下容易受到伤害（如脆弱的情感），或者容易被瓦解、被摧毁的属性（如脆弱的联盟）。[①]脆弱性既可以用来描述微观层面的个体状态，也可以用来描述宏观层面的属性，即特定群体、社区、区域或社会易受外力扰动和影响；既可以用来描述地理系统（如孟加拉湾沿岸极易受到热带风暴袭击因而属于脆弱地带）和生态系统（如脆弱的生态环境），也可以用来描述社会系统（如脆弱的防震建筑结构、脆弱的政治和经济体系）。

由于“脆弱性”概念的普遍适用性，因此，它在自然科学和社会科

① 也有学者主张为了防止概念的滥用，“脆弱性”（vulnerability）应该仅限于形容人的状态，形容物的状态则使用“易碎”（fragile）、“不安全”（unsafe，如建筑物）、“危险”（hazardous，如居住的地方）等相关词语（Wisner，et al.，2004：55）。

学领域都受到了高度重视。然而，学术界对于“脆弱性”的界定并不统一。比如，联合国国际减灾战略（UN/ISDR）将脆弱性定义为“由物理、社会、经济和环境因素决定、使特定社区容易遭受灾害影响的所有不利条件”。但是，在联合国开发计划署（UNDP）的“脆弱性”定义中，不利条件仅指人文条件（转自Birkmann，2006：12）。美国学者卡特通过文献梳理发现，“脆弱性”概念至少有18种不同的定义（Cutter，1996）。伯克曼按照概念外延的逐步扩展顺序将脆弱性的各种定义做了如图1-1的呈现。图中显示，所有定义的共同之处是把脆弱性看成是处于风险中的系统或构成元素的内在属性。不同学者在这一最核心特征基础上按照自己的理解再增添一些其他成分。

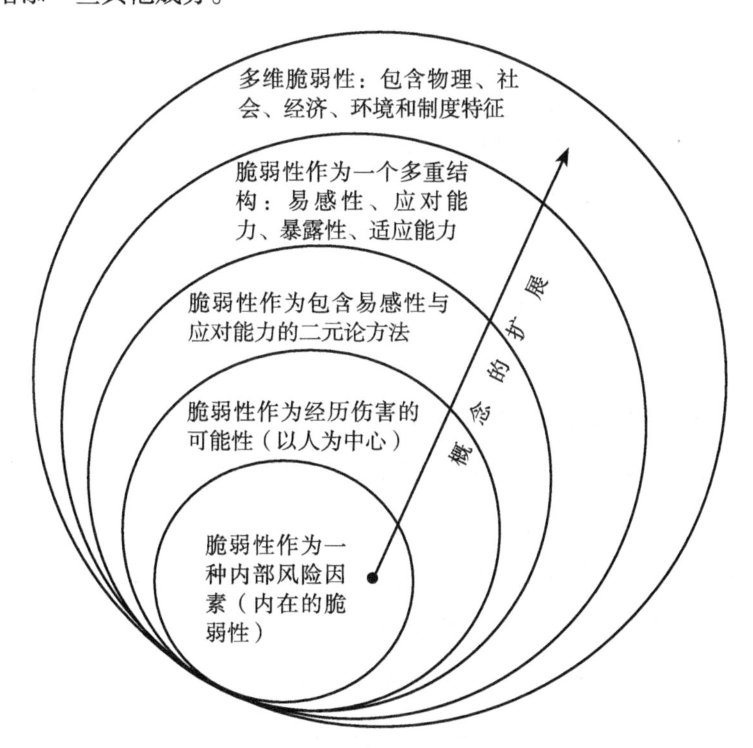

图1-1 脆弱性概念的关键领域（Birkmann，2006：17）

目前，学术界基本达成的共识是：脆弱性是特定系统在物理、经济、政治、社会层面上体现出来的一种本质属性，正是由于这种属性的存在，系统在遭遇扰动时只能做出与之相匹配的回应方式并承受相应的结果；脆弱性是在多尺度上表现的动态过程；脆弱性包含多重要素，主要的构成维度有三个，即暴露性、敏感性和适应性。

第一，暴露性。暴露性可以通过一些量化指标进行测量，以此反映暴露于扰动或灾害的程度或水平（称为“暴露度”）。暴露水平的测量指标通常包括扰动强度、扰动频率、扰动持续的时间、空间临近性等（黄晓军等，2018）。扰动类型不同，具体测度方法可能会有差异。比如，梁欣在测量中国31个省份空气污染暴露水平时，将空气质量良以下的天数比例最大省的空气污染暴露水平赋值为1，然后用其他各省年空气质量良以下的天数比例与该省比例的比值作为对应省份的空气污染暴露水平，最后按照自然断裂点法对各省的暴露水平进行分级（梁欣，2019）。暴露性反映了系统是否容易受到外来扰动影响的环境状况。系统所接触的环境越容易受到扰动的影响，其暴露程度就越高。

也有学者将暴露性与脆弱性做了区分，认为暴露性与危险源关联，是主要受“自然地理、生态环境和物理因素”影响的“自然条件”（张明、谢家智，2017）。联合国政府间气候变化专门委员会（IPCC）的脆弱性分析框架以及运用IPCC的分析框架进行具体灾害研究的成果（如O’Lenick，et al.，2019）都将暴露性与“脆弱性”（包括敏感性和适应能力）分开。从概念的内涵上辨别，脆弱性和暴露性的确存在差异。首先，脆弱性是一个系统本身及其组成部分所具有的属性，暴露性则更强调系统所处的外部环境。其次，脆弱性强调异质性，而暴露性则显示出同质性和整体性。某个城镇因位于洪泛区而整体暴露于洪灾风险中，但该城镇并不是所有人群在洪灾中都是脆弱的。“脆弱性”与“暴露性”之间的差异成为灾害研究的主导范式与脆弱性范式分道扬镳的深层动因（Fordham，et al.，2013：12）。

既然脆弱性与暴露性不同，为何在脆弱性（尤其是社会脆弱性）研究中要纳入暴露维度？主要原因在于社会系统的潜在脆弱性是在暴露于外部扰动之后才表现出来的，而且社会脆弱性程度大小是外部扰动与系统内部属性相互作用的结果。缺乏了暴露性考察，脆弱性的评估是不完整的。在有关灾害的具体研究中，暴露性有两个维度：一是自然或物理（空间）的暴露性，这种暴露对空间中的所有人群都一样；二是社会维度的暴露性，强调在相同的自然暴露性中有些群体因为不能规避风险源而比其他群体更多地暴露在风险中，由此体现出暴露程度上的差异。尽管社会脆弱性同样关注灾害本身的特征，但如果仅仅考察暴露性，则偏向自然维度；如果考察暴露程度的差异，则偏向社会维度。在“社会脆弱性”视角下研究“暴露性”，需要考察“暴露性”的社会特征，即哪些社会变量使一些人群比其他人群更具有暴露性。这个维度的暴露性特征与“敏感性”相似。

第二，敏感性。在脆弱性研究文献中，敏感性（sensitivity）等同于“易感性”或“易损性”（susceptibility），指在特定扰动下人员容易受到伤害、财物容易遭到破坏的程度。敏感性既可针对人，也可针对物。从人的角度看，在灾害面前，幼儿、老人、残疾人、重病患者等由于自身行动能力不足，最容易受到伤害，因此对灾害具有高度敏感性；从物的角度看，有些物体比其他物体更容易遭受外力的破坏，比如，在发生城市洪涝灾害时，没有台阶的仓储地以及容易漏水和损毁的老旧房屋对暴雨最具敏感性（权瑞松等，2011；滕五晓等，2018）。

在对敏感性概念进行操作化时，我们需要根据扰动的不同类型设计不同的测量参数。比如，如果扰动类型是土地征收，那么，农业产值、农业人口比例、人均耕地面积、农业收入等与土地相关的指标便能够表明哪些地区或哪些人群更加敏感。对灾害的敏感性可以直接用伤害和损失程度来测量（背后的假设是伤害和损失越大，敏感度越高）；如果灾害尚处于风险状态，则可以用系统的稳定程度或者对扰动的抵抗能力来测量（背后的假设是系统在受到扰动后越容易变动、抵抗力越弱，敏感度越高）。稳定程度和抵抗能力又与系统所拥有的资源状况有关，所以，少数学者（如吴浩等，2019）在研究“生计脆弱性”时直接用生计资本的拥有状况来测量生计敏感性。更多学者采取的做法是预先确定一些与特定情境中的敏感度有关的变量（如年老、残疾、低收入、设施落后等）[①]，然后衡量研究对象与这些指标的匹配程度。

第三，适应性。适应性（adaptability）亦称适应能力（adaptive capacity），是界定脆弱性的第三个重要概念工具。比如，阿杰（Adger，2006）将脆弱性定义为因暴露于环境和社会变迁所导致的压力，以及缺乏适应能力而易于受到伤害的状态。与暴露性相比，敏感性和适应性更侧重于事物或系统的内部属性；另一方面，与暴露性和敏感性相比，适应性与脆弱性呈负相关，因此，在脆弱性分析框架中，适应性通过调节暴露性和敏感性而成为影响脆弱性程度的关键因素（Engle，2011）。特定系统的适应性与其所拥有的各类资源、基础设施、学习能力和管理水平等因素密切相关。

脆弱性研究文献中经常出现“恢复力”一词，将其作为“适应性”的一个构成部分，用以描述脆弱性状况，即系统受到扰动后得以恢复的时间越短，则恢复力越强，脆弱性越小；另一方面，“恢复力”又与“弹性”（flexibility）、“韧性”（resilience）密切相关，因此又是韧性分析框架中的重要内容。适应性在脆弱性框架和韧性框架中的差异将在本章“韧性”概念部分做详细说明。

综上所述，脆弱性是指不同尺度的系统在外力冲击下易受影响（暴

---

① 黄晓军等人将这些指标分为两大类型，即测量群体敏感性的人口结构和社会经济属性指标（年龄、性别、健康状况、职业类型、经济收入等），以及测量空间敏感性的区域社会系统结构指标（经济结构、社会结构、空间结构等）。详见黄晓军等，2018。

露性）、易受损失（易感性）、缺乏适应能力且在受到扰动后难以恢复的属性。脆弱性的三个维度之间并非界限截然分明。测量暴露程度差异的指标与敏感性也有一定关联；同样，敏感性中的系统稳定性和抵抗能力也可以作为适应性的重要构成要素，即系统在遭受扰动后越稳定、抵抗能力越强，其面对扰动环境的适应性越强。[①]界限的模糊导致各个维度测量指标的选取非常混乱，有的将各种损失作为测量暴露性的指标（如刘伟等，2018），有的将此类损失用来衡量敏感性，还有一些学者则干脆将暴露性和敏感性两个维度合并测量（如吴孔森等，2019），或者用风险取代暴露性和敏感性（李彩瑛等，2018）。

迄今为止，有关脆弱性的研究涉及气候变化、灾害与环境、城市、经济、人口、贫困与食物安全、区域社会等多个议题，总体上呈现出从自然科学向社会科学领域延伸、从单一系统向耦合系统演进、从定性分析转向定量测量和模型建构的发展趋势（唐波等，2018）。由于脆弱性研究已经在多学科领域发展成为一个庞大的研究主题，相关文献非常丰富，因此，对于脆弱性的研究也已经有了不少成果。从议题上看，这些成果有的聚焦于某种脆弱性类型，如生态（徐广才等，2009）、人地耦合系统（刘小茜等，2009）、城市（王岩等，2013）等，有的则从整体上进行把握（李鹤、张平宇，2011）。从内容上看，研究梳理大多围绕脆弱性研究的发展过程及重要事件、脆弱性的概念、测量与评价方法、脆弱性研究视角及其演变等（杨飞等，2019）；也有少数学者单独探讨脆弱性的概念内涵及其与相关概念的关联（方修琦、殷培红，2007）。在研究方法上，除了对相关文献的内容进行提炼和归纳之外，一些学者使用了具有定量性质的文献

---

① 社会脆弱性研究顶级专家苏珊·L. 卡特将敏感性定义为“个体或社区可能遭受的不同伤害程度以及保护自身免受未来灾难性事件伤害的能力”，并且将应对能力和适应能力合在一起解释“韧性”（Wood，et al.，2010）。此定义以及与之类似的其他一些概念定义并没有明确指出敏感性和适应性究竟如何区分。

分析工具，比如，CiteSpace软件被用来分析国内脆弱性研究的时间分布特点、关键词知识图谱、研究者的合作关系网络和学术团队、研究区域的空间格局等（唐波等，2018）。

二、社会脆弱性

脆弱性研究文献中始终存在的一个重要问题是脆弱性与相关概念之间的关系含糊不清。就脆弱性与社会脆弱性之间的关系而言，这种理解的混乱表现在两个方面。

第一，“脆弱性”和“社会脆弱性”混杂使用。有些学者对两者做了区分，比如：①美国南卡罗来纳大学的苏珊·L. 卡特在其很有影响力的HOP模型中把“地区脆弱性”分为两种类型。一是受地理因素（海拔、距离灾难源的远近等）影响的“生物–物理脆弱性”；二是受社会因素（社区应对灾难的经验和能力、经济、人口等）影响的“社会脆弱性”（Cutter，1996；Cutter，Boruff and Shirley，2003）。②傅鑫羽与彭仲仁在他们建构的沿海社区海平面上升脆弱性评估模型中将暴露性和敏感性归入“物理脆弱性”，将适应能力归入“社会脆弱性”，认为仅仅从物理脆弱性层面上进行评估具有较大缺陷，而综合了物理脆弱性和社会脆弱性的评估框架（图1–2）更有推广价值（Fu and Peng，2019）。③博拉夫等学者采用加拿大和美国地质调查机构联合开发的“海岸脆弱性指数”（Coastal Vulnerability Index）测度物理脆弱性，而用卡特首创的“社会脆弱性指数”测度社会脆弱性（Boruff，et al.，2005）。另一些学者并没有做严格的概念区分，比如：①陈文方等在提及中国长江三角洲地区灾害风险的成因时这样表述：“人员与财产在最发达地区的聚集增加了暴露风险，城乡区域与居民的不平等则增加了脆弱性。”（Chen，et al.，2013：172）这句话中的“脆弱性”与社会脆弱性没有太大区别。②很多学者在界定“社会脆弱性”时依然从“脆弱性”的三个维度着手，例如，苏世亮等建构的中国沿海城市综合社会脆弱性指数的17个评估指标主要围绕暴露性、敏感性、适应能力三个方面选择（Su，et al.，2015）。造成两个概念混用的原因可能在于：很多社会脆弱性的研究都是针对自然灾害给社会系统带来的影响。自然灾害的巨大破坏性让研究者很难将“暴露性”维度撇在一边。另外，特定地域或人群的脆弱性状态是生物物理因素和社会因素相互作用的结果，物理脆弱性与社会脆弱性相互嵌套，很难明确区分，只有将两者叠合考察才能更好地揭示脆弱性的全貌。

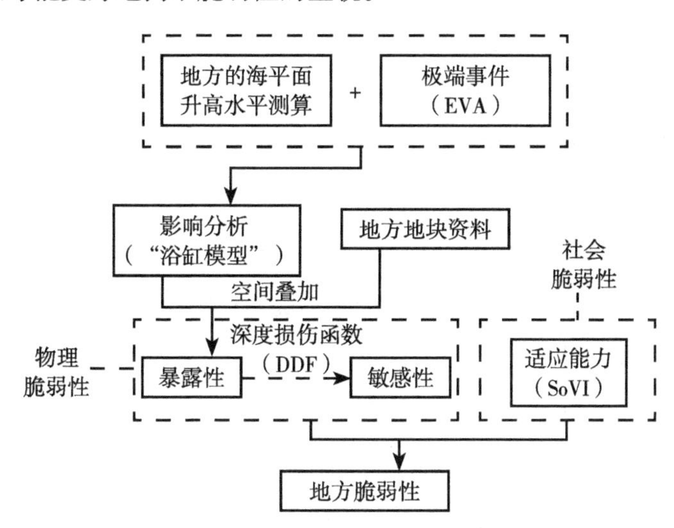

图1-2 海平面上升引发的社区脆弱性评估分析框架

（Fu and Peng，2019）

第二，对社会脆弱性范畴的理解很不一致。卡特等人将社会脆弱性理解得较为宽泛，除了考察人的社会不平等因素（年龄、收入、种族等）之外，还考察各个地方不平等的诱发因素（城市化水平、增长速度、经济活力等）（Cutter，Boruff and Shirley，2003：243）。灾害损害程度与灾害应对能力方面所表现出来的差异只要是由社会建构的，都被放在社会脆弱性范畴里。国内学者在做社会脆弱性评估时，有的评估指标非常狭窄，仅包括少数人口变量，如妇女、老人和儿童所占比例、人口居住密度等（滕五晓等，2018）；有的将社会脆弱性理解为有别于经济脆弱性和科技脆弱性的狭义社会系统属性（谢家智等，2017a）；还有的将经济、人口、组织、文化、科技等领域的脆弱性特征全部纳入社会脆弱性的范畴（张明、谢家智等，2017）。

如果仔细辨别，脆弱性和社会脆弱性的涵盖范围是不同的。张素娟、卢阳旭（2016）基于中国社区的减灾实践经验将脆弱性简单地分为基础设施层面的"物理脆弱性"（硬件）和灾害治理能力层面的"社会脆弱性"（软件）。[①]更常见的是由国外学者提出的两种分类方法：一是将脆弱性分为结果取向的"生物–物理脆弱性"（即脆弱性是特定事件对某个社会系统所造成的后果）和属性取向的"社会脆弱性"（即脆弱性是某个社会系统在灾难事件发生之前的一种内在属性）。社会脆弱性可以被看成是更大的生物–物理脆弱性中的核心构成要素（Brooks，2003，转自Holand，et al.，2011：2）。二是将脆弱性分为自然脆弱性和社会脆弱性。表1–2列出了二者的基本区别。

最初的脆弱性研究侧重于纯自然属性，即关注风险或灾难的纯自然诱因。20世纪40年代，美国人文地理学家怀特（G. F. White）等在研究密西西比河水灾时首次深入探讨了人类对自然灾害的反应（Burton，Kates，White，1978）。受怀特影响，一些学者开始关注人们对自然灾害的认知以及面对灾害威胁时的行为调整，由此将灾害管理的重心由技术–工程转向了个体的认知以及社区与组织的决策。但是，在怀特等人的研究基础上逐渐形成的所谓灾害研究的主流范式（与社会脆弱性范式的区别见表1–3）中，社会因素并不重要。到了70年代，美国学者奥基夫等人首先提

① 这种分类与卡多那（O. D. Cardona）在界定风险概念时将风险划分为"硬风险"和"软风险"（转自Birkmann，2006：32–33）很相似。

出，灾难结果的出现更主要的是社会-经济因素而不是自然因素作用的结果，人类在自然灾害面前所显示出来的脆弱性应该归咎于不利的社会系统（O’Keefe，et al.，1976），由此将“脆弱性”的社会面向引入了灾害研究领域。奥基夫等人在文章中虽然没有使用“社会脆弱性”一词，但很明显突出了“脆弱性”的社会维度，这从他们的论文标题使用了“剔除”“自然属性”的字样就可以看出。据此，如果从狭义上定义，“社会脆弱性”主要涉及社会系统的内在固有属性。这些属性可以进一步分为“一般性”决定因素（如贫穷）和“特定性”决定因素（如住宅质量之于洪水或飓风）。在具体研究中需要仔细厘清社会脆弱性的类型和作用机制（林冠慧、张长义，2006）。

表1-2　脆弱性的分类

类别 资料来源	自然脆弱性		社会脆弱性	
	关注重心	决定因素	关注重心	决定因素
林冠慧、张长义，2006	灾害对系统产生伤害的程度，人类社会在灾害发生区域的暴露情况	灾害本身特征（性质、强度、频率等）+社会系统的暴露程度（距灾害的距离、人口密度等）		
周利敏，2012			系统内部固有或隐性的脆弱属性特征，在遭受灾害胁迫时以灾情或损失的形式显化	灾害本身特征+社会系统的暴露程度+社会适应性和恢复力

表1–3 灾害研究的主流范式与社会脆弱性范式的比较

主流范式	社会脆弱性范式
强调灾害的物理过程	强调社会–经济和政治的影响
管理方式强调通过层级官僚体制和政府解决问题	管理方式强调去中心化和基于社区来解决问题
自上而下的视角	草根或自下而上的视角
运用技术、工程、科学应对灾害	运用本土知识、社会网络、想象力、创造力抗灾
目标是减少物理损失	目标是降低民众的社会脆弱性
基本哲学观点是功利主义和征服自然	基本哲学观点是从公正和平等的视角出发来降低脆弱性以及与自然和谐共处
强调系统的边界	强调系统的开放性和复杂性

资料来源：Fordham，et al.，2013：4

总之，“社会脆弱性”指的是一些社会、经济和人口特征，这些特征会影响特定社区预防、应对环境灾难，从灾难中恢复并且最终适应灾难情境的能力（Emrich and Cutter，2011：194）。社会脆弱性强调灾害冲击在不同人群和不同地区之间的差异性分布以及灾害结果的社会建构特征，同时在成因上强调从社会结构及其演变过程中寻找差异形成机理。

社会脆弱性视角之所以在20世纪70年代被美国学者引入灾害研究领域，与美国社会60年代之后出现的各种政治与社会运动密切相关。无论是黑人公民权运动、草根环境运动、拉丁裔权利运动、同性恋权利运动，还是80年代出现的环境正义运动，关注的都是社会弱势群体或者边缘性人群。这与社会脆弱性范式强调灾难后果在各类人群中的不均衡分布是一致的。到了20世纪90年代，随着若干重大灾难性事件的发生，如“雨果”飓风（1989年）、洛马·普列塔地震（1989年）、“安德鲁”飓风（1992年）、密西西比河大洪水（1993年）、洛杉矶北岭大地震（1994年），以及日本的阪神大地震（1995年）等，很多美国学者对传统的灾难研究范式进行反思，社会脆弱性研究范式由此获得了更广泛的认同。

除了社会背景之外，对于社会脆弱性本身的研究也越来越说明其在灾难生成与消减过程中的重要性。比如，低洼地是导致上海杨浦区一些社区暴雨脆弱性高的最重要的地理因素，但如果提高排水系统综合达标率，则可以有效降低总体脆弱性程度（滕五晓等，2018）；在脆弱性的四个维度中，"社会脆弱性"是阻碍重庆市农业旱灾脆弱性降低的最重要因素，也是唯一持续提高的因素（谢家智等，2017a）；更能影响农户的洪灾社会脆弱度的因素不是物理环境或承灾体与环境的关系，而是农户个体的社会属性，这是微观尺度研究与宏观尺度研究的主要区别（石钰，2017）。

目前，对于"社会脆弱性"的定义已有很多，学术界也有专门文献做了相关梳理（黄晓军等，2014），并且从"外部扰动"、"内在结构"、"构成维度"和"尺度层级"四个方面精准概括了社会脆弱性的概念内涵（黄晓军等，2018）。总体而言，社会脆弱性研究主要涵盖以下三部分内容。

第一，扰动 / 压力。特纳（Turner）对扰动和压力做了区分，认为前者来自系统之外的超常规变异（如特大台风），后者衍生自系统之中的常规量变（如土壤逐渐退化）（转自林冠慧、张长义，2006）。扰动 / 压力源主要有三种类型：①某种自然灾害（干旱、地震、海啸、飓风、洪水等）或环境变迁（牧场退化、沙漠化、气候变暖等）；②某种社会规划或开发及其带来的后果（土地征用、旅游开发、城市扩张、环境污染等）；③两种或两种以上因素的叠加（比如：地震+海啸、洪水+污染等）。一种扰动可能诱发其他扰动，成为特定自然或社会系统的共同灾害源，比如，气候变暖会引发海平面上升、洪灾、风暴潮、海水入侵等。多重扰动叠加所导致的社会脆弱性研究与前两者相比尽管相对不足，但亦有一些成果，如：莫斯雷依据考古记录指出，安第斯部落群体在遭受多重灾难打击（如长时间旱灾+地震）之后恢复力极弱（Moseley，2002）；达尔基于阿拉斯加港湾漏油事件的研究指出，"穿插熵"（punctuated entropy，意即危机接连出现）可致系统最终崩塌（Dyer，2002）；欧博文等以印度农业为研究对象，通过图层叠置法指出，“双重暴露”（double exposure，即面临气候变迁与经济全球化双重压力）的地区最需要政策与制度的回应以及其他类型的国家干预（O’ Brien，et al.，2004）。

之所以将扰动或压力纳入社会脆弱性的考察范畴，主要基于两个原因：①它们就算不是导致社会脆弱性的根本原因，至少会促使社会脆弱性更明显地暴露出来。[①]②扰动/压力的出现可能是社会系统与环境之间的不当互动方式导致，因此与社会脆弱性强调的“社会结构”因素密切相关。

第二，表现。社会脆弱性在不同尺度上呈现出多种特征。社会脆弱性的研究尺度可分为空间尺度（国家、区域、城市、社区等空间单元）和社会尺度（社会组织、群体、家庭等社会单元）两种类型（黄晓军等，2018）。在具体研究中，多种尺度（如县市+社区、社区+家庭）可以同时测度。不同尺度之间社会脆弱性的关联、依赖、差异、传递是未来研究需要重点着力的方向之一（黄晓军等，2018）。呈现社会脆弱性的最通常方法是综合指数计算和模型建构。围绕不同尺度上的社会脆弱性的表现，研究成果主要集中于宏观和微观两个方面。

1. 宏观尺度上的社会脆弱性：国家、区域与城市

国家尺度的脆弱性研究通常有两种类型。一是选择特定的空间单元作为分析单位在一个国家内部进行时空比较。苏珊·L. 卡特等人是这类研究的代表。她们在建构并计算社会脆弱性指数（Social Vulnerability Index，SoVI）的基础上，对美国3141个县面对环境灾难的社会脆弱性进行了测量与比较（Cutter，Boruff and Shirley，2003）。在时间维度上，卡特与芬奇

① 有些学者（如Huang，2012：134）认为暴露性是脆弱性的诱发因素，而不是脆弱性的组成部分；敏感性和适应能力才是脆弱性的核心。

对1960年至2010年美国各县在面临自然灾害时的社会脆弱性每隔十年的变动状况进行了梳理，强调社会脆弱性在时间和空间上的动态变化特征（Cutter and Finch，2008）。在卡特之后，运用SoVI对一个国家进行社会脆弱性评估的成果有很多。比如，美国学者鲍尔登等人以城市为分析单位，展示了环境灾害下的社会脆弱性及其构成要素在美国不同区域的分布状况（Borden，et al.，2007）；中国学者周扬等人以县为分析单位，借助四次人口普查资料，考察了1980—2010年间中国应对自然灾害的社会脆弱性的时空特征（Zhou，et al.，2014）。除了县和城市之外，分析单位还有行政区（district）、直辖市／都市区（municipalities）或村庄。以这些空间单元为基础在国家尺度上进行社会脆弱性评估与比较的有霍兰德等人对挪威的研究（Holand，et al.，2011；Holand and Lujala，2013）、西亚甘等人对印度尼西亚的研究（Siagian，et al.，2014）、赫梅尔等人对巴西的研究（Hummell，et al.，2016）、阿克沙等人对尼泊尔的研究（Aksha，et al.，2019）。研究者通常借助于分级统计图（Choropleth map）、ArcGIS或者ArcMap等制图工具将社会脆弱性的评估结果和地域分布模式做视觉化呈现。第二种类型是对不同国家的脆弱性进行比较，比较典型的研究是博拉夫和卡特对加勒比海岛国圣文森特和巴巴多斯的个案考察。由于"区域脆弱性模型"（HOP）能在中小尺度上呈现物理脆弱性和社会脆弱性对总体脆弱性的贡献度，并且能以此为依据进行区域比较，因而被作者用作分析框架。具体研究方法包括：多重灾害分析使用文献研究法；物理脆弱性分析借助于地理信息系统、遥感影像和图层叠置等技术；社会脆弱性分析使用指数法；区域脆弱性比较通过整合两类脆弱性信息之后完成（Boruff and Cutter，2007）。

与国家尺度的脆弱性研究相似，区域尺度脆弱性研究的最主要议题是波及范围广泛的气候变迁或自然灾害所造成的环境与社会影响。区域研究也有两种类型：一是以江河湖海等作为考察单元，范围常常波及多个县市、省份，甚至涉及多个国家。代表性研究如葛怡等人（Ge，et al.，2013）、陈文方等人（Chen，et al.，2013）对中国长三角地区的社会脆弱性评估，伊朗学者马飞-古拉米等人对波斯湾北岸和阿曼湾一带20个县的脆弱性考察（Mafi-Gholami，et al.，2020）。二是选择一个国家内部的特定区域作为考察对象。比如：艾姆里奇和卡特以县作为分析单元，研究了特别容易受气候敏感性灾害（飓风、洪水、干旱、海平面上升等）影响的美国南部地区的社会脆弱性（Emrich and Cutter，2010）；莱西和葛拉布以“社区委员会”[①]作为分析单元研究了莱索托南部山区两个行政区面对自然灾害的社会脆弱性（Letsie and Grab，2015）。这类研究通常包括以下部分或全部内容：①按灾害类型逐个呈现各个地区的暴露程度差异；②按SoVI中的主要指标分别考察它们与社会脆弱性总体之间的关联，以此寻找社会脆弱性的主要贡献因子；③呈现社会脆弱性的区域差异；④呈现单一灾害或多重灾害叠加的暴露性区域差异；⑤使用双变量地图（bivariate map）可视化不同地区的灾害暴露性与社会脆弱性之间的关系，以此判定突发事件管理和政策干预的重点地域。通过这些数据的计算和评估，可以使区域脆弱性的构成与生成机制比较清晰地呈现出来。

城市尺度的脆弱性研究分为三种类型。一是综合测度多个城市的总体脆弱性状况并进行空间差异比较。典型研究如方创琳、王岩（2015）利用各类统计年鉴与公报等文献资料，从城市资源、生态环境、经济、社会四个方面建构指标体系，对中国288个地级以上城市的脆弱性进行综合测度和分类比较；苏世亮等在建构综合社会脆弱性指数基础上对53个中国沿海城市的社会脆弱性进行评估与归类（Su，et al.，2015）。二是测度多个城市的某种脆弱性并进行差异比较。典型研究如吴浩等（2019）利用统计年

---

① 在莱索托，“社区委员会“（community council）是指包含一个或多个村庄的行政单位。

鉴和国民经济与社会发展统计公报对东北三省17个资源收缩型城市的生计脆弱性进行测量和比较，在此基础上对生计脆弱性与经济效率之间的相关性与协调度进行分析。三是测度单个城市不同空间尺度的社会脆弱性。典型研究如黄晓军等（2018）利用统计数据、农户问卷调查资料等对西安市边缘区在快速空间扩张的扰动下表现出的社会脆弱性进行多尺度测评。

2. 微观尺度上的社会脆弱性：社区与家庭

社区层面的脆弱性研究也可分为三种类型。一是对特定社区进行脆弱性评估。评估方法或者使用指数法（Pandey & Jha，2012），或者结合使用参与式地理信息系统（Participatory Geographic Information System）绘制社区脆弱性地图（Tran，et al.，2009；Krishnamurthy，et al.，2011）。两种方法都可以吸纳社区居民参与，将专业知识与地方知识相结合，以便更准确地反映社区的脆弱性状况和社区内住户之间的脆弱性差异。二是不同社区或者同一社区中的不同人群在相同灾害源冲击下的脆弱性比较。此类研究相对较多。通过比较，可以发现哪些区域、哪些群体更容易遭受损害，也可以为进一步的减灾行动提供科学依据。比如，在洪涝灾害中，坐落在水道两侧的家庭脆弱性更大（更容易遭受洪灾）；反之，有成排的树木和加固的堤坝的地区比没有这些设施的地区有更强的抵御灾害的能力。三是结合时间维度上的纵向演变与空间维度上的横向比较，考察同一地域内的不同社区在相同扰动因素作用下脆弱性的变动状况。例如，Liu，et al.（2008）选择了黄河下游地区山东省西北部的三个村作为研究对象，考察它们因干旱缺水压力而导致的脆弱性在20世纪90年代的此消彼长。由于距离水源地的远近和地下水资源禀赋差异，三个村子暴露于缺水压力的程度不同，脆弱性程度各异。随着不同应对策略的实施（尤其是有没有采取生计多样化策略和特色经济发展策略），原先暴露程度较低的村子因为过于依赖传统农业种植而导致脆弱性变得最高。黄云凤等人对厦门市马銮湾的四个社区因为土地使用变化而导致的脆弱性的动态考察是此类研究的另一典型代表。她们发现，处于城市化不同阶段的四个社区的脆弱性呈现出“倒U”型特点，即低度城市化的社区（保留了传统农业体系和村落形式）和高度城市化的社区（社会–经济状况经历转型之后渐趋稳定）脆弱性较低，正在经历快速社会–经济转型的社区脆弱性较高（Huang，et al.，2012）。

在研究方法上，社区层面的脆弱性研究既可以采用定性研究方法，也可以采用定量研究方法。收集资料的一种常用方法是“参与式GIS”，即通过参与式农村评估技术（Participatory Rural Appraisal，PRA）收集信息。此方法的优势在于它可以将地方性知识纳入GIS制图中，依靠两者的整合对社区进行脆弱性和压力应对能力评估。社区内住户的脆弱性指数计算方法因灾害类型不同标准不一。比如，克利希纳木尔提等人测量墨西哥湾飓风袭击下的村庄的脆弱性采用的模型是*VI=f*（暴露性、经济脆弱性、社会脆弱性、物质或基础设施脆弱性），其中，四种脆弱性的指标权重由社区参与者主观赋值（Krishnamurthy，et al.，2011）。

第三，诱发因素。研究社会脆弱性的学者大体按照两种思路寻找脆弱性的驱动因素。一是在自然和社会双系统中寻找。比如，张倩（2011）在其建构的内蒙古牧民应对自然灾害的社会脆弱性分析框架（图1–3）中，将社会脆弱性从两个维度上分别归因于环境因素（气候变化）和社会因素（政策与制度）。

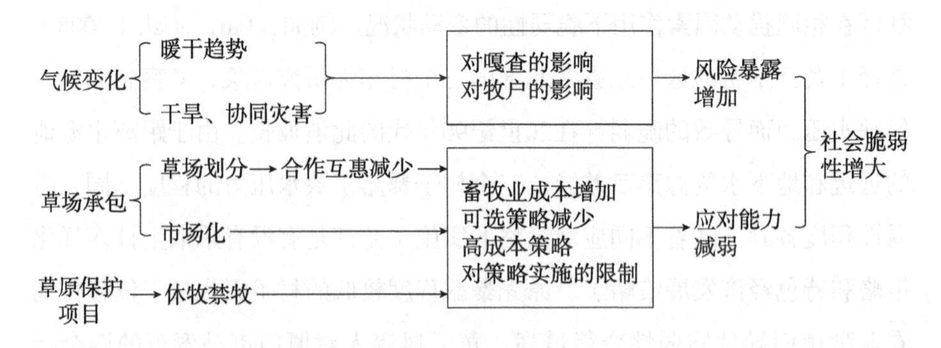

图1–3 牧民应对自然灾害的社会脆弱性分析框架（张倩，2011）

二是聚焦于社会系统中的诱发因素，包括个体层面的年龄、种族、文化程度、健康状况、收入、职业等，以及社区或区域层面的经济活力、人口增长率、城市化水平、建成环境和基础设施状况等。社会系统各因素的不同组合导致了不同地区社会脆弱性的强弱状况，这是卡特等人当年对美国各县社会脆弱性的研究（Cutter，Boruff and Shirley，2003）以及其他类似研究得出的一个主要结论。再举几个例子：孟加拉国沿海地区面临热带气旋“锡德”的袭击时暴露程度相同，但社会脆弱性在不同人群中存在差异。主要驱动因素是文化程度、基础设施状况、宗教与性别等（Mallick，et al.，2011）。[①]但在中国长三角地区，同样是社会脆弱性程度最高的县，浙江省丽水市下辖的景宁、遂昌和云和县，以及浙江省金华市下辖的兰溪市主要是因为“少数民族”因素所致，而金华市下辖的磐安县和浙江省舟山市下辖的嵊泗县却主要因“家庭规模”因素所致（Chen，et al.，2013）。在巴西，五大区域之间的城市社会脆弱性差异与区域之间的发展水平相适应。贫困、移民、种族、特殊需求人群等10类因素的不同交叉作用造成了各个区域面对灾害的社会脆弱性的独自地缘特征（Hummell，et al.，2016）。同样，在尼泊尔，三个生态区（平原区、丘陵区和高山区）的自然环境和风险暴露程度相似，但社会脆弱性却存在很大差异。背后的诱因是7类社会、经济和建成环境属性（贫困、教育、医疗服务、种族等）以及历史因素（长期处于发展的边缘、武装冲突不断等）的交叉组合（Aksha，et al.，2019）。

---

① 在文化程度方面，接受过中学以上教育的人会采取措施加固房屋，应对台风、洪灾等自然灾难，而未接受过教育的人经历过灾后的外来援助之后，产生了“路径依赖”心理，使他们在灾难面前变得更加脆弱。在基础设施层面，收音机和电视的高普及率可以使人们通过电台和电视机及时了解灾难信息并提前预防；良好的公路可以使人们很方便地赶往避难中心寻求暂时的庇护，避难中心的空间距离远近就不是一个问题。在宗教和性别方面，伊斯兰教徒不愿携妻带子去避难中心，因为避难时一旦妇女的“帕达”被损毁，她会遭到丈夫的遗弃；印度教徒到避难中心躲避灾难的比例也很小。

随着定量研究技术的发展，一些学者开始使用Meta分析方法（元分析）在大量文献中提取社会脆弱性的驱动因素，以此来尽量规避研究结果受到研究背景的特殊性、研究对象选择方法以及研究者主观偏见的影响。例如，邹乐乐和魏一鸣对1970—2006年期间发表的涉及南亚和东南亚8个国家沿海地区灾害社会脆弱性的文献进行了元分析。他们从筛选的128篇文献中提取了361个社会脆弱性驱动因素和227条降低脆弱性的建议，并对这些因素和建议做了类别划分和内容评价（Zou and Wei，2010）。此类研究最重要的目的是要寻找各类社会脆弱性驱动因素之间的因果关系以及弥补科学研究与政策完善、减灾实践之间的差距：不解决贫困、不平等、权益分配不公等造成社会脆弱性的深层动因，不能在地区层面上推进理论研究与减灾实践之间的整合，都会使降低社会脆弱性的行动效果受到限制。

三、韧性

“韧性”的英文单词resilience有多种中译法，如“弹性”“恢复力”“回复力”等，在社会工作领域还被译为“抗逆力”或“复原力”[①]。由于很多学科都在探讨韧性，而每个学科都会对韧性进行定义，由此带来了韧性概念的混乱。从韧性的词源（拉丁文“resilio”，意为“弹回”）来看，它最初应该是在材料学或工程学中被使用，指物体能够承受外力作用的能力，在外力解除后能够恢复到原先状态的程度。到了20世纪四五十年代，一些心理学者在探讨逆境与孩童精神失常的关系时发展出了韧性研究的两大学派：一是将韧性作为一种“个人特质”，即能够帮

---

① 关于“resilience”一词的准确翻译以及多个中译词之间的比较可参阅汪辉等：《恢复力、弹性或韧性？——社会-生态系统及其相关研究领域中“resilience”一词翻译之辨析》，《国际城市规划》2017年第4期。

助人们克服逆境的精神力量；二是将韧性作为一种能积极适应逆境的动态过程，因此注重社会环境对人们适应能力变化的影响（黄泰霖，2012）。这种状况颇似19世纪末至20世纪初社会工作产生时所出现的“人”与“环境”的分野。

在生态学领域，韧性研究的里程碑式的人物是“韧性联盟”（Resilience Alliance）的代表——加拿大生态学家霍林。他将韧性理解为“用以衡量系统持久性、系统吸收变化和扰动并维持原先种群或状态变量之间关系的能力”（Holling，1973：14），强调生态系统的复杂性和动态变化特征。在灾害管理领域，首次引入韧性概念的是美国学者蒂默曼。1981年，在其研究报告《脆弱性、韧性与社会的崩溃：模型评述与可能的气候应用》中，蒂默曼最早将脆弱性和韧性联系在一起（转自Fordham，et al.，2013：20）。其后，韧性在灾害社会学和灾害管理领域越来越受到重视。一个标志性事件是2005年1月，联合国世界减灾大会通过了《兵库行动框架：建构国家和社区的灾害韧性》。文件采用“韧性”术语说明这一概念已在全球层次上引起了重视。

自韧性成为学术研究的关注点以来，对于韧性概念的讨论已有很多，其中有代表性的总结性成果有曼耶纳对韧性定义的整理与反思（曼耶纳，2015）、达武迪对韧性概念从“工程韧性”到“生态韧性”再到“演进韧性”的发展过程的详细考察（西明·达武迪，2015）、布兰德和雅克斯根据“描述性概念-规范性概念-混合性概念”“生态科学-社会科学”两个维度对韧性概念进行的梳理（Brand and Jax，2007）等。国内学者中，广州大学的周利敏梳理了“社会生态韧性”概念的八种代表性观点，并且对“生态韧性”和“社会生态韧性”进行了仔细的辨别，强调“韧性”概念在被应用到社会生态系统时所应具有的积极含义（周利敏，2015）。

从现有研究成果看，“韧性”概念所涉及的主要关键词包括“应对”“反弹”“恢复”“吸收”“反应”“容受”“承压”“学习”“调整”“适应”等（见表1-4）。这些关键词大体上包含“防御／维持”-“调整／变迁”双重意义，即韧性不仅仅是对扰动的回应和恢复原状，而且包含着对系统进行不断调整以更好地适应环境中的压力。这是有些学者在提及组织韧性时强调要“超越‘弹回’”（beyond “bouncing back”）的重要原因（Darkow，2018）。从第一个维度看，韧性指在原稳定域被动应对各种扰动或压力（承受力+恢复力）。在这层意义上可以做如下推论：①系统越具有承压或抗打击能力，或者容受扰动的能力越强，系统的韧性就越强；②系统在经历了严重的打击之后越快恢复到原先的状态，系统的韧性就越强。从第二个维度看，韧性指主动调整、学习与适应，力图在动态演变中维持系统的正常运行（动态自组织能力+适应力）。与此相应的推论可以提炼为：①系统针对环境压力越能及时调整与环境不协调甚至相冲突的部分，系统的韧性就越强；系统在经历了扰动之后能不断提升常态和危机态的转换阈值，更能吸收和应对扰动，系统就会具有越来越强的韧性。换言之，当系统韧性低时，扰动的出现会迫使系统进入危态；当韧性增强时，系统面对类似的扰动已能从容应对和吸纳，因而无须再进入危态。②系统越能在扰动和不确定性中不断学习，提升适应环境的能力，系统的韧性就越强。

表1-4　韧性的概念界定

作者	定义
Wildavsky，1991	当意料之外的危险出现时能够**应对**并**反弹**回来的能力。
Holling，et al.，1995	系统**缓冲**能力或**吸收**干扰的能力，或系统在改变自身结构前……**容受**干扰的强度。
Horne & Orr，1998	……面临改变事件固有模式的巨变时进行有效**反应**的基本素质……
Mallak，1998	……迅速设计并实现与环境相匹配的**积极适应**行为、**经受**最小限度压力的能力。
Miletti，1999	社区**承受**极端自然事件的能力。在此类事件发生后，社区不会遭受严重的损失和破坏，不会出现生产力或生活质量的降低，也无须社区外的大量援助。

续表

作者	定义
Comfort，1999	凭借现有资源和技术能力**适应**新环境的能力。
Peton，Smith & Violanti，2000	一个自我**调整**，**习得**资源调动能力并获得**成长**的积极过程……
Kendra & Wachtendorf，2003	对于异常或独特事件的**反应**能力。
Cardona，2003	受损的生态系统或社区**吸收**负面冲击并从中**恢复**的能力。
Pelling，2003	处理或**适应**危险压力的能力。
Resilience Alliance，2005	一个生态系统在不发生崩溃和质变的情况下**经受**干扰的能力，……在必要时能够**自我恢复**。……还包括人类展望和**规划**未来的能力。
UNISDR，2005	一个可能暴露于危险中的系统为达到并维持一个可接受的运行水平而进行**抵抗**或做出**改变**的能力。……取决于该社会系统的自组织学习能力……

资料来源：曼耶纳，2015。中译文字有所改动，且将关键词加粗。

自蒂默曼首次将脆弱性和韧性联系在一起以来，这两个概念之间的相互关系一直是学术界争论的焦点。相关争论大体上有三种观点：①“对立说”。比如，阿杰认为，“从宽泛意义上讲，韧性提升了应对压力的能力因而是脆弱性的反义词”（Adger，2000：348）；同样，Folke等人认为脆弱性和韧性是同一枚硬币的正反两面（转自孙晶等，2007）。②“脆弱性涵盖韧性说”。比如，美国学者麦克恩蒂尔将韧性作为脆弱性（包括风险、易感性、抵抗力、韧性）的四个构成要素之一（McEntire，2001）；在特纳等人的“人-环境耦合”框架（图2-7）中，韧性也是作为脆弱性的三大构成要素之一。③“交叉说”。一方面，韧性和脆弱性并没有必然关联，正如赫茨伯格提出对工作没有不满意不能说明你对工作满意，同样，没有脆弱性不能说明一个人有韧性（曼耶纳，2015：18）；另一方面，韧性和脆弱性又有一些共同之处，比如，两者都包含“适应性”维度。正是因为有共同域的存在，一些学者试图对二者进行调和或整合。比如，澳大利亚学者米勒等人认为，脆弱性范式和韧性范式虽然在认识论和研究重心上有很多差异（前者偏向建构主义，后者重视实证主义；前者重视社会与政治过程分析，尤其是环境变迁所产生的风险、成本或利益在不同群体和地区之间的分配，后者重视生态阈限分析、社会与生态系统之间的相互关联和反馈等），但两者拥有多个交融点，如同样关注系统对压力或扰动的回应，同样关注系统变迁过程中短期因素（如突发性事件）与长期因素（如气候变迁）之间的相互作用等；另外，两者在若干分析概念（如社会–生态整合分析、系统分析、多重压力、尺度等）上可以相互增益，使得范式的整合成为可能（Miller，et al.，2010）。同样，福德汉姆等（Fordham，et al.，2013）将灾害研究领域注重自然原因和技术解决的主流范式与注重分析社会因素的社会脆弱性范式围绕“韧性”概念整合成了一个模型（图1–4）。

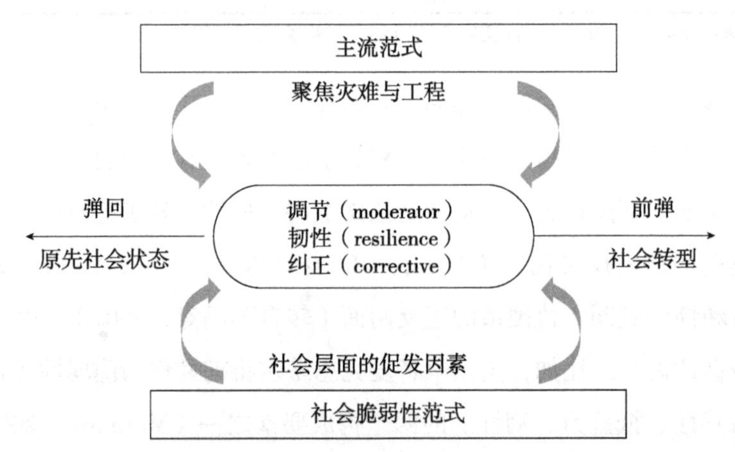

图1–4　基于韧性的社会脆弱性范式与主流范式的整合模型

（Fordham，et al.，2013：21）

韧性概念除了与脆弱性概念纠缠不清之外，在“韧性”本身的研究历程中也出现过多个很容易让人迷惑的相关概念。在此做概略性的辨别。

1. “工程韧性”（engineering resilience）和“生态韧性”（ecological

resilience）

这两个概念最早是霍林对自然科学研究领域中的韧性内涵的区分（Holling，1996）。两者的主要区别在于：第一，侧重点不同。“工程韧性”侧重系统的“恢复能力”，强调的关键词是“效率”（efficiency）、“稳定性”（constancy）和“可预测性”（predictability）；[①]“生态韧性”不认为稳定是系统的常态，而是侧重系统均衡态的不断变动和对各种扰动的“容受能力”，强调的关键词有“稳健性”（robustness）或“持久”（persistence）、“变动”（change）或“可变性”（variability）、“冗余性”（redundancy）、“不可预测性”（unpredictability）。第二，均衡态的性质不同。“工程韧性”将系统设想为只有一种可以回归的均衡态；“生态韧性”则认为生态系统处于不断的变动之中，不存在一个既定的均衡态可以回归，因此，均衡态是多元的、动态的、可转化的。与此相应，在对于变动的管理方面，“工程韧性”在单一均衡态中严格限制变动；“生态韧性”则在不稳定的边缘控制变动，只要不使系统陷入崩溃，最大限度地允许多个均衡态之间的切换。霍林据此提出了“可变性消失，则韧性消失”的假设（variability-loss/resilience-loss hypothesis）。第三，量化方式不同。“工程韧性”以系统恢复到原先均衡态的速度来衡量；“生态韧性”以促发系统均衡态突变的扰动幅度来衡量。

根据上述生态韧性原理，若想保持系统的可持续性，不要把系统想象为只有一种均衡态，而要用变化的视角认识系统；不要为了追求最大化产出而将系统的一种功能发挥推向极端，而应保持功能多样性和可变性；不要试图优化系统的某些构成要素，而应保持一定的冗余度；不要总是希望

---

① 根据霍林的阐述，工程韧性管理中的效率是指为了实现某种社会、经济或工程目标而将系统中的一种功能最大化利用，但短期的稳定高产结果却是生态系统的其他功能弱化，生物多样性丧失，更多的意外后果出现，最终导致系统对各类扰动更加敏感，生态韧性下降。

通过模型对生态系统的未来演变趋势做定量预测，而是应该认识到生态系统的复杂性和非线性发展特征，结合使用定性资源管理方法。[①]

2. 社会韧性

顾名思义，“社会韧性”是“生态韧性”思维向社会系统的延伸。自霍林提出生态韧性思想之后，一些学者便开始思考是否可以将生态韧性的基本思想运用于社会系统的问题。比如，伯吉斯和福尔克最先将社会系统与生态系统联系在一起考察韧性（Berkes and Folke，1998）。其后，阿杰将社会韧性定义为社区对外部力量冲击其基础设施的承受能力，并且聚焦于资源依赖和制度两个层面讨论了社会韧性与生态韧性之间的关联。其主要观点是：①社会韧性与资源依赖之间的关系非常复杂，既受到环境系统的制约，又受到市场波动和制度安排的影响。[②]②在社会韧性与资源依赖的复杂关系框架下，可以通过一系列参数对社会韧性进行衡量，主要包括：经济因素，如经济增长与收入的稳定性、影响经济增长的社会环境、资产的公平分配状况等；人口因素，如人口的流动与迁移等；制度因素，如产权等。阿杰以越南北部的红树林私有化为例对公共产品管理制度的韧性做了进一步分析（Adger，2000）。

---

① 伯吉斯等以渔业管理为例解释了定性资源管理与定量资源管理的差异。定性管理作为一种“软管理”（soft management），只是确立参照方向（reference directions），如增加年度各类可交配鱼群的数量；定量管理则是一种“硬管理”（hard management），依据线性模型的预测，确定量化的目标参照点（reference points），如捕获1000吨特定鱼类（Berkes，Colding & Folke，2003：8，15）。

② 依赖单个生态系统（比如能提供多种资源的沿海地区）比依赖单一资源的社区更具有韧性，因为生态系统的复杂性和功能多样性可以提升社区成员的经济安全和抗压能力，一个典型例证是马六甲海峡的漏油事件发生后，海岸生态系统能够快速自我调节与修复，使沿岸社区的韧性得以提升；对巴布亚新几内亚、东南亚等地的研究表明，经济活动的市场化与市场的波动既会提升社区的韧性，又会对生态系统和社会系统的韧性带来负面影响；制度与规则（如产权制度等）对生态系统与社会系统的关系同样会产生双重影响。

3. 社会生态韧性

由于社会系统和生态系统之间是一种“协同演进关系”（Norgaard，1994，转自Adger，2000：350），因此，社会生态韧性除了延续生态韧性中的变动、反馈和不确定性等特征之外，更强调社会系统与生态系统之间的复杂关联。霍林等人提出的“适应性循环”和“扰沌”（Panarchy）模型为包含韧性内容在内的社会生态系统研究提供了重要的理论基础。国内已有专文对这两个理论模型做了介绍（孙晶等，2007），在此仅将其中涉及的韧性内容做一归纳：①韧性是系统吸收干扰的量度或者能反映系统对所谓“讶异”（surprises）的脆弱程度，与“潜力”“连通度”一起构成适应性循环的三个维度；②韧性是一个动态变化过程。在系统从开发阶段（R）向保护阶段（K）和释放阶段（Ω）推进的过程中，韧性不断降低。当韧性降低到临界状态时，微小的扰动就可能引发系统的“创造性毁灭”；③由于“扰沌”（即复杂适应性系统中不同尺度的适应性循环之间相互作用、相互嵌套的特性）的存在，特定尺度的系统韧性会因为“记忆”（remember）与“反抗”（revolt）过程而受到其他尺度的适应性系统的影响。至于记忆与反抗是增加还是降低了韧性，需要根据特定情境具体确定。比如：世代传承的减灾经验可能会加快社区的灾后恢复进程；保守的文化记忆也可能增加社区的脆弱性而非韧性。

韧性研究的分析框架需要另文进行综合梳理，在此仅列举两个重要模型并加以说明。

一是陶斌通过整合减灾模型、恢复模型和结构-认知模型建构的一个用于分析社区韧性的复合分析框架，讨论如何才能创建具有可持续性和韧性的社区（Tobin，1999，图1-5）。减灾效果依赖的条件包括：有坚实的理论依据以确保减灾目标的合理性和适当性；有行动力强且拥有资源的减灾任务承担主体；具有特定管理与政治才能的领导层；有明确的政策目标；有一定组织性的选民予以支持。减灾模型着重于降低社区对于危险的

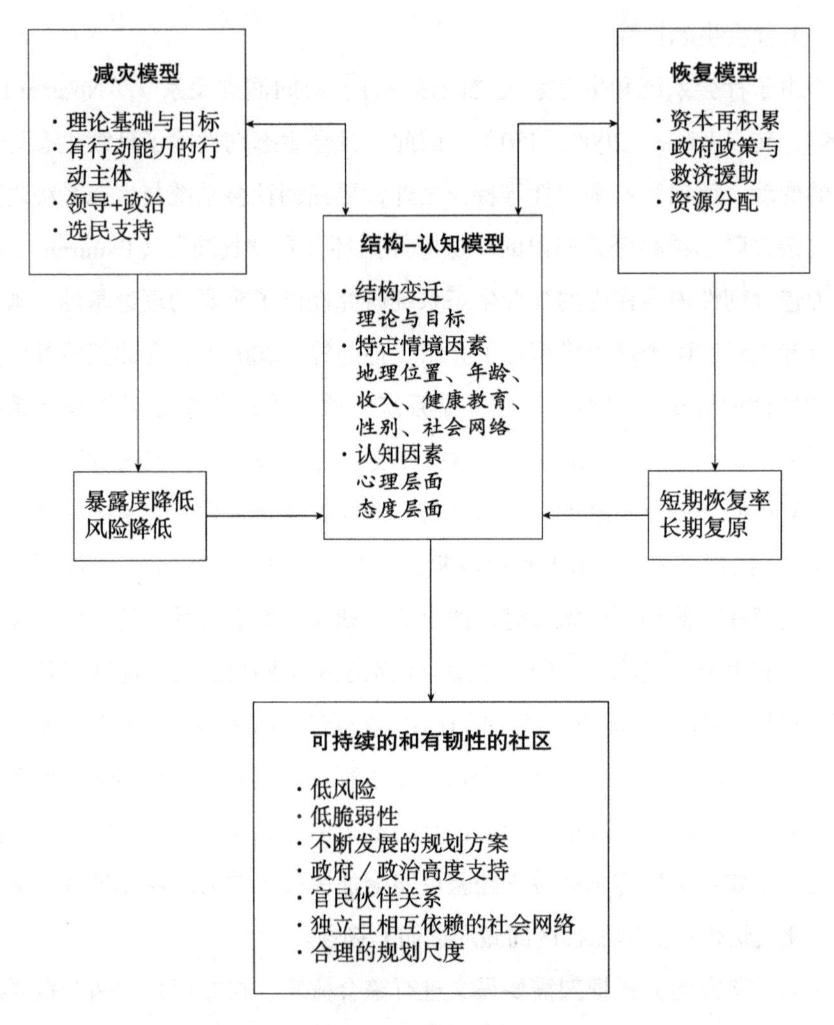

图1-5 危险环境中的社区可持续性与韧性分析框架（Tobin，1999）

暴露程度。由于暴露常常无法避免，一定程度的损失和破坏必然会发生，因此，在减灾模型之外还需要考虑恢复模型。恢复模型的主要议题有：资本再积累和硬件基础设施的恢复；政府机构、私人组织和企业的政策和救助项目；资源分配；等等。恢复模型的重心是立足于长远规划而不是仅仅注重短期修复；目标不是仅仅回到灾前状态（可能正是因为原先的不平等导致了现有的灾难后果），而是更关注不平等和发展。结构–认知模型则关注那些对减灾与恢复构成限制的结构性因素以及人们的心理与认知特征。

具有可持续性和韧性的社区需要具备七个特征：①通过减少灾害暴露从而降低所有成员的风险水平；②通过改变不平等状况、调整社会结构从而降低所有成员的脆弱性；③可持续性和韧性规划要有连续性；④有负责任的机构与政府官员的高度支持；⑤各级政府之间建立合作与伙伴关系，为减灾项目的实施提供领导层、技术、资源和地方性知识等；⑥强化社会各领域彼此独立又相互依赖的社会网络，这些网络在应对变化时要有足够的弹性；⑦要有合理的规划尺度。社区的可持续规划可能会受到全球化所带来的跨尺度影响，因此需要在社区发展与跨尺度影响因素之间保持适当平衡。

作者以美国的佛罗里达州为例，展示了这个分析框架在运用于具体实践时会面临的现实问题。在做社区可持续性和韧性规划时要考虑多种动态因素：比如佛罗里达州易于遭受多种自然灾害的地理特征；大量移民的涌入和快速城市化使越来越多的人暴露于风险中；灾后恢复与救助中资源分配的不平等；引发脆弱性的年龄、性别、种族、教育、阶层、移民等社会特征；受制于全球化和跨国企业的农业以及过于依赖旅游业的经济等。

第二个分析框架是布拉得利和古雷因杰建构的区域层面上的社会韧性模型，在此基础上对塞内加尔的费尔罗（Ferlo）地区进行了实证检验（Bradley and Grainger，2004）。这个模型（图1-6）的特点是：①纳入了系统中的行动者对扰动的认知因素。认知不同，应对扰动的策略选择就会有差异。②重视行动者的学习机能与扰动应对策略选择之间的关系。策略选择受制于行动者以往的危机应对经验积累，同时，每一次的策略实施与评估又构成日后的参照模式。③危机应对策略选择中融入了历史、经济、政治、社会等多种因素。比如：受其他群体或系统的影响（如靠近城市），期望值会发生变化；系统中的权力关系和集体决策机制对个体策略选择的限制等。

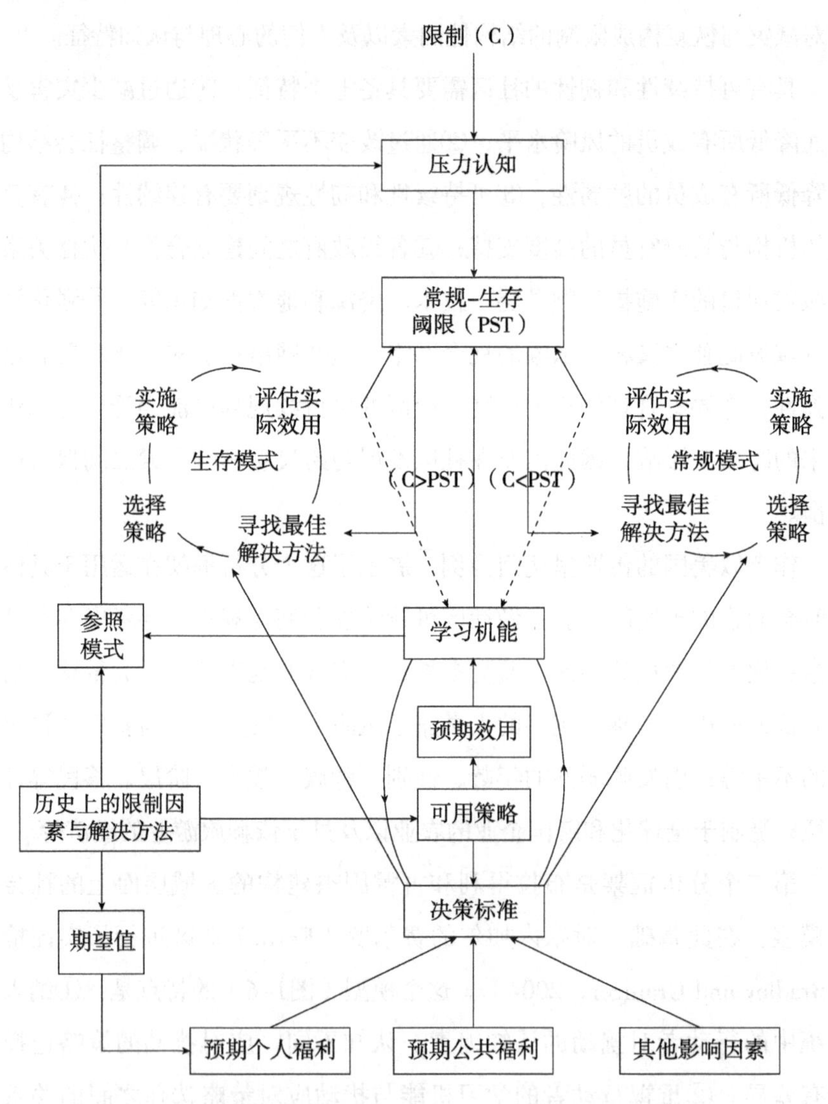

图1-6　社会韧性模型（Bradley and Grainger，2004）

在社会韧性模型中，“限制”指来自环境和社会的各种压力条件（文章中提到的制约因素有干旱、丛林大火、无法钻井取水、不平等的土地保有权、外来人口侵占土地、土地和牧场的过度垦牧等）。制约因素会不断变动；行动者对这些压力条件的认知也会有差异。作者根据“限制”的严重程度与行动者策略选择之间的关系区分出了两大行动模式。其中，“常规模式”是行动者将压力视为正常状态时的行动模式，而“生存模式”是行动者认为压力很大，生存已受到威胁时的行动模式。两大模式之间存在一个可以用特定指标（如土地收获物的消费或年降雨量）进行衡量的转换阈限：①生存模式抑或常规模式的选择首先取决于人们的压力认知。作者从沃洛夫（Wolof）农户与佩尔（Peul）牧户的对比中发现，面对同样的压力条件，沃洛夫人的生存模式与常规模式的转换阈限较低，因此两种模式的切换更频繁些，而佩尔人的阈限较高，即使面对较大的压力，依然视之正常。②从学习机能上考察，韧性高的群体更善于从生存模式中汲取经验，在经历了生存压力之后，能适应这样的压力条件并将生存模式转变成常规模式。转换阈限的提升使得系统在一个新的高度维持着平衡。

根据这一模型，评价微观行动者韧性强弱的标准是在各种压力条件下使生计得以维持的所有特征：能根据实际情况灵活决定行动目标；具有选择策略和反馈结果的学习机能；拥有一套与行动预期和压力识别相适应的参照模式；常态与危态之间的转换阈值高，两者之间不常切换。

综上所述，同“永续性”（sustainability）概念一样，韧性概念之所以能成为整合的工具，一个重要原因在于它是布兰德和雅克斯所说的“边界性概念”（boundary object）（Brand and Jax，2007）。[①] 其跨学科的属性既能够为不同领域的学者围绕共同主题提供对话平台，同时也有利于整合不同学科、不同研究范式之间的相关内容。

---

① 布兰德和雅克斯认为，作为一个“边界性概念”，“永续性”（或“可持续性”）可以用来架构看起来相互对立的生态保护与经济发展。

四、社会脆弱性的研究方法

（一）社会脆弱性的定量评价

定量研究最常用的方法是构建测量脆弱性的指标体系，用以衡量一个地区的脆弱性的水平。随着研究的推进，一些新技术，如函数模型、图层叠置、BP神经网络、遥感和GIS技术等不断被应用于脆弱性的定量测量。表1-4列出了各类定量研究方法的概况。

1.综合指数法

综合指数法是指提取一系列能反映脆弱性的指标，计算脆弱性指数，以此作为评价脆弱性大小的依据。指标分析多采用因子分析方法，经过降维（KMO检验和Bartlett球形检验、皮尔逊相关分析、主成分分析、旋转）、标准化处理、权重计算、综合指数计算等过程。计算区域综合脆弱性时通常将灾害暴露水平乘以社会脆弱性指数并做标准化处理，而后按照等距离分段方法对区域脆弱性进行分类（向华丽，2018），或者通过自然断点法对社会脆弱性进行分等定级，寻找社会脆弱性在各地区的分布特点；通过计算Moran指数了解社会脆弱性及其驱动因素的空间聚集特征（吴畅等，2018）。

综合指数法研究的最著名代表是美国学者卡特。她首先梳理了相关文献中出现的17类社会脆弱性诱发因素，[①]而后以“区域脆弱性模型”（HOP）为基础，建构了一套包含11大类42个指标的社会脆弱性测量指标体系（SoVI）（Cutter，Boruff and Shirley，2003）。这些指标最初在县（county）级层次上设计，后来也应用于其他尺度单元，如城市

① 主要包括：社会经济地位（收入、政治权力、声望）、性别、种族、年龄、工商业发展、失业状况、农村／城市、住宅物业、基础设施与生命线、租户、职业、家庭结构、教育、人口增长、医疗服务、社会依赖、有特殊需求的人群。

（Borden，et al.，2007）、人口普查区块（Wood，et al.，2010）等。指标大体分属两个领域：一是人或群体（年龄、性别、受教育程度、住房、财富水平、种族与民族、职业等）；二是地域（建筑环境密度、产业结构、基础设施、税收与债务比、城市化水平、经济增长率与经济活力等）。通过考察各个群体或地域的指标状况，可以透视群体或地区之间的不平等。正是这些不平等导致了一些群体或地区较高的社会脆弱性。

由于社会脆弱性无法脱离具体的情境，[①]因此，指标的选择没有固定标准，要依据扰动类型、研究主题与对象、研究目的、研究尺度、分析框架等做相应调整，同时参照以往相关研究成果中的操作方法仔细权衡。气候变化引发的社会脆弱性测量可能需要考虑土壤肥力、降雨量多寡等；经济全球化带来的社会脆弱性则可能涉及交通距离与便捷性、与各类市场的关联度、进出口状况等。即使面对同一种压力（如干旱），不同研究对象的评估指标、社会脆弱性与其三个维度之间的关联也会存在差异。比如，2000—2014年间黄河三角洲地区的社会脆弱性与应对性之间的相关性高于与敏感性之间的相关性（刘凯等，2016）。霍兰德与卢加拉曾以挪威作为个案，专门讨论过评估指标对情境的适应性问题。他们用卡特等人的原创指标体系和自己根据挪威国情修改过的指标体系分别测度面对自然灾害的社会脆弱性，而后通过测量结果的对比论证随情境调整SoVI的必要性。作者最后还提出了三个调整步骤，即概念适应（借助于文献梳理重新界定特定地区社会脆弱性的影响因素）、技术适应（考察是否能获得相关资料、统计资料是否可用于比较、是否存在评估指标所针对的社会现象等）、地理适应（确定收集的资料是否与评估尺度相匹配；其他可能影响评估的地理因素）（Holand and Lujala，2013）。

---

① 社会脆弱性研究如此，灾害研究领域同样强调需要结合具体情境研究自然灾害。比如，米歇尔（J. K. Mitchell）等学者早在20世纪80年代就曾提出过“自然灾害的情境模型”（contextual model）（转自Cutter，Mitchell and Scott，2000）。

举几个例子进一步说明指标设计的权变原则：①林冠慧、张长义（2006）为了有效评估台湾松鹤地区的脆弱性，整合了瓦茨（Watts）的“脆弱性的社会空间”模型、可持续生计框架，以及特纳的人与环境耦合框架，从中提炼出了“授权”“资产”“维生方式”“环境知识”等契合元素；②霍兰德等学者在评估和比较挪威市镇的社会脆弱性时将SoVI拆分为25个“社会经济指数”和8个“建成环境指数”，尤其是针对挪威的地形与人口居住特点（五分之二的人口生活在狭长而凹凸不平的峡湾地带或岛屿上，众多居民居住在远离医疗和其他基本服务的地区）设置了“每千人拥有的逃生通道数量”“到最近医院的距离”等指标（Holand，et al.，2011）；③陈文方等人根据资料的一致性、可比性和可获得性原则，选择了15大类29个指标测量中国长三角地区的社会脆弱性（Chen，et al.，2013）；④赫梅尔等在测量巴西面临自然灾害的社会脆弱性时，根据巴西国情，将SoVI修正为10大类45个指标（Hummell，et al.，2016）；⑤阿克沙等根据实际情况将测量尼泊尔的SoVI调整为7大类39个指标，并且加入了种姓特征（“达利特人人口比例”）、“不懂尼泊尔语的人口比例”等变量（Aksha，et al.，2019）。

SoVI的建构与发展在三个层面上推动社会脆弱性研究的进展：第一，有助于对不同地区的社会脆弱性进行比较。第二，有助于对同一地区的社会脆弱性进行历史演变分析。卡特本人曾以“县”为研究单位，或者进行个案研究（比如对南卡罗来纳州乔治敦县人地脆弱性的测量，Cutter，Mitchell and Scott，2000），或者在全国范围内对美国各县进行社会脆弱性的时空比较（Cutter and Finch，2008）。第三，有助于将访谈、焦点小组讨论等定性资料整合在指标体系中，从而结合地方知识与科技知识以进一步提升应对灾害风险的能力（Letsie and Grab，2015：124）。

采用SoVI进行社会脆弱性研究要谨防犯生态谬误的错误，即基于较大空间单元的研究结论在较小空间单元上做推论。这种错误可能与SoVI的方法缺陷有一定关联。在将原始数据做标准化处理的过程中，SoVI方法因为基于Z值的大小做社会脆弱性评估，容易忽略原始数据中相关变量的均值差异和标准差差异。因此，Wood（2010）等人建议研究者和灾害管理者不仅要依据Z值，而且要依据相关变量的原始数据特征来评判社会脆弱性状况。至于指标选择中的主观性问题以及评估结果的不确定与不一致问题，有学者认为可以通过数值的纵向与横向比较、单纯数值聚类分析、对综合评估指标体系的有效性进行不断验证等方法予以部分解决（Su，et al.，2015）。

除此之外，综合指数法的另一缺陷是评价结果的有效性难以验证。费凯特从社会脆弱性的特点、对脆弱性的不同理解以及方法上的局限性三个方面分析了其中的原因。首先，社会脆弱性非常复杂，且隐嵌在人类的各种面向以及社会各个层面的偶然性中，因此很难找到经验证据。其次，各类研究中的概念范畴不一致。脆弱性既可以是一个包括众多复杂关联的整体性概念，也可以只是聚焦于特定灾害某个事项（如洪灾中的疏散需求）的单维概念。再次，定量评估方法的特点是用指标和指数来间接表征客观现象，为了计算和比较必须对社会事实进行抽象和操作化，因此，指标所反映的只是一般性特征，并不能捕捉到微观层面的脆弱性状况（Fekete，2009：394）。

目前，国内学者定量考察环境污染（主要是大气污染）的社会脆弱性主要也是基于指数法。比如，梁欣研究中国31个省份的空气污染区域脆弱性时，用18个指标度量暴露于空气污染之下的中国各个省的社会脆弱性，并且采用主成分分析法从18个指标中提取了5个主成分。表1–5列出了两项代表性研究的指标构成及其与社会脆弱性的关联。

表1-5 空气污染社会脆弱性的指标体系

研究项目	指标构成	包含的指标	与社会脆弱性的关联
葛怡等，2018	年龄	①**儿童（14岁及以下人口）**；②老年人（65岁及以上人口）	不同年龄段人群对空气污染的敏感程度不同
	教育	①文盲、半文盲占15岁及以上人口比例；②**本科及以上人口比例**	受教育程度较高意味着在就业机会、收入、社会地位方面更有优势，因而适应能力更强；面对空气污染时有较低的发病率和死亡率
	个人经济状况	①城乡居民最低生活保障人数比例；②**人均可支配收入**	财富可有效减少和避免空气污染暴露程度，可以增加适应能力
	职业暴露	①第二产业从业人员比例；②每千人出租车拥有量	第二产业工人和出租车司机更容易受到空气污染，因此暴露程度更高
	区域经济状况	①**每千人医院床位数**；②**城市绿化覆盖率**；③水利、环境和公共设施管理业的从业人员比例；④环境污染治理投资总额；⑤工业废气治理设施本年运行费用；⑥每千人私人汽车拥有量；⑦第二产业占GDP比重	区域社会经济状况反映了环境管理能力和适应能力；“每千人私人汽车拥有量”和“第二产业占GDP比重”间接反映了暴露程度
梁欣，2019	第一主成分：反映经济发展水平和人口结构特征	①居民可支配收入；②人均生产总值；③城镇化率；④第三产业人口比重；⑤65岁以上人口比率；⑥14岁以下人口比率；⑦人口密度；⑧百人拥有的电话数	①经济发展水平越高，应对突发事件的能力就越强，事后恢复也越快；②第三产业从业人口越多，社会产业结构越趋于完善和优化，社会发展越稳定，脆弱性越低；③幼年和老年人口越多，二者抚养比越高，社会负担越大，脆弱性越高
	第二、五主成分：反映人类发展指数和医疗卫生水平	①人口自然增长率；②死亡率；③人均公园绿地面积；④万人拥有医生数；⑤万人拥有的病床数；⑥人均住房面积	人类发展指数和医疗卫生水平越高，表明社会环境越优越，社会脆弱性越低

续表

研究项目	指标构成	包含的指标	与社会脆弱性的关联
	第三、四主成分：反映社会弱势群体特征	①文盲人口比率；②贫困人口比重；③女性人口比重；④城镇登记失业率	①文盲体现精神文化的匮乏，导致忧患意识和安全意识薄弱，信息接收不畅；②就业困难和经济贫困会增加脆弱性；③女性体现了社会脆弱性。这四个指标取值越大，社会脆弱性越高

注：表中字体变为黑体的指标是作者通过投影寻踪聚类模型识别出的空气污染社会脆弱性主要影响因素。

2. 定量研究的其他重要技术

（1）函数模型法。函数模型法通常与指数法结合使用，主要思路是围绕社会脆弱性的构成维度分别建立评价指标进行定量评价，然后围绕各维度之间的关系建构评价模型。在此举例加以说明：

李玉山、陆远权（2020）在研究产业扶贫政策与生计脆弱性（LV）之间的关系时采取了以下研究步骤：①将LV分解为暴露度（Ep）、敏感性（St）和适应性（Ad），分别构建评价指标并且用加权求和法计算评价值：$Ep=\sum_{j=1}^{4} W_{ej}Sd_{eij}$；$St=\sum_{j=1}^{3} W_{sj}Sd_{sij}$；$Ad=\sum_{j=1}^{18} W_{aj}Sd_{aij}$。②用函数模型法构建LV评价方程：$Pslv=f\{Ep, St, Ad\}=(Ep-Ad)\times St$。③构建基准模型验证产业政策对LV的影响：$Pslv_i=a_0+a_1\times indpolicy_i+a_2\times Crl_i+a_3\times Prv_i+\varepsilon_i$。首先考察在不加任何控制变量时两者的关系，而后逐步通过增加控制变量、稳健性检验、纳入虚拟变量、增加可能的遗漏变量、安慰剂检验、政策实施力度检验等步骤进一步考察两者的关系是否发生变化。④构建模型检验产业扶贫政策与LV之间是否存在中介变量（Medi）：$Pslv_i=y_0+y_1\times indpolicy_i+y_2\times Med_i+y_3\times Crl_i+\varepsilon_i$。通过以上四个过程便可以得知产业扶贫政策是否降低以及通过何种影响机制降低了生计脆弱性。

黄晓军等（2014：1519–1520）曾列举过一些有代表性的“社会脆弱

性指数计算模型”。在运用函数模型法的过程中，研究者也常使用多元线性回归模型，用以分析脆弱性及其构成维度的影响因素（如刘伟等，2018；赵雪雁等，2020），或者使用障碍度模型，用以确定缓解脆弱性的关键因素（吴孔森，2019）。

（2）图层叠置法。图层叠置法通常会使用到分级统计图（Choropleth Map）或者GIS ArcMap等制图软件。基本思路是建立测量指标分别测定脆弱性的构成维度，并且分别以制图工具直观地呈现出来，然后将各个构成维度的图层合并，得到总体脆弱性的图层。比如，德皮特里等人在研究热浪冲击下的德国科隆城的社会脆弱性时，用每个城市区块的居民人数乘以该地块地表平均温度标准化值来衡量“暴露度”，用老年人口和失业人口比率衡量“敏感度”，用老年人独居和每个城市区块绿地的面积来计算“韧性缺乏”。每个维度都通过ArcMap制图软件直观呈现。将三大构成指标合并即可获得脆弱性整体的分布图，各维度指标对脆弱性整体的各自贡献度可以通过指标敏感性分析获得（Depietri，et al.，2013）。除了暴露性-敏感性-适应性图层叠置之外，另一种常见的图层叠置是物理脆弱性-社会脆弱性图层叠置。沿用卡特的HOP模型研究区域脆弱性的学者大多采用这种方式（如Emrich and Cutter，2010；Letsie and Grab，2015等）。

（3）BP（Back Propagation，反向传播）神经网络法。BP属于人工神经网络（Artificial Neural Networks，ANN）的一种。作为一种人工智能技术，BP可以避开模型法的线性相关限制，对复杂的非线性关系进行处理，因此在很多领域都得到了运用，比如企业资本结构影响因素的确定（封铁英等，2005）、城市建成区的面积预测（刘柯，2007）、乡村地域功能评价（唐林楠等，2016）、农业旱灾脆弱性的评估（谢家智等，2017a）等。BP神经网络法的基本思路是：①确定BP神经网络的输入层和输出层。输入层通常是研究者构建的社会脆弱性的若干评价指标；输出层通常是特定扰动下的社会脆弱度。②确定隐含层。隐含层的确定需要反复调整神经元节点数，最终确定实际输出效果的最佳状态（与理想输出效果的匹配）。这个过程即是所谓的“训练”。③构建由输入层、隐含层、输出层组成的BP神经网络模型结构，由此寻找输入层与输出层的关联。在这一过程中，“确定隐含层及其神经元节点数”是BP的关键（石钰等，2017）。

为了避免训练时间过长和遗漏重要信息，确定输入层神经元时可以借助主成分分析法对所有相关因素进行降维（刘柯，2007）。由于BP神经网络法“具有训练时间长、收敛速度慢、易发生过拟合等缺陷”，因此，对时间和精度有更高要求的学者会选择“随机权神经网络”来取代BP神经网络（谢家智等，2017b）。

（4）逼近理想点排序法（优劣解距离法，technique for order preference by similarity to an ideal solution，TOPSIS）。这种方法诞生于20世纪80年代初期，主要思想是计算各评价对象到优劣解的距离，测量它们与理想值的贴近度，根据贴近度的大小评估脆弱性的高低。评价过程是：建立评价对象与评价指标的矩阵→对原始数据进行标准化处理，构建标准化矩阵→确定标准化矩阵中各评价指标的优劣解→计算各个评价对象到优劣解的欧氏距离→计算各评价对象的贴近度，以此确定它们的脆弱性高低（张永领、游温娇，2014；薛晨浩等，2016）。为了防止欧氏距离求解失效，在确定评价指标的过程中，需要运用主成分分析法消除各指标间的信息重叠；各主成分的权重确定既可以依据它们的方差贡献度，也可以根据研究对象（比如，农业旱灾脆弱性）的特点采用更合适的方法（如德尔菲法）赋权（汪霞、汪磊，2014）。

（5）决策树（Decision Trees）分析法。决策树分析是用来对原始数据进行分类和预测的统计工具，其基本思路是：将样本数据集按照数据属性自上而下分为根节点（root nod）、多个决策节点（decision nods，亦可称为中间节点）、叶节点（leaf nods），以及连接各个节点的分支（branches）。样本数据集的切分持续进行，一直到终端节点出现。每一个终端节点提供一种决策规则或者决策结果。基本过程是：运用信息增益算法确定决策树的选择属性，创建节点→运用信息增益算法生成决策树模型→运用剪裁算法对模型剪枝，以降低误判率→提取决策规则。

决策树分析法可应用于多个领域的风险评估和情景预测，尤其是银行业和保险业中的客户金融风险预测、发展中国家的贫困脆弱性测量，以及各种自然灾害（Dwyer，et al.，2004）或突发公共事件（比如突发公共卫生事件：杨云等，2015）的风险评估。

（6）集对分析法（Set Pair Analysis）。这种方法是将两个关联集合组成一个集对，分析它们的同一性、差异性和对立性，寻找两个集合关系的确定性和不确定性，然后根据比较的结果确定脆弱性的高低。比如，李博等（2015）测量大连市人海经济系统脆弱性的方法，即是通过对集合A（人海经济系统指标体系，按照一定的标准构建）与集合B（指标评价标准）进行比较，然后根据两个集合的贴合度评估脆弱性状况；同样，韩文文等（2016）以宁夏海原县民族村农户作为研究对象，分析敏感性和生计应对能力两个集合特性的同、异、反联系度，用以确定农户的生计脆弱性程度。

（7）模糊物元评价法。物元是指由事物的名称、特征值、量值构成的基本评价单元；模糊物元指的是量值具有模糊性的基本元；复合模糊物元指由多个模糊物元组成的矩阵，且每个模糊物元在若干量值上具有模糊性（田静宜、王新军，2013）。模糊物元评价法的基本思路是根据“复合模糊物元与标准物元之间的欧式贴近度”（马冬梅、陈大春，2015）衡量脆弱性的高低。评价的基本过程是：确定评价对象、评价指标及其权重→构建复合模糊物元模型→计算欧式贴近度并以此对评价对象的脆弱性进行衡量或排序。

上述定量研究社会脆弱性的方法的基本情况见表1-6。

表1-6 社会脆弱性定量研究的一些主要方法

方法名称	基本操作思路	优点	缺点
综合指数法	①围绕社会脆弱性的构成维度建构测量指标。 ②对指标进行标准化处理。 ③用德尔菲法、层次分析（AHP）法、因子分析法、熵权法等确定指标权重。 ④利用标准化后的数值计算社会脆弱性指数以及各个维度的指数。 ⑤根据需要进一步做聚类分析、用“自然断点法”进行分等定级等	思路明确、步骤清晰、容易操作	①忽略脆弱性各维度之间的相互作用机制。 ②指标选择和权重确定缺乏科学有效的方法。 ③建立跨区域、跨时段评价指标体系非常困难。 ④评价结果的有效性难以验证
函数模型法	围绕社会脆弱性的构成要素分别建立评价指标进行定量评价，然后围绕构成要素之间的关系建构评价模型	①评价结果既能反映社会脆弱性整体情况，也能反映脆弱性各维度情况。 ②评价思路与脆弱性内涵之间对应较强，能体现脆弱性构成维度之间的相互作用关系，有利于解释脆弱性成因与特征	①社会脆弱性与各种致因的非线性相关限制了模型法的应用。 ②模型的表现形式过于依赖研究者对社会脆弱性的概念界定和维度划分
图层叠置法	①将脆弱性构成要素（如自然脆弱性与社会脆弱性、敏感性与适应性、扰动的影响程度与区域应对能力等）的差异分布图层叠置。 ②将不同扰动的脆弱性图层叠置	①能够反映区域受灾害影响的脆弱性及其各维度的空间差异。 ②为多重扰动下的脆弱性评价提供思路	①面临多重扰动时，无法在各扰动造成的脆弱性之间进行区分；应对能力指标选取缺乏针对性。 ②难以考察不同扰动对系统整体脆弱性影响程度的差异，因此难以辨别影响脆弱性的主要因素

续表

方法名称	基本操作思路	优点	缺点
BP神经网络法	构建BP神经网络的输入层–隐含层–输出层模型，借助隐含层神经元节点数调节，发现样本的内在规律	能克服模型法的线性假设限制，适合处理复杂的非线性问题，预测脆弱性的影响因素	①隐含层神经元节点数的确定缺乏统一方法。②训练时间长、收敛速度慢、易发生过度拟合
逼近理想点排序法（TOPSIS）	构建评价对象与评价指标的标准化矩阵，计算矩阵中各评价指标的优劣解、各评价对象到理想解的距离和贴近度，以此判断脆弱性高低	适合处理非线性问题；评价结果比较直观	
决策树分析法	①确定数据样本集，运用信息增益算法确定数据切分属性，并据此创建节点，建构决策树模型。②对模型进行剪枝处理以降低误判率。③提取知识规则	能够有效提取非线性数据和定性数据中的知识规则	数据类别数量多，或者训练数据集相对较小时容易出现分类错误
集对分析法	分析构成一个集对的两个关联集合的同一性、差异性和对立性，通过比较两个集合的确定性和不确定性的关系评估脆弱性的高低	有利于对多属性评价指标进行评价	
模糊物元评价法	通过计算复合模糊物元与一个标准物元的相似程度来判断脆弱性的相对程度	可以充分利用原始变量的信息，不用考虑变量间的相关性	①标准物元界定缺乏科学方法。②评价结果易受标准物元选择标准影响。③评价结果只能反映脆弱性相对大小，难以反映脆弱性特征、脆弱性空间差异等详细信息

资料来源：对相关文献（李鹤等，2008；田静宜、王新军，2013；黄晓军等，2014；程钰等，2015；李博等，2015；杨云等，2015；薛晨浩等，2016；龚艳冰等，2017；石钰等，2017）内容的整合。

（二）社会脆弱性的定性研究

社会脆弱性的定性研究者更偏向选择点位（尤其是社区）作为研究对象，重心不是测量脆弱性程度，而是在于揭示脆弱性的形成机制以及脆弱性程度差异的原因，尤其强调特定群体应对扰动的能力不足与他们的脆弱状态之间的关联。定性研究关注的主题包括脆弱性的结果（如导致了某种健康状况）、脆弱性水平的差异、脆弱性的动态发展过程、脆弱性的环境（或根源，即造成脆弱性的生态系统和社会系统，如社会经济与政治过程）等。研究者或者重点揭示社会脆弱性背后的形成机制（Pham Thi Bich Ngoc，2014），或者呈现特定灾难中导致社会脆弱性的高风险因素（贫困、种族／团体、年龄、残疾、性别、租居等），以及这些因素在灾害过程（预防、消减、撤离、恢复等）中如何加剧了负面后果（Laska and Morrow，2006），或者聚焦于社会脆弱性与某个具体问题，如灾害所带来的健康问题与疾病（Few and Pham，2010）、社区减灾规划（Mallick，et al.，2011）之间的关联。

在方法上，定性研究主要基于各种相关文献的查阅或者通过深入实地参与观察和深度访谈等方式收集资料，对系统的脆弱性进行描述和分析。与社会脆弱性的定量研究相比，定性研究更能捕捉到敏感或细微的资料，有助于更直观和深入地理解抽象的脆弱性概念，也能为社会脆弱性的消减提供更丰富的信息。与社会脆弱性的宏观研究相比，微观个案研究不仅能为宏观层面的分析提供“基层事实”（ground truth），而且更能反映各级政府所制定的政策与制度如何影响了相关群体的应对策略和适应能力（O’Brien，et al.，2004）。

五、简要总结与启示

（一）尽管一些学者在研究中没有严格区分脆弱性和社会脆弱性，但严格而言，社会脆弱性只是脆弱性（生物-物理脆弱性+社会脆弱性）的两大构成要素之一。研究社会脆弱性的学者起初关注的是使特定人群或地区在灾害打击下显得无助和容易遭受损害的社会属性，强调脆弱性概念在词源上的被动特征。由于人在遭遇灾害的过程中总能体现出一定的能动性，因此，脆弱性概念中后来又增加了一些主动的成分。与此相应，学界的研究重心也逐渐转向更强调积极适应的韧性概念。

无论是脆弱性研究还是社会脆弱性研究，都涉及两大主题。第一，构成维度：暴露性、敏感性、适应性。暴露性侧重于考察扰动/冲击的性质；敏感性侧重于考察扰动/冲击给系统造成的损害；适应性侧重于考察系统对扰动/冲击采取何种回应方式和具备何种回应能力（包括被动意义上的抵御能力和主动意义上的学习与调整能力），其中，被动意义上的适应性属于脆弱性范畴，主动意义上的适应性属于韧性范畴。第二，研究内容：压力源、群体或区域、结果与原因。研究者都会考察：给特定系统带来威胁的扰动/冲击源是什么；哪些群体或区域在压力下表现出何种程度的脆弱性；外来冲击与内在脆弱性的叠加给这些群体或区域带来了什么后果，造成这种后果的深层根源是什么。研究者达成的普遍共识是：（社会）脆弱性不仅仅是某个系统在特定威胁冲击下所呈现出来的结果，而且是环境演变、权力分配格局、经济发展状况、社会关系与权益保障、历史演变与文化传统等多个因素相互作用、共同塑造的过程。同样，在生态系统和社会系统中，韧性也是系统与扰动之间相互作用与不断反馈的动态变化过程。

以脆弱性和社会脆弱性的内涵为依据，本书主要涉及作为扰动源的环境污染的特性、社会系统面临环境污染扰动时受到损害的可能性程度，以及社会系统应对环境污染的能力状况。

（二）半个多世纪的脆弱性研究使这一概念的内涵非常丰富，囊括了系统内外多个因素的复杂交互作用，同时还涉及系统尺度的差异和系统之间的相互耦合，因此，在具体研究过程中要坚持管理学中的“权变”思维，即具体问题具体分析。从系统与外部环境之间的关系看，系统暴露于不同的压力或扰动，会表现出不同的脆弱性，因此需要具体分析引发系统不稳定的扰动特性，这是本书首先进行环境污染的类型分析的重要依据。从系统内部属性看，不同尺度的系统之间、同一尺度的不同系统之间，其脆弱性千差万别，很难提炼出一个可以解释所有脆弱性的宏大理论框架，这是目前（社会）脆弱性研究中多个分析框架并存的重要原因。

（三）目前学术界在脆弱性研究中使用了很多相关概念，诸如风险、脆弱性，生计脆弱性、社会脆弱性，人地耦合系统、社会–生态系统、社会–环境系统、人文社会系统，工程韧性、生态韧性、社会生态韧性等。对这些概念之间的关系需要仔细辨别，由此才能搭建对话的平台。本书倾向于将脆弱性研究和韧性研究统一置于可持续发展研究的框架中，即降低脆弱性和增强韧性是实现可持续发展的两大重要任务。就风险与脆弱性的关系而言，本书倾向于将脆弱性概念中蕴含的风险按照系统边界分为两个部分：一是从“暴露性”层面考察环境污染（作为一种扰动类型）出现的可能性。污染发生的可能性越大，风险越大。二是从“敏感性”和“适应性”层面考察系统受损的可能性及受损程度。系统应对污染的能力越弱，风险越大。

第四节　研究设计

一、理论视角

（一）风险-危机转化视角

脆弱性和社会脆弱性概念主要用于分析灾害管理、环境与气候变迁、贫困与可持续发展等议题，无论是早期强调限制灾害应对的因素，还是后来转向强调灾害反应与应对的能力（陶鹏、童星，2011：52），相关研究大多倾向于寻找一些指标，如环境特征（空间距离、灾害频率、灾害强度等）、经济特征（产业比重、人均收入等）、人口学特征（年龄、性别、健康状况、抚养比等）作为研究脆弱性的主要依据。研究环境污染与社会脆弱性之间关联的文献（Pham Thi Bich Ngoc，2014；葛怡等，2018；梁欣，2019）目前也是秉持了这一思路。但是，环境污染引发的社会脆弱性与自然灾害引发的社会脆弱性会有一些差异，比如，没有人怀疑自然灾害会成为灾害源，但人们在特定时期对待环境污染的态度可能就不一样。19世纪初，很多英国人认为，空气污染源于自然过程，比如动植物尸体腐烂释放出了瘴气，而煤烟中的碳和硫不但不是“污染元凶”，反而还具有消毒作用。到了19世纪晚期，人们才认识到污染不是来自有机体腐败，而是来自煤炭燃烧（Peter Thorsheim，2016）。既然大家都不认为环境污染是有害的，那么，用来衡量社会脆弱性的一些常用指标（如种族、性别、阶层等）就变得没有太大价值。作为一种“人为制造的风险”，环境污染及其引发的社会脆弱性更具有“风险社会”的民主性特征。

基于这一差异，本书采用风险-危机转化视角考察环境污染引发的社会脆弱性问题。由技术引发的环境污染风险以及由环境污染引发的社会风险可能普遍存在，但从风险向危机的转化过程在不同社会中存在很大差异。由此可以推断出的一个理论假设是：环境污染所蕴含的社会风险越可能转化为危机和损害，该社会就越具有环境污染维度的社会脆弱性。换言之，重大或特大环境污染事故越是在某个社会系统中频繁发生，该社会系统就越可能遭受到环境污染的损害，由此也越能表明社会系统的脆弱性特征。这一假设将“脆弱性”理解为促发环境污染事故发生的各种因素。[①]由此作为出发点，在考察一些有代表性的环境污染事件时，可重点分析有哪些重要因素促使这些事故中的风险转化成了危机。由于（社会）脆弱性是一个动态的过程[②]，在危机过后，社会系统会通过学习和制度调整提升应对能力和适应能力，因此，本书同时考察在环境与生态危机过后，社会系统如何降低脆弱性和提升韧性。

（二）社会-生态耦合视角

社会-生态耦合与人-环境耦合（根据不同的研究对象可进一步明确为地理学中的人-水耦合、人-海耦合、人-地耦合等）概念类似，讨论的是社会系统与环境系统之间、社会系统中不同利益相关者之间、不同时

---

① 陶鹏和童星对于脆弱性概念范畴的界定与此相似。他们认为，“脆弱性可以被扩展到导致灾害或危机出现的各种因素”，既包括资源与权利的可得性，也包括管理、政策、组织、传播、文化等（陶鹏、童星，2011：56）。

② 社会脆弱性研究中的“压力-释放模型”特别强调脆弱性的动态性和过程性特征，详见第二章相关内容。

空尺度之间的复杂相互作用、反馈与协调关系。从社会-生态耦合视角研究脆弱性的最著名代表人是美国克拉克大学地理研究生学院（GSG）的特纳和瑞典斯德哥尔摩环境研究院（SEI）的卡斯珀森等人（详见第二章第二节）。

之所以采用这一视角主要出于以下考虑：第一，耦合视角注重考察扰动源与人文条件（人口、权利、制度、结构等）和环境条件（气候、土壤、水源、能源、生态系统等）之间的相互作用，比较适合讨论污染与社会脆弱性的关联问题。第二，环境污染一旦构成了扰动源，必定对原先的自然与社会双系统造成不同程度的冲击，既会导致自然环境系统的脆弱性增加（比如环境承载力下降、资源和生物多样性减少、环境自我修复时间漫长等），也会影响甚至加剧社会系统的脆弱性状况（比如某些受害者变得贫病交加，引发社会系统内部不同利益相关者之间的矛盾与冲突，导致社会动荡等）。第三，污染作为一个生态问题其主要根源在于社会系统未能处理好与环境系统的关系。这一点同样反映了两个系统的耦合特性。第四，耦合视角强调不同时空尺度之间的相互影响，与环境污染后果的复杂性相符合。

目前学术界的很多成果都说明了耦合视角的重要性：无论是在区域尺度，还是在城市尺度，敏感性指数的下降、应对能力指数的上升，以及社会脆弱性指数的整体下降，都是由经济、社会和生态环境等多个系统合力造成的结果（程钰等，2015；刘凯等，2016）。在生计脆弱性领域，“外部冲击→社会-生态系统回应→社会脆弱性变动”这样的因果链表现得更为明显。比如，乡村旅游开发作为扰动源冲击了开发地的社会-生态系统后，农户的生计资本虽得到不同程度的改善，但生计脆弱性水平亦随之提高，尤其是那些过度依赖旅游生计方式的农户更是如此（蔡晶晶、吴希，2018）。

二、研究思路与研究方法

（一）研究思路

1. 社会脆弱性的界定与分析思路

根据上一节对相关概念的研究梳理，本书将环境污染引发的社会脆弱性界定为：特定社会系统在面对环境污染的扰动时，因适应性和应对能力不足而易于受到损害的属性。损害可能存在于生态系统（如杀死大批动植物，从而损害了生物多样性），也可能存在于社会系统（如损害了经济发展、居民健康和食品安全）。由于自然环境与社会系统相互耦合，一个系统的损害必定会对另一个系统带来影响（例如：生物多样性的衰减造成经济损失和食品安全性降低；反之，贫困和失业导致的滥捕、滥采、滥伐、滥垦等过度攫取自然资源的行为会加剧生态恶化，造成生态脆弱性），因此不能孤立地研究社会系统的脆弱性。

鉴于社会脆弱性三个维度的内涵有叠合之处，在特定研究过程中必须明确各维度的界限。本书将暴露性限定在描述社会系统外部扰动或压力特征上，考察社会系统之外的风险和灾难性质，将敏感性限定在社会系统面对风险和灾难时遭受损失的程度，考察社会系统内部有哪些现有属性会使系统有可能或已经遭受损失。从理论上讲，如果一个社会系统容易遭受扰动的伤害，既可以表明其敏感性强，也可以表明其适应性弱。因此，将同样涉及社会系统内部属性的敏感性和适应性区分开来非常重要。由于敏感性和适应性之于社会脆弱性的功能正好相反，可以将敏感性限定在系统内部引发损失的因子层面，而将适应性限定在预防、应对、降低损失的能力层面。按照这一思路，将另外两个相关概念，即风险（灾害）响应能力和风险（灾害）抵御能力纳入适应性范畴比较适宜。

2. 环境污染与社会风险、社会脆弱性的关联

环境污染有多种类型，故其带来的损害也有不同种类。从空间尺度上

划分，环境污染有全球性、区域性、地方性污染；从污染源上划分，环境污染有农业污染、工业污染、生活污染；从介质上划分，环境污染有大气污染、水污染、土壤污染。

环境污染与社会风险的关联：从全球层面考虑，环境污染作为一种人为的生态灾难，可以作为风险社会风险源的重要维度之一。按照风险的构成，环境污染引发的社会风险可以分为经济风险（环境污染对经济发展造成的潜在损害，如影响旅游业和餐饮业，典型例证是蓝藻事件对无锡经济发展产生的影响）、健康风险（环境污染对民众身心健康造成的潜在损害）、社会风险（环境污染可能引发的社会动荡，比如不同利益主体之间的矛盾和冲突；利益分化引发的社区分裂、社区内部信任关系断裂、社会资本削弱等）。

环境污染与社会脆弱性的关联：从敏感性维度出发，考察特定群体或社会系统容易受到环境污染损害的政治、经济、文化因素，以及妨碍人们有效应对污染冲击的制度性障碍；[①]从适应性维度出发，考察在环境污染扰动下，政府、社区、民众的回应策略和互动过程，并由此透视这种行动格局背后的深层动因；考察降低社会系统敏感性、提升适应性的人文机制，尤其从适应性治理视角，讨论提升社区治理能力的路径。

3. 环境污染引发的社会脆弱性在不同尺度上的表现

环境污染引发的社会脆弱性按照空间尺度可以分为宏观层面的国家脆弱性、中观层面的区域脆弱性以及微观层面的社区/家庭脆弱性。

在国家和区域尺度上，社会脆弱性与国家安全紧紧联系在一起，成为影响国家总体安全的一个重要因素。美国波士顿大学学者纳贾姆按照不安

---

① 在发展乡村旅游业的过程中，这样的制度性障碍在很多地区表现得很明显，比如，蔡晶晶、吴希（2018）指出，政府出于旅游景观规划的需要对农户改扩建房屋、耕地征收与种植进行限制便缩小了农户的生计策略选择范围，强化了农户对旅游生计策略的依赖心态，迫使农户直面旅游业季节性波动的风险。

全的来源（暴力冲突、社会动荡）和分析焦点（以国家为中心、以社会为中心）两个维度将安全问题的讨论分为四大领域，即国家之间的战争、制度失败、内乱、人的不安全（Najam，2004：232）。环境污染引发的社会脆弱性可以放在这一分析框架中加以考察，因为环境污染对生态系统和社会系统带来的冲击与安全问题紧密相联，比如，土地污染与土壤质量下降涉及粮食安全，生物多样性丧失涉及生物安全，生活环境被破坏涉及环境安全与健康安全等。

很多学者意识到在较大尺度上进行脆弱性评估存在一定的局限性，比如评估过程很少吸纳社区或家庭成员参与、很难考察微观尺度上资产和权力的变化（张钦等，2016），因此，除了考察宏观尺度的脆弱性之外，微观尺度的脆弱性评估也十分必要。

（二）研究方法

1. 个案研究法

脆弱性研究方法的选择很大程度上取决于研究者对脆弱性概念的理解和他们关于脆弱性的分析思路。Kelly和Adger将气候变迁研究文献中所诠释的脆弱性概念和思路归纳为"终点取向"（end-point approach）和"起点取向"（starting-point approach）两种类型，欧博文等人在此基础上进一步表述为"结果取向"（outcome vulnerability）和"情境取向"（contextual vulnerability）。持终点或结果取向的研究者首先预测未来的气候变动场景及其对自然、经济、社会各部门的影响，然后针对气候变动可能造成的生物–物理结果提出相应的应对策略。应对策略解决不了的负面暴露后果被纳入脆弱性的范畴。由于着眼于未来，因此多采用剂量–反应模型、情景模拟方法以及整合评估模型等方法。持起点或情境取向的研究者将脆弱性理解为无力应对气候变动的状态，因此首先考察特定暴露单元的情境特征，主要包括生物–物理条件、制度条件、社会–经济条件、技术条件，以及影响这些条件的结构性变动过程（政治与制度结构及其变动，气候波动与变迁，经济与社会结构及其变动）。由于侧重于当前，因此多采用家庭生计调查和个案研究方法，深入考察多重压力与脆弱性驱动因素之间的相互作用（O' Brien，et al.，2007）。两种取向的分析框架如图1-7。

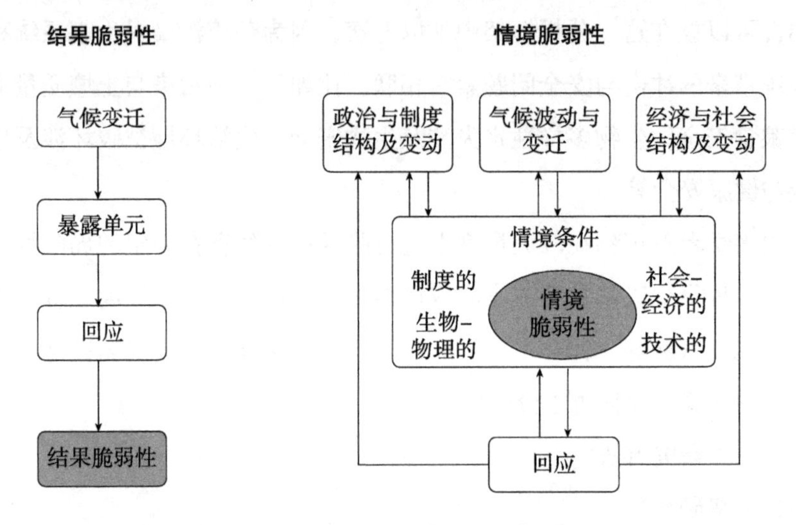

图1-7　气候变迁引发的脆弱性的两种解释框架（O' Brien，et al.，2007）

本书无力用场景模拟和模型推演方式预测环境污染对社会系统造成的未来脆弱性后果，仅仅注重考察环境污染已经引发的社会脆弱性状况，因此主要采纳情境脆弱性的研究思路和个案研究方法，考察典型污染事件中家庭和社区的暴露性与适应性，以及特定脆弱性状态形成的情境条件。脆弱性的个案研究方法可以多样，既可以就若干变量进行定性描述和原因分析，也可以围绕脆弱性的构成维度建构测量指标体系，以此衡量特定社区的社会脆弱性程度。有些学者（如Shameem，et al.，2014）在个案研究中综合运用了定性和定量的资料。

2. 案例的过程-结构分析与比较

过程-结构分析法是南京大学政府管理学院童星教授在应急管理研究中总结出来的一种独特的案例研究方法。社会学研究中的“结构-制度分析”方法或者“过程-事件分析”方法都有局限性，而“过程-结构分析”

方法既可以详细地呈现突发事件的发生和处理过程，又可以通过寻找应急管理的规律、总结应急管理的结构与规则来弥补单一案例研究所得结论不具有普适性的不足（童星，2017）。[①] 过程–结构分析法要求在全面把握多个事件发生机理（血肉）的基础上，进一步总结同类事件乃至所有类型的公共突发事件所具有的普遍性特征（骨骼），将案例分析与理论建模相结合，使研究达到骨肉交融、纲举目张的水准。"过程–结构"分析思路也许有助于解决脆弱性研究中的一些困境，比如，生计脆弱性研究目前仅有单独面向形成机制、水平评价或者辅助决策的分析框架，缺乏机制–水平–策略这一完整过程的分析框架整合（童磊，2020）。在本书研究中，污染引发的社会风险（尤其是环境冲突）、污染暴露性、污染适应性治理等主题都可在收集多个案例的基础上使用过程–结构法进行研究。

---

① 作者对自己的研究团队自2007年以来从各类公共突发事件中提炼出来的分析结构做了总结，主要包括：社会风险–公共危机转化模型，风险–灾害（突发事件）–危机演化连续统模型，应急管理的"尺度–结构"模型和"彗星"结构，用以分析群体性事件的组织–利益诉求模型，用以分析安全生产事故案例的"风险场域"结构模型，用以分析防灾减灾救灾、具有政策操作性的风险放大和风险过滤结构，用以分析邻避事件的价值、理性、权力互构模型和风险社会学习模型，用于风险分析与评估的风险来源–作用机理模型等。

第二章

社会脆弱性的分析框架[①]

① 有些学者（如向华丽，2018：44-45）将风险-灾害源模型（Risk-Hazard Model，RH Model）作为“社会脆弱性的研究框架”。如此归类并不准确，因为RH模型源于灾害的地理学研究传统。模型的主要代表——怀特（G. F. White）较晚期编著的作品《自然灾害：地区、国家与世界》（*Natural Hazards*：*Local*，*national*，*global*）出版于1974年，在奥基夫等人强调引发灾害的社会-经济因素（1976年）之前。所以，本书没有将其列入“社会”脆弱性分析框架的范围。傅塞尔和克莱恩的文章为我的观点提供了佐证。他们总结了学术界理解和评估脆弱性的三大框架，即风险-灾害框架、社会建构主义框架、整合或综合框架。其中，后两种框架涉及社会脆弱性，风险-灾害框架侧重于源自系统外部的冲击及其带来的负面后果（Füssel and Klein，2006）。

美国学者伯克曼等曾经梳理过学术界有关社会脆弱性研究的分析框架，并且将一些重要的框架分别纳入政治经济学视角、社会-生态视角和综合视角之中（Birkmann，2006；Birkmann，et al.，2013）。国内学者在梳理社会脆弱性的分析框架时也基本上沿用了伯克曼等人的观点（黄晓军等，2014）。分析框架与研究视角之间的关系如图2-1。[①]

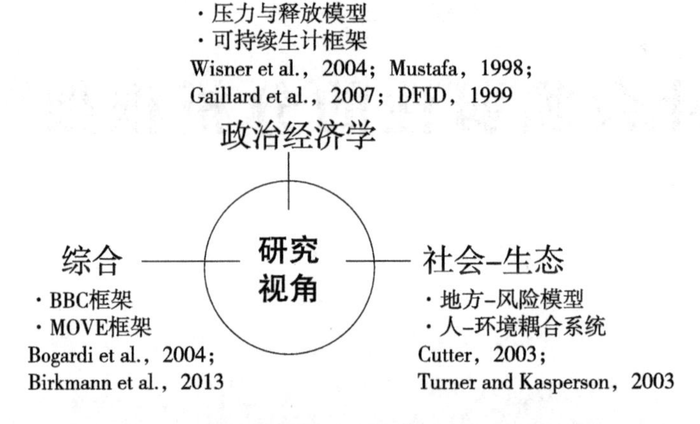

图2-1　社会脆弱性研究的理论视角与分析框架，

根据黄晓军等（2014）的相关总结而绘制

---

① 在特定研究中对社会脆弱性进行定量评估时，将评估流程、要素体系和数据层次整合在一起形成的评估框架有ADV（Agents' Differential Vulnerability）框架、VSD（Vulnerability Scoping Diagram）框架，以及国内学者在VSD框架基础上构建的SVAF（Social Vulnerability Assessment Framework）框架（见黄晓军等，2018）。这些框架侧重于具体的评估操作过程，与侧重思考方向的分析框架不同。

黄晓军等人（2014）的相关梳理虽然可以使读者对社会脆弱性的研究框架拥有大致的了解，但同时也存在很多瑕疵。以“人–环境耦合系统”分析模型为例：第一，作者在对英文模型的中文转译过程中出现了少许失误或不精确译法，由此造成了理解上的困难。比如，在人–环境耦合系统分析模型中，将“system operates at multiple spatial，functional，and temporal scales”译为“运动在不同时空、功能尺度下的系统”，如果译为“在不同时空与功能尺度下运行的系统”则更为准确；同样，将“variability and change”译为“波动与变化”要比“变异与变化”更容易让人理解；在尤卡坦半岛的个案分析中，作者将引发社会脆弱性的主要自然灾害“water stress and hurricanes”误解为“洪水和飓风”，而仔细阅读原文会发现，原文作者强调的是缺水的压力（即干旱）和飓风。第二，囿于文章篇幅，作者只是概要转述了英文模型中的一些抽象原则，读者并不能从中获得完整而准确的理解。要想把握这些分析框架的精髓并在具体研究中加以运用，还需要对原文进行更加细致的解读。

第一节　政治经济学视角

一、压力-释放模型（Pressure and Release Model，PAR Model）

压力-释放模型（图2-2）最初由伊安·戴维斯（I. Davis）于1987年提出，而后由凯能（T. Cannon）、布莱克（P. Blaikie）、威斯勒（B. Wisner）等人进一步完善（Wisner，et al.，2004）。这一模型把灾难看作是两大动力源联合驱动的结果，一是灾害源，二是脆弱性的生成过程。脆弱性的生成过程又可分解为三个递进的层次：①“根源”（underlying driving forces），即深层次的政治和经济原因，影响人们的权力和资源获得程度。在空间维度上，“根源”可能表现为跨区域甚至全球性特征（比如国际市场波动或者全球化的影响）；在时间维度上，“根源”可能体现为历史性影响。②“动态压力”（dynamic pressures），指所有将“根源”的潜在影响转化为“不安全条件”的活动和过程，包括两大构成要素，一是权力和资源不足导致人们缺乏培训、技能、投资等，二是人口变动、城市化、债务清偿、滥伐森林、全球环境变迁与自然资源退化等。这些“动态压力”最终将人群抛向不安全的状态。③“不安全条件”，指一些可观察的脆弱性表现形式，如居住在危险区域、低收入水平、缺乏适当的防灾准备或防疫措施等。在模型中，“释放”一词体现了作者对减灾路径的思考，即减小灾害压力必须降低脆弱性。为了更具体地说明如何通过改变“不安全条件”来降低脆弱性和提升灾害应对能力，作者另行建构了“获取模型”（Access Model），作为对PAR模型中放大镜部分的补充。

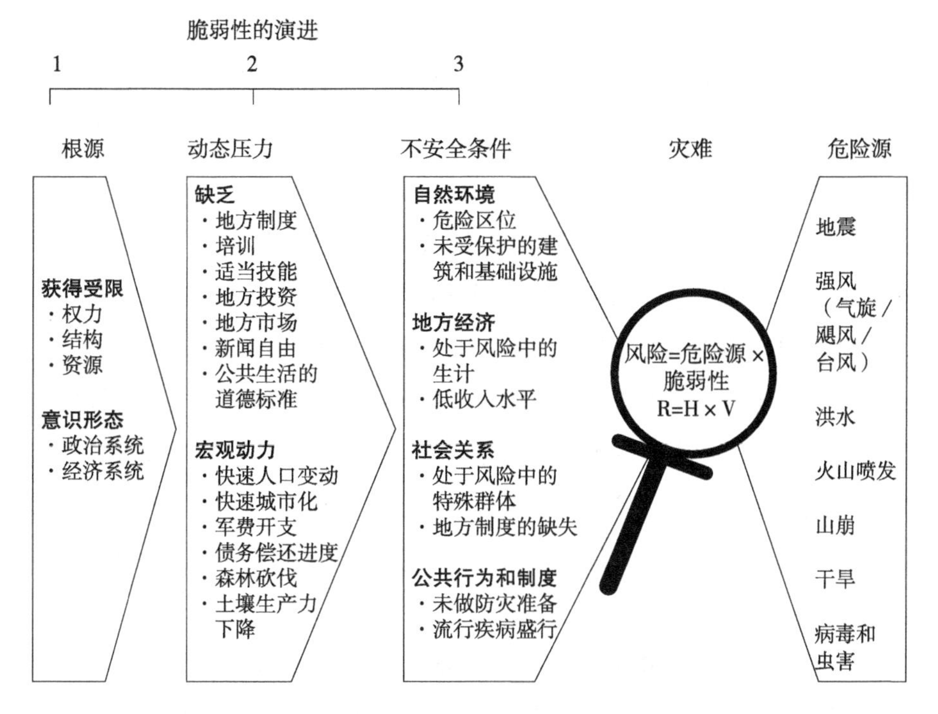

图2-2 压力-释放模型：脆弱性的演进（Wisner，et al.，2004，p. 51）

PAR模型的特点有：第一，更强调脆弱性生成的一些深层次因素，如权力的分配格局、资源的获取权益差异、由来已久的历史性因素、根深蒂固的思想观念等。第二，之所以叫“动态压力”，是因为这些压力是一个动态变化的过程；动态压力的不断变化使脆弱性状态也处于不断变动之中。第三，从“根源”到“不安全条件”的因果解释链并不意味着单一因果关系。比如，人口增减过程尽管非常重要，但脆弱性结果并非仅仅由人口压力所致，而是由多个动态过程相互作用共同导致。将“根源”转化为某种“不安全条件”的动态压力可能有多种，有的具有区域特殊性，有的则带有全球普遍性。威斯勒等人以一些案例论证了PAR模型的解释力。例一，孟加拉国首都达卡周边的棚户区。当地居民的脆弱性生成机制是：失地、无左右市场的权力、缺乏权益与资源保障（如没有稳定的土地所有权、不能获得贷款等）→定居于临近达卡蔬菜市场的洼地寻找经济机会，但因缺乏竞争力只能从事低收入的水稻种植；生计资本缺乏；营养不良、易于患病→在洪灾面前的高脆弱性状态。例二，巴基斯坦北部喀喇昆仑山山区。当地住宅建造模式在20世纪70年代由传统的木石建筑转向钢筋混凝土建筑。由于缺乏相应的建筑知识与防震建筑技术，加上为节约农用地而在陡坡上选址建房，导致居住环境变得非常不安全。这些“不安全条件”因素背后的“动态压力”过程包括：非法采伐与腐败行为导致环境退化、森林减少和建房木料稀缺；人口增长导致木材需求量的增加以及为增加耕地而加快伐木的行为；喀喇昆仑公路的修建使当地木材的外运以及建筑人才的外流更加便利，更具有现代特色但增加了当地人居住风险的混凝土建筑模式即是随着公路的修建而传入的；巴基斯坦政府为平衡国际收支赤字而鼓励劳务输出的政策。

“根源”和“动态压力”有时候难以区分，比如“战争”属于“根源”还是“动态压力”？威斯勒等人有时候将其归入“根源”之中，有时候又归入“动态压力”之中。他们解释说：“某些战争往往留下了深远的历史影响，我们觉得还是将其纳入脆弱性的根源范畴比较合适。”（Wisner，et al.，2004：53）同样，“城市化”有时候是“根源”（比如1521年西班牙人决定在排干了水的湖床上建造新墨西哥城），有时候又是“动态压力”（比如当前的城市增长）。因此，运用PAR模型进行具体研究的一个关键步骤是根据研究对象的实际情况对三层因素（尤其是政治与经济根源）进行提炼。我以穆斯塔法（D. Mustafa，1998）在巴基斯坦的实证研究以及盖拉德（Gaillard，2007）等人在菲律宾的实证研究为例，进一步展示PAR模型在特定灾害研究中的应用。

穆斯塔法田野调查的对象是巴基斯坦旁遮普省卡比尔瓦拉（Kabirwala）县的五个农村社区（重点比较了其中的两个）。研究问题是：这些社区在洪灾中的脆弱性及其差异是如何产生的？作者吸纳了瓦茨和波赫勒（Watts and Bohle，1993）关于“脆弱性的社会空间”的观点，将“根源”分解为三个相互交叠的因素，即经济层面的资源占有状况、政治层面的权力拥有状况、政治经济学层面的阶级关系格局。“根源”通过“机制”（若干社会动力，如货币交换关系、人口增减、贫困的加剧或减少、政治上的无权、种植经济作物的动机等）转化为“动态压力”。从改动过的PAR模型图（图2–3）来看，作者将“动态压力”解释成脆弱性在阶级、性别、年龄、政治失能[①]、政府作为[②]等维度上的表现。“动态压力”将脆弱性的结构性根源转化为具体的“不安全条件”。从作者罗列的项目来看，这些条件既涉及灾前的状态（土地生产力下降、防洪堤疏于维护等），也涉及灾中的状态（糟糕的卫生条件和健康设施条件等）以及灾后的恢复条件。作者的思路由此可以归纳为：不平等的经济资源和政治权力占有状况以及政治与经济的关系→缺乏资源和政治权力的社会构成单位（低收入阶层、女性、农村地区等）在灾害中具有更高的社会脆弱性。

---

① 作者重点比较的两个农村社区中，Qatalpur社区有较多的政治资源，因此能够改变泄洪河道的最初设计，灾后能获得政府的关注与救济，更能从政府的灌溉发展政策和洪水控制政策中受益；Pindi社区因缺乏这样的政治资源，所以无法通过影响政府决策的路径改变自身的脆弱性状况。这样的差异同样表现在同一个社区内部不同的农户之间。

② 作者提及的政府政策倾向对社会脆弱性的影响包括：①政府预算主要用在国防、债务和行政花费上，用在教育、健康和社会福利等满足民众基本需求的方面上的预算微乎其微，由此民众在遇到灾害时脆弱性程度高且缺乏恢复力；②偏重城市的发展战略与出口导向型经济增长模式造成了农村地区在灾害中的高脆弱性。

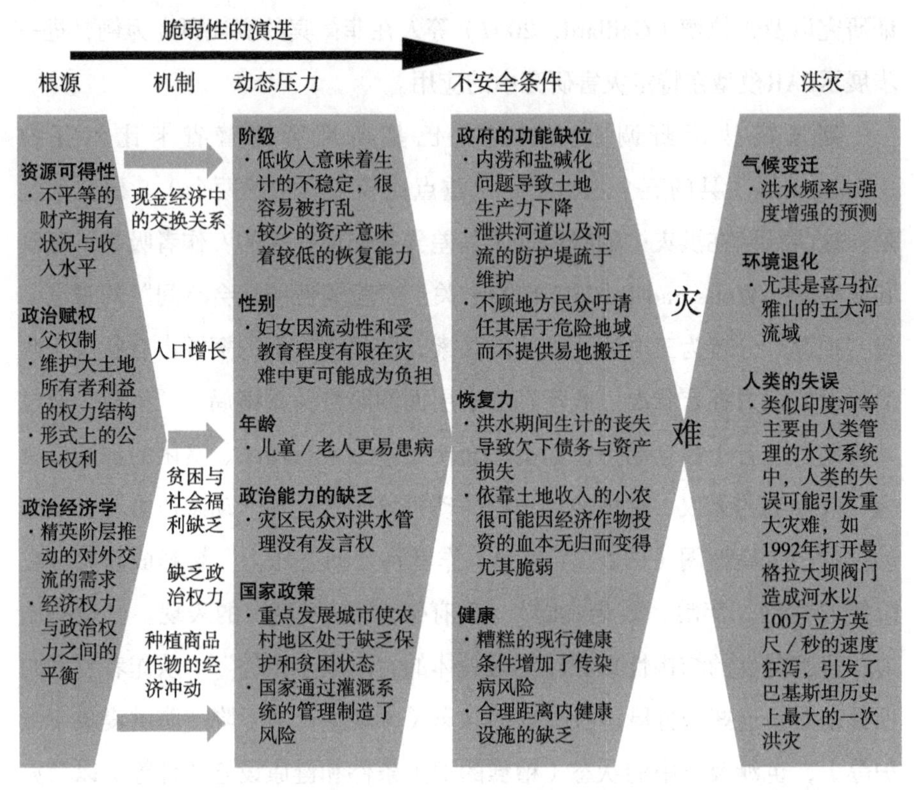

图2-3 压力-释放模型：引发洪灾的合力（Mustafa，1998）

盖拉德等人考察的对象是菲律宾的吕宋岛东部，重点考察了三个受灾最严重的城市。他们认为，2004年11月的超强台风在这一地区造成的巨大破坏除了自然事件本身之外，其深层根源有：①人口因素。1970年以来人口的快速增长使更多的人口迁居于灾害易发地带。②社会经济因素。无法获得维持生计的土地以及渔业资源的耗竭迫使许多农民和渔民暴露于不安全的境地。脆弱性人群在面临自然灾害时的“不安全条件”实际上反映了威斯勒（Wisner，1993）所说的“日常生活”的困境。③政治因素。在灾难产生的过程中，非法伐林招致环境破坏与山体滑坡无疑是一项重要动因，但非法采木行为猖獗的背后是政府官员的腐败与管理缺位、从伐木中获利的既得利益者对违法行为的纵容。此三类结构性因素相互关联，共同推进了脆弱性的动态进程。作者将它们的关系整合成如图2-4的模型。

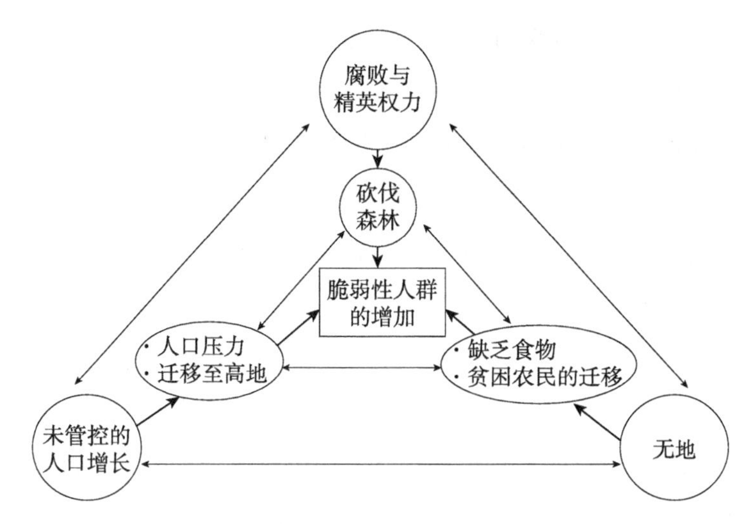

图2-4 东吕宋岛2004年末台风灾难背后深层因素的相互作用

（Gaillard，et al.，2007）

从上述分析来看，PAR模型不是简单地将灾难归咎于自然事件，而是重点探讨造成灾害后果的政治和经济根源。除了PAR模型之外，20世纪80年代至90年代中期，从社会、政治和经济视角考察社会脆弱性的类似模型还有萨斯曼、奥基夫和威斯勒等人的“边缘化理论”（theory of marginalization）、瓦茨和波赫勒的“脆弱性的社会空间”（social space of vulnerability）模型，以及安德森和伍德罗的矩阵模型等（Susman，O’Keefe and Wisner，1983；Watts and Bohle，1993；Anderson and Woodrow，1989）。

二、可持续生计框架
（Sustainable Livelihoods Framework，SLF）

可持续生计分析框架的重心在于分析处于脆弱性情境中的人群是否可能以及如何根据现有生计资本状况选择生计策略而获得相对理想的生计结

果。这一方法与脆弱性分析方法尽管存在分析焦点、脆弱性认知、问题处理策略和地方参与等方面的差异（Martha G. Roberts、杨国安，2003），但包含了多个脆弱性元素，如脆弱性情境、脆弱性生计等，同时，SLF着重解决的贫困问题与脆弱性之间有着千丝万缕的关联；SLF对生计与环境之间关系的动态考察也很符合脆弱性的分析思路。

运用可持续生计分析框架的一个前提条件是必须弄清楚“可持续生计”的定义。国外学术界对这一概念达成的共识是：“生计是指为了谋生而必须具备的能力、资产（包括物质资源与社会资源）和活动。当人们能够应对压力和冲击并从中恢复，在不损害自然资源基础的同时能够维持甚至增进能力和资产时，他们的生计才是可持续的。”（转自Scoones，1998：5）在这样的概念界定基础上形成了许多可持续生计的分析方法，其中最有影响力的是英国国际发展署（DFID）的分析框架。

（一）DFID可持续生计分析框架的构成要素与研究议题

DFID为消除贫困而设计的可持续生计分析框架（图2-5）有五个构成要素，即脆弱性情境（vulnerability context）、生计资本（livelihood assets）、转变的结构与过程（transforming structures and processes）、生计策略（livelihood strategies）以及生计结果（livelihood outcomes）。

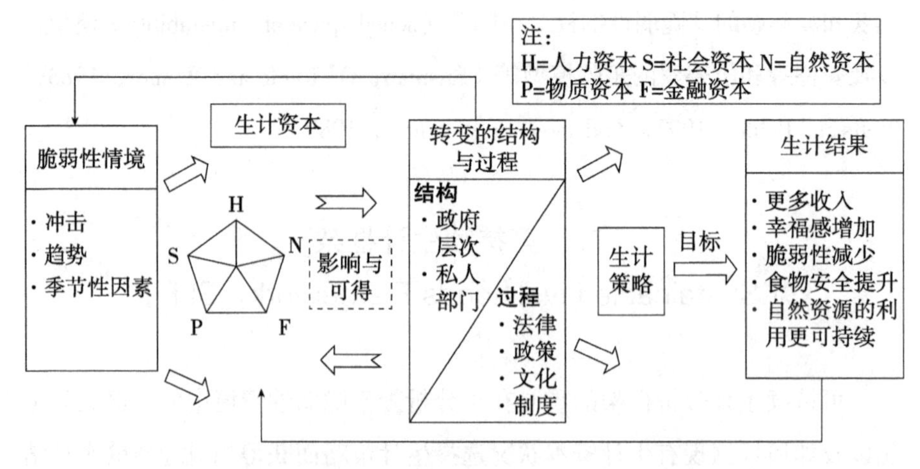

图2-5 可持续生计分析框架（DFID，1999）

1. 脆弱性情境

脆弱性情境包括影响生计资本的各种冲击（疾病、自然灾害、经济冲击、社会冲突与资源争夺、农作物病虫害与牲畜病亡等）、发展趋势（人口、资源、国家与世界经济、政治与管理方式、技术等）和周期性变动（环境、价格、生产、健康、就业机会等）。如果来自自然系统的扰动与来自社会系统的扰动相互叠加，那么，脆弱性情境可能更加恶化。

脆弱性情境对不同群体产生的影响不同，比如，自然灾害对农业活动的影响可能大于对城市职业活动的影响，国际商品价格变动对卷入国际贸易者的影响要大于对仅仅参与地区市场者的影响。因此，准确理解脆弱性的性质对于可持续生计分析至关重要。由于政治与社会结构、法律与制度等层面的变化是改变脆弱性情境的最重要外部动力，若想在“脆弱性情境”中减少脆弱性，除了帮助人们更好地利用情境中的现有条件之外，还可以调整结构、法律、政策、制度，使之能更好地回应脆弱性群体的需求。

2. 生计资本（capitals）或生计资产（assets）

基于可持续生计框架考察脆弱性的重心是分析生计资本。其背后的假设是：生计资本的缺乏是导致脆弱性的最直接动因；脆弱性环境、结构与制度等通过影响生计资本进而影响脆弱性。生计资本共有五类：①自然资本（包括土地、水源、野生动植物、生物多样性、环境资源等）；②物质资本（人们维持生计所需要的生产和生活设备，如住房、用水、能源、交通、信息交流载体等）；③社会资本（在谋生时可以借助的社会资源，如垂直或水平的社会网络与社会关系、团体会员、能促进合作的信任／互惠／交换关系等）；④人力资本（人们所拥有的知识、技能、劳动能力、健康体魄等）；⑤金融资本（能够扩大人们的生计策略选择范围的金融资源，如存款、贷款、定期资金收入、流动资产等）。五类资本相互之间有着复杂关联，如：土地（自然资本）可以被用作抵押品获取贷款

（金融资本）；牲畜（自然资本）可作为畜力（物质资本）用于耕作，也可以用来换取抵押贷款（金融资本），或者带来社会声望和社会联结（社会资本）；如果没有文化知识（人力资本），就无法将现有的资金（金融资本）发挥最大效用。各类生计资本的拥有状况处于不断变动之中，必要时，在具体研究中需要引入时间维度。直接与生计资本有关的研究议题包括以下几个方面：

第一，评估与测量。"生计资本"不仅影响人们抵抗风险的能力，而且决定着人们的生计策略选择，因此生计资本测量指标的建构以及与之相关的生计资本脆弱性评估和影响因子是首要研究内容。表2-1列出了一些近年来国内有代表性的概念操作标准。这些操作化方式带有一些主观性，但无疑必须根据具体情境和研究对象的实际情况仔细权衡。由于各类生计资本均包含若干测量指标，每个指标对生计策略的作用程度不同，因此，既需要找到影响因变量的资本类型，也需要进一步鉴别各类资本中影响因变量的关键因子。

表2-1 生计资本的测量指标

研究主题	生计资本的测量指标				
	自然资本	物质资本	社会资本	人力资本	金融资本
茶农的生计资本、风险感知与生计策略的关系（苏宝财等，2019）	①茶园面积 ②茶园土地质量	①制茶设备价值 ②耐用消费品价值 ③制茶厂房面积	①是否接受过亲友资金支持 ②是否加入合作社 ③与亲友往来支出	①家庭成员受教育程度 ②家庭整体劳动能力	①是否借贷 ②借贷金额
典型喀斯特峡谷石漠化地区农户生计资本对生计策略的影响（任威等，2019）	①人均耕地面积 ②人均林地面积	①家庭资产价值状况 ②农作物产值 ③家庭畜禽数量	①向亲朋好友寻求帮助的可能性 ②提供帮助的亲友数	①家庭全部劳动力 ②成年劳动力受教育水平	①家庭现金收入 ②专业合作社入股收入

续表

研究主题	生计资本的测量指标				
	自然资本	物质资本	社会资本	人力资本	金融资本
地质灾害多发地区的农户脆弱性（向华丽，2018）	①农户耕地面积	①住宅总价值 ②家庭生产、生活耐用品价值	①户主兄弟姐妹数量 ②家庭每年人情支出	①家庭人口规模 ②家庭劳动力个数（18—55岁） ③户主的受教育年限	①家庭投资 ②贵重便携物品 ③购买保险数量 ④保险应对灾害的能力
典型山区农户的生计脆弱性及其空间差异（李立娜等，2018）	①人均实际经营土地面积 ②人均名义拥有耕地面积	①大型生产工具 ②住房类型及面积 ③牲畜数量	①参加合作经济组织 ②遭遇风险可获助的亲友数 ③家庭有乡村干部或公职人员	①家庭整体劳动能力 ②家庭劳动力受专业培训人数占比 ③成年劳动力受教育程度	①人均现金收入 ②正规渠道获得信贷的机会
中国北方草原区牧户脆弱性（丁文强等，2017）	①承包草场生产力 ②使用草场生产力	①住房情况 ②棚圈情况 ③家庭固定资产 ④家畜资源	①政策信息来源渠道 ②市场信息来源渠道 ③参加社会组织情况 ④参加社会保障情况	①家庭整体劳动力 ②有无成年男性劳动力 ③家庭成员受教育程度	①现金总收入 ②获得无偿现金援助机会
典型沙漠化地区农户生计资本对生计策略的影响（郭秀丽等，2017）	①人均耕地面积 ②人均草地面积	①住房价值 ②固定资产价值 ③牲畜数量	①提供援助的可能性 ②提供援助的亲友数	①家庭整体劳动能力 ②成年劳动力受教育程度	①家庭现金收入 ②借贷能力（获得贷款的可能性）
干热河谷地区农户生计资本对生计策略的影响（赵文娟等，2015）	①人均水田面积 ②人均旱地面积 ③人均水田种植面积 ④人均旱地种植面积	①畜禽数量 ②机械数量 ③住房类型	①领导潜力 ②彩礼支出 ③参与社区祭祀活动	①家庭整体劳动力能力 ②成年劳动力受教育程度 ③人均教育投入 ④人均医疗费用	①家庭总收入 ②人均纯收入 ③银行贷款

第二，拥有状况的影响因素。生计资本的拥有状况受自然环境和社会系统多个因素的影响。比如，“自然资本”既涉及自然资源本身的性质（如土地质量、是否有必备的灌溉水源等），也涉及人类如何利用自然资源（比如使用何种生产工具耕作土地、获取自然资源的权利状况及其变动等）。郭秀丽等人（2017）的研究表明，土地沙漠化以及国家实施的退耕还林、禁（休）牧和生态移民等政策使内蒙古自治区杭锦旗的农户所拥有的自然资本极低，但国家的扶贫政策和生态建设规划给予了这一地区农户较多的财政补贴和贷款优惠，使他们拥有的金融资本相对较高；这样的情况同样出现在贵州西南部典型喀斯特峡谷石漠化地区（任威等，2019）。

第三，各类资本与生计之间的关系。资本储量越大，对生计越有利——这一命题并非总是成立。对埃塞俄比亚裂谷地区农户与社区尺度上社会资本与信任关系的研究表明，如果没有建立信任与合作关系，社会资本的增加反而会对农户的生计适应产生负面作用（Paul，et al.，2016）。因此，生计资本对生计的作用发挥结果可能受到一定的条件限制。另外，某个社会团体的成员资格也有可能成为社会排斥的重要缘由。在这种情况下，社会资本反而带来了负面影响。

3. 转变的结构与过程

“结构”是指各级各类组织及相互关系，包括各个政府条块部门、各种商业企业、社会组织和市民团体等。[①]“过程”是指“结构”运行方式的变动，涉及法律与政策、制度与规则、习俗与惯例，以及各类规范背后的文化（社会价值观与信念等）。结构与过程的变动会导致脆弱性情境发生改变，比如：战争过程和从计划经济向市场经济转变的过程使波黑地区

---

① 对于“结构”中的“Levels of government”这一构成要素，很多学者将其理解为“政府的管理水平”，我认为它可能还有“不同级别的政府部门”的意思。

的农民面临政治动荡、农地政策支持不足、市场准入与价格波动等多重压力；在经济转型过程中常常出现失业、通胀和迁移之类的冲击、趋势和季节性变动（Nikolic，2018）。从功能上讲，“结构与过程”一方面决定着各类“生计资本”的获得程度以及资本之间的相互转化（通过市场）；另一方面决定着人们的“生计策略”选择：谋求何种生计资本？如何谋求？概言之，“结构与过程”的“转变”（transform）能够改变人们的生计资本和生计策略并将其“转化”（transform）为不同的生计结果。

在“结构”和“过程”维度中，国内现有的相关研究多集中在政策和制度层面，讨论制度变迁（如牲畜私有化以及草场由公有转为承包，励汀郁、谭淑豪，2018）、快速城市化、生态保护与生态补偿政策等对可持续生计产生的影响。自2013年习近平首次提出“精准扶贫”概念以来，由中央自上而下推动的精准扶贫政策和脱贫实践对贫困群体的生计产生的影响（吴雄周，2019）以及具体的影响机制（李玉山、陆远权，2020）是学术界研究的热点。与此相比，社会组织的介入与生计变化之间的关联、非正式的习俗和宗教信仰等与生计之间的关联则需要更多的研究去揭示。

4. 生计策略

生计策略指的是在特定的结构和过程背景下人们为了谋生而做出的行动选择。不同类型的研究对象可能有不同的生计策略选择。从目前来看，学术界对于生计策略的界定基本上局限于英国发展研究院（Institute of Development Studies or IDS）学者斯库尼丝（Scoones，1998）提出的三个类型，即农业集约化或农业扩张（agricultural intensification/extensification）、生计多样化（livelihood diversification），以及迁移（migration），[①]比如：

---

① 左停和王智杰将两种农业型生计策略进行了拆分，并且在“生计变迁理论”的框架下对四种生计策略的特点、驱动因素、制约与挑战等进行了进一步解释。见《穷人生计策略变迁理论及其对转型期中国反贫困之启示》，《贵州社会科学》2011年第9期。

茶农的生计策略分为种茶、种茶+打工、种茶+经商、种茶+经商+打工（苏宝财等，2019）；典型沙漠化或石漠化地区的农户生计策略分为纯农型、农兼型、兼农型、非农型（郭秀丽等，2017；任威等，2019）。这些分类没有跳出集约/扩张–多样化–迁移的范畴。正因如此，国内有学者建议将生计策略的考察范围延伸至农户的消费模式，以及包括生育行为等在内的非经济活动（何仁伟等，2013），甚至主张考察非法生计策略。

可持续生计框架除了考察人们的生计策略之外，更重要的是考察生计策略选择背后的决定因素（生计资本的拥有状况、结构与过程等），强化那些能增加生计策略选择范围的因素，消减妨碍生计策略选择多样性的因素。影响人们生计策略选择的因素主要包括两个方面：

第一，制度以及生计主体在制度约束空间内的行动抉择。励汀郁、谭淑豪（2018）的研究表明，草畜双承包制度改变了内蒙古的草地生态状况。面临着同样的制度环境和衰退的草地生态环境，有的牧户采取了乱牧或过牧等不可持续的生计策略，另一些牧户采取租入草场或共用草场的替代性生计策略。不同生计策略导致了不一样的生计脆弱性。

第二，生计资本的拥有状况。学术界对生计资本与生计策略选择之间的关系讨论得比较多。研究者要么将生计资本作为一个整体，讨论生计资本对生计策略的影响以及各类资本的影响力程度，[①]要么聚焦于一种生

① 例如，赵文娟等（2015）指出，在元江干热河谷地区，各生计资本对农户生计策略的影响力按照由高到低依次为自然资本、人力资本、金融资本、物质资本和社会资本。其中，自然资本更多影响农户从事农业生计活动，人力资本和金融资本则驱动农户转向从事非农职业。宋连久等（2015）指出自然资本和经济资本较多的藏北牧民更倾向于采用单一生计策略（纯牧业），而人力资本、物质资本、社会资本的相对丰富则与多样化生计策略相关联。

计资本与生计策略之间的关联。[①]此外，由于人类的行动非常复杂，学者们越来越意识到影响生计策略选择的因素除了生计资本之外，还有其他一些因素需要考察。比如，苏宝财等（2019）引入了“风险感知”变量，认为茶农的风险感知对他们的生计策略选择产生了重要影响。同样，澳大利亚学者雅马扎基（Yamazaki，S.，2018）在研究印度尼西亚卡伊群岛（Kei Islands）渔民的生产力（或渔业生产状况，是渔民生计满足的主要来源）时，除了考察他们的社会资本之外，还考察了他们对环境威胁的感知。[②]

5. 生计结果

生计结果涵盖的内容有：①生计脆弱性的降低；②稳定的食物来源；③物质（包括收入）的增加和幸福感的提升；④自然资源的可持续利用；等等。这些内容主要强调各类生计策略所带来的积极生计结果，对消极后果（尤其是生计策略带来的负面环境影响）重视不足。

关于农户可持续生计研究的总体进展（包括研究内容、研究方法、技术手段等）目前已有专门文献做了介绍（何仁伟等，2013），我围绕自己的研究主题对生计脆弱性以及可持续生计与生态环境关系的研究做进一步

① 例如：唐国建（2019）集中讨论自然资本变动对渔民生计策略的影响；何仁伟等（2019）聚焦于贫困山区农户的人力资本对生计策略的影响；李伯华等（2011）重点探讨了社会资本与贫困脆弱性的关系；Paul，C. J. et al.（2016）探讨了气候变迁背景下农户与社区的社会资本与适应性之间的关系。

② 作者的研究主题是：在地理位置偏僻、经济规模不大的渔业社区，渔业生产状况（生计满足的主要来源）与渔民的社会资本、当地环境变化（通过渔民的环境威胁感知进行衡量）之间的关系。对三个变量的操作方法是：生产力分两个维度操作，一是渔民的捕鱼技术效率（technical efficiency），二是现有的捕获潜能是否用足（capacity utilization）。社会资本分成两个维度，一是信任-合作维度，包括：①与当地其他海洋资源使用者是否有冲突；②与村干部的关系；③与当地渔业部门官员的关系。二是关系网络维度，包括：①与非渔民群体的联系；②是否隶属渔业社区中的主要族群。渔民对环境威胁的感知同样分为两类：①来自渔业系统内部（渔业资源的耗竭）；②来自系统外部（人口增长、红树林的减少、水产养殖业的发展、旅游开发）。

梳理。

（二）生计脆弱性研究

1. 生计脆弱性的界定

作为一个热门研究主题，生计脆弱性如何界定和衡量是相关研究的重心之一。李勇进和陈文江（2015）用“生计障碍”来表示生计脆弱性，即特定群体所能获取的生计资本既与原先的生计策略脱节，又不能与政策引导的生计策略对接，由此造成生计资本与生计策略之间断裂、生计陷入困境的状态。但是，“生计障碍”仅仅表达了生计脆弱性的一个方面，且侧重于结果取向，忽略了过程性视角。另外，如果生计资本与生计策略在低层次上匹配，就算没有断裂，生计脆弱性可能还是很高。

童磊（2020）沿用赵峰等人的定义将生计脆弱性分解为“能力受损”和“潜在损失”两个方面。这一定义符合大多数学者的理解，但可以更准确地表述为：生计脆弱性指个体或群体在面对环境扰动时所表现出的“能力不足”和“生计资本缺陷”，导致他们的生计风险增加或生计难以维持的状态。如此界定使生计脆弱性的考察面向可以明确锁定在三个维度，即扰动、能力、生计资本，并且可以使这三个维度与“脆弱性”概念的三个构成维度，即暴露性、敏感性和适应性相对应。根据前文对脆弱性维度的界定，暴露性主要测量对生计构成威胁的外部扰动／压力的性质；敏感性主要测量生计主体可能或已经受扰动／压力损害的程度；适应性主要测量生计主体抵抗扰动／压力的能力（反映在生计资本的拥有状况上）。从表2-2中所列有关生计脆弱性概念的一些操作化方式来看，有些学者并没有紧扣扰动或压力（stress）的特点建构测量指标（如邹海霞、刘东浩，2015），而是罗列了生计主体所面临的所有风险。这种处理方法会弱化扰动源与生计脆弱性的具体关联。

由于敏感性与适应性的测量指标可能有叠合之处，比如，耕地拥有量既可以用来衡量敏感性（更容易受到干旱或洪水的冲击），也可以作为适应能力的衡量指标之一（作为自然资本），因此，具体研究中的指标选择需要结合实际情况仔细权衡。

表2-2　生计脆弱性概念的操作化

脆弱性维度 / 研究主题	暴露性	敏感性	适应能力
多重压力下重点生态功能区农户的生计脆弱性（赵雪雁等，2020）	①自然压力（自然灾害、草地／耕地退化、水土流失、农作物病虫害） ②经济压力（子女学费开支、购买假农资产品、子女婚嫁开支、家人患病开支、修建房屋开支、家人去世开支、牲畜患病、农牧产品价格下跌、农牧产品销路难） ③社会压力（养老无保障、子女就业困难、人畜饮水困难、退牧还草）	①饮水安全性 ②食物自给度 ③收入依赖度 ④家庭抚养比 ⑤成员健康状况	①金融资本（人均年收入、借贷资本、资金来源种类、生计多样性） ②自然资本（采集物类型、人均草地面积、人均耕地面积） ③物质资本（牲畜数量、家庭固定资产） ④人力资本（劳动力受教育程度） ⑤社会资本（对他人信任程度、邻里关系融洽度、信息获取渠道）
生态退化下三峡库区贫困农户生计脆弱性（马婷等，2019）	①水土流失严重程度 ②石漠化严重程度	①家庭收入对自然资源依赖程度 ②农户用水对天然水源依赖程度 ③水土流失对贫困农户的负面影响程度 ④石漠化对贫困农户生计的负面影响程度	①户主受教育水平 ②劳动力比重 ③家庭年人均纯收入 ④小额信用贷款农户比重 ⑤人均耕地面积 ⑥住房结构可靠度 ⑦住房安全程度 ⑧帮扶责任人到位频度 ⑨村镇距离 ⑩外出务工人数比重 ⑪接受劳动技能培训户数比重 ⑫从事生计活动种类

续表

脆弱性维度 / 研究主题	暴露性	敏感性	适应能力
气候变化／极端气候事件冲击下农户生计脆弱性（Piya，et al.，2016）	①气候变量的历史变化（1977—2008年期间年平均最低气温变化率、年平均最高气温变化率、年平均降水量变化率） ②极端气候事件（过去10年中与气候相关的自然灾害频率：洪水、山体滑坡、干旱、冰雹）	①死亡状况（过去10年中因洪水、山体滑坡等气候灾难死亡的家庭成员数量） ②财产损失（过去10年中因气候灾难所致土地破坏、牲畜死亡和农作物毁坏总量） ③收入结构（基于自然资源的收入在总收入中的比重）	①物质资本（房屋类型、信息获得设备、离最近的公路的步行距离、灌溉农田） ②人力资本（家庭成员最高学历、抚养比、家庭成员参加培训和职业课程学习情况） ③自然资本（生产用地占有量、低产土地占有量、是否有牛） ④金融资本（家庭人均年总收入、生计多样化指数、家庭储蓄、小牲畜数量） ⑤社会资本（是否参加了社区组织、能否获得贷款）
征地拆迁农户的生计脆弱性（邹海霞，刘东浩，2015）	①自然风险（自然灾害爆发频率、环境污染程度） ②家庭风险（农户老龄化、农户病残程度、从事农业的老年人口） ③社会风险（市场化风险、农业风险）	①普通常见小病不能及时治疗 ②重大疾病不能及时治疗 ③家庭子女教育受影响 ④农业生产抗灾害能力 ⑤环境污染对农作物不利 ⑥家庭财产安全难以得到保障 ⑦很难得到周围人的帮助 ⑧借款获取困难 ⑨非农就业很难找到满意工作 ⑩农业收入不稳定 ⑪农产品价格波动	①人力资本（家庭整体劳动能力、家庭是否有成年男性劳动力） ②自然资源（人均耕地、人均林地） ③物质资本（家庭住房、机械设备与家禽个数） ④金融资本（年家庭收入） ⑤社会资本（能否获得贷款；能否获得社会帮助；参与社会组织个数，例如党支部；家庭是否有人在党政机关工作；亲朋好友是否有人在党政机关工作；年人情费用） ⑥社会服务与社会保障

2. 扰动源及其作用于生计脆弱性的机理

相关研究或者集中于自然系统中的灾害（如强震，张丽琼等，2020）和气候变化，或者聚焦于社会系统中的政策扰动，如易地扶贫搬迁（刘伟等，2018）、土地征用或土地利用变化（邹海霞、刘东浩，2015）、计划生育（杜本峰、李巍巍，2015）、乡村旅游开发（蔡晶晶、吴希，2018）、生态补偿以及各地因地制宜的生态保护政策，如禁渔／退耕还林（谢旭轩等，2010）／退耕禁牧（蒙吉军等，2013）等。分析气候变化对生计脆弱性产生影响的文献最多，有代表性的成果包括挪威学者欧博文等人对气候变迁话语中两种脆弱性视角的梳理（O’Brien，2007）、英国学者李德等人对相关分析框架的整合（Reed，et al.，2013）。

受中介因素或调节因素的影响，扰动源引发的生计脆弱性在不同尺度和不同对象上表现出的程度不同。例如，虽然同样面临来自环境系统和社会系统的多重压力，但是，波黑地区北部和中部农民对政治动荡和农地政策更为敏感，尤其是中部农民认为农地政策是主要生计障碍，而南部农民对气候变化更为敏感（Nikolic，2018）。因此，必要时需要采用回归分析方法考察扰动源引发生计脆弱性的过程中相关变量的中介效应和调节效应（苏美蕊等，2019）。

由于生计脆弱性往往不是单一压力所致，因此，多重压力叠加所导致的生计脆弱性也是学术界关注的重点。研究主题主要包括以下几个方面：

第一，多重压力分别来自自然系统和社会系统。这些压力如何因环境与社会系统的相互作用而形成，又如何对生态环境和社会系统产生了后续影响？这一主题的典型研究是沙明等人对孟加拉国西南海岸地区的个案考察。当地农户主要面临三大压力，即土地使用方式变化（从农业生产转向半咸水养殖）、土壤盐碱化和热带风暴。三大压力的生成与变动反映了自然系统与社会系统之间的复杂关联：①土地利用方式变动背后的驱动因素是市场价格诱惑和市场需求、国际项目的资金援助以及政府的政策激励；

土壤盐碱化是由人地系统相互作用下的多重因素导致，包括恒河上游的淡水流量减少、雨水稀少、海平面上升与海水渗透、农田长期遭受养虾废水浸灌等。②养虾业的扩张对自然与生态系统产生了诸多负面影响，例如，野生虾的过度捕捞、红树林覆盖面积锐减、海洋与森林生物多样性的丧失、伴随着外来虾种的引入而出现的寄生虫与疾病蔓延、虾场废水的随意排放造成的环境污染等。这些负面影响导致生态系统的服务功能降低，包括生产与生活木材的提供、工业原料的供给、热带气旋与潮汐洪水的海岸防护等。土壤盐分增加带来的社会生态系统后果有淡水资源减少、农业生态系统退化、农业及相关部门的生产力下降等；热带风暴的冲击则造成了红树林生态系统退化、生物量和动植物种类的减少，由此导致海岸防护能力下降、海水倒灌和盐分渗透。③多重扰动下生态系统的变动进一步影响了农户的生计资本拥有状况和脆弱性程度（Shameem，et al.，2014）。

第二，多重压力作用于生计脆弱性的路径和机制。此类研究主要借助于Logistic回归模型，从各种压力与生计脆弱性构成维度（即敏感性、适应能力）的具体指标之间的关系中寻找中间变量，以此确定关联机制。比如，在甘南黄河水源补给区，自然压力、社会压力、经济压力三者与农户生计脆弱性的关联分别是通过影响自然资源依赖度和自然资本、饮水条件与社会资本、家庭抚养比与金融资本实现的（赵雪雁等，2020）。

第三，多重压力下生计脆弱性与各类生计资本之间的关系。对波黑地区的研究表明，在政治动荡、战争、气候变化等多重压力下，贫困农户生计脆弱性的主要影响要素从高到低分别为金融资本、自然资本、人力资本、社会资本和物质资本（Nikolic，2018）。

3. 生计脆弱性的评估思路

第一种思路是采纳IPCC对脆弱性的经典定义，即脆弱性=风险－适应（阎建忠，2011；李立娜等，2018）；第二种思路是在IPCC的框架下稍做调整，如采用敏感性与适应能力的比值（吴孔森等，2019；赵雪雁等，2020），或者采用（暴露度或风险—适应能力）×敏感性（Hahn, et al.，2009；谷雨、王青，2013；吴浩等，2019）；第三种思路是将暴露程度与敏感性合二为一，因为此二者均与脆弱性程度呈正比（吴孔森等，2019）。风险暴露程度和风险敏感程度的差异在于：前者测量的是共同性——只要有灾害、污染，家庭内有高龄老人、病残人口、低学历人口、农产品销售等，就意味着可能遭受自然、社会或市场风险的打击；后者测量的是差异性——面临相同的风险暴露时，各个家庭的损失程度存在差异。所以，如果侧重于揭示研究对象所面临的风险共性，可以将暴露度与敏感性合并；如果要强调脆弱性的微观差异（尤其是家庭尺度），将两者分开测量比较合适。

适应性概念的操作思路：①分为应对扰动的缓冲能力（用各类资本的拥有状况衡量）和维持生计稳定的能力（用生计多样性指数衡量）（吴孔森等，2019）。②分为抵御能力（用各类生计资产衡量）和适应能力（生计主体的自适应——生计策略自行调整+计划适应——政府的救助和补贴）（李立娜等，2018；李彩瑛等，2018）。第二种思路被更多学者采纳。

在对生计脆弱性进行定量测量的基础上，可以对不同地理空间和生计主体的脆弱性差异进行比较。地理空间方面的研究有：生态功能区（如甘南黄河水源补给区）的重点保护区、恢复治理区与经济示范区的差异比较（赵雪雁，2020）；典型贫困山区（如四川凉山彝族自治州）的高寒山区、二半山区、山坡区和河谷区的差异比较（李立娜等，2018）；中国北方草原区山地草原、荒漠草原、草甸草原等六大草原区的比较（丁文强等，2017）；生态敏感区（如青藏高原东部样带）的高原区、山原区和高山峡谷区的差异比较（阎建忠等，2011）。生计主体方面的研究有易地扶贫搬迁所涉及的减贫移民、生态移民、工程移民、减灾移民、其他移民的比较（刘伟等，2018），传统型牧户、兼业型牧户和抽离型牧户的比较（张群，2016），纯农户、兼农户、农兼户、非农户之间的比较（赵雪雁，2013；吴孔森等，2019），也有学者同时对不同空间和不同主体（纯回族村、纯汉族村、回汉杂居村）进行比较（韩文文等，2016），或者选择若干变量（户主年龄、受教育程度、收入水平、抚养比、生计类型等）对研究对象遭受扰动时的生计脆弱性进行比较（张钦等，2016）。

4. 降低生计脆弱性的措施

精准找到有助于生计脆弱性降低的因素至关重要，很多学者运用了障碍度模型实现这一目标。具体措施大体围绕降低生计风险、改善生计资本、提高适应能力三个维度展开。至于在哪些维度、哪些指标上优先或重点着力则根据研究对象的具体情况确定。在三个维度上研究得出的具体措施主要包括以下内容：

第一，在生计风险维度上，降低生计脆弱性的措施主要针对各类风险因子展开。比如，为了应对自然风险，在自然灾害的监测、预警、救援过程中需要加强高科技的应用，并且要完善自然灾害的应急设施、应急储备和应急能力（李彩瑛等，2018）。

第二，生计资本维度上的措施主要集中在两个方面。一是增加生计资本存量，扩大生计资本来源。在自然资本无法增加的情况下，可以在物质资本、人力资本、社会资本和金融资本上着力，尤其是政府要在加强基础设施建设、知识与技能培训、协助成立行业协会等组织方面发挥作用，以促进生计主体采纳“发展型生计”策略（阎建忠，2009）。二是在现有资本存量的基础上改变生计资本的“失配”（即配置不合理）状况，通过机制创新优化生计资本配置，提升生计主体对现行制度的适应能力（Tan and Tan，2017；励汀郁、谭淑豪，2018）。

第三，在适应能力维度上最重要的措施是促进生计多样化。由于生计多样化水平与生计资本的拥有状况之间存在高度正相关关系（阎建忠等，2009），因此，在生计资本领域寻找到生计多样化的真正制约因素便成为核心工作思路。具体实施路径可分解为三种情境：①在所谓的“资源型社区”，由于自然资本相对丰富并且生计主体对自然资本较为依赖，政府需要重视自然资本的变动及其对其他生计资本类型的影响和对生计策略的“基础性作用”（唐国建，2019），与此同时，可以通过改善生产条件的方式提升生计主体的适应能力。②如果自然资本薄弱，需要探寻特定生计环境中其他几类资本与生计脆弱性的具体关联，从中排列出帮扶的先后次序。比如，皮亚等人在尼泊尔的研究发现，对于遭受气候变化和极端气候事件冲击的农户而言，政策干预的首要领域应该是金融资本和人力资本，然后是社会资本和物质资本（Piya，et al.，2016）。③拓宽生计策略选择范围。在提升脆弱性群体生计能力的同时，可以考虑如何利用当地的资源禀赋拓宽他们的生计选择空间。在全国很多地区大力推进的乡村生态旅游开发是这一思路的最典型代表。当然，在发展各类旅游业的过程中，需要强调旅游业的补充性功能而非完全替代性功能，因为对旅游业的过度依赖也会导致生计脆弱性（Tao and Wall，2009；Lasso and Dahles，2018）。

5. 生计脆弱性的研究方法

调研资料的获取多采用“参与式农村评估法”（PRA）。在分析方法上，大多采用SPSS软件中的极差标准化法对调查数据进行标准化处理；采用主成分分析或者熵权法确定指标权重；通过计算生计脆弱性指数评估脆弱性强弱并对脆弱性进行聚类分析和比较分析；使用多项式Logistic回归模型寻找相关变量之间的关系（任威等，2019；苏宝财等，2019；李立娜等，2018；郭秀丽等，2017；张钦等，2016）。自变量和因变量的设计根据研究目的各不相同。如果探究的是生计资本与生计策略、生计结果的关系，则通常将生计资本、风险感知等设置为自变量，将生计策略和生计结果设置为因变量；如果讨论的是生计脆弱性的影响因素，则通常将年龄、受教育程度、生计多样化指数等设置为自变量，将生计脆弱性及其构成维度设置为因变量。自变量（即影响生计脆弱性的因素）根据研究对象的性质会有所变动，比如，研究易地扶贫搬迁农户的生计脆弱性增加了搬迁特征变量（刘伟等，2018）。必要时可以进一步引入虚拟变量考察自变量与因变量之间的调节因素（李玉山、陆远权，2020）。自变量的测量指标根据具体研究对象的不同会有一些差异，相互之间可做共线性检验，根据P值（皮尔逊相关系数）和S值（双尾显著性检验值）剔除相关性不足的测量变量。因变量的测量指标根据研究对象的具体情况合理设计。

总之，生计脆弱性通常源于生计资本的缺乏、对单一或少数生计资本的严重依赖、改善生计现状的机会／能力／权利不足等。当遭遇到自然灾害等外来打击时，生计脆弱性会更加凸显。需要进一步探讨的问题有：①从扰动方面看，一些新型冲击，如2020年爆发的新冠肺炎等重大突发公共卫生事件对生计脆弱性的影响有深入研究的必要。②生计资本的各种类型与生计脆弱性之间的具体关联与作用机制有待探讨，由此找到特定情境中生计脆弱性生成的真正动因。与此相似，若要降低生计风险和生计脆弱性，仅仅知道生计多样化的重要作用还不够，还要深入了解生计多样化与生计脆弱性之间的内在关联以及如何实现生计多样化。③现有研究主要侧重于选择某个时间点对生计脆弱性进行评估和比较，缺乏对不同时间段生计脆弱性动态变化的考察。由于生计问题主要与家庭联系在一起，因此，生计脆弱性研究主要局限于微观层面的考察，缺乏对跨尺度的作用机制的探讨。

（三）可持续生计与生态环境的关系

与人口压力相比，生计方式（即对各种经济机会与资源条件的响应）可能是环境退化的更重要驱动因素（Lambin，et al.，2001；阎建忠等，2006），这是从可持续生计视角研究环境问题越来越受到重视的重要原因。可持续生计与环境的关系可以从两个维度进行分析。第一，人类围绕生计而进行的活动对环境产生了怎样的影响？如何组织生计活动才能保持环境友好与可持续性发展？第二，生态环境的变动（包括自然灾害和环境退化）对可持续生计产生了何种影响？

1. 生计活动的环境影响

生计活动有时候被纳入“人文因素”的范畴讨论其与环境影响之间的关联（赵雪雁，2010）。就生计活动本身而言，其环境影响研究主要围绕三个问题：第一，不同生计方式（纯农、兼农、非农）对环境造成的不同影响。研究方法或者侧重于定性描述（苏磊、付少平，2011），或者借助于生态足迹的计算和STIRPAT模型分析（赵雪雁，2013）。第二，土地利用的环境影响。自然科学领域在这个问题上有很多研究成果，涉及不合理的土地利用与土壤养分丧失、水土流失、覆被变化、水文效应、土壤污染等环境结果之间的关系（阎建忠等，2010）。第三，生计转型的环境影响。张芳芳、赵雪雁（2015）在梳理了相关研究文献的基础上提出了一个农户生计转型的生态效应分析框架。其基本思路是：生计多样化与非农化通过两种中介因素影响生态环境，一是土地利用模式变化（表现为两种可能：①耕地撂荒；为降低农业时间成本、提高农业产出而增加农药和化肥使用量，由此造成土地污染；因土地保护投资减少而造成土壤侵蚀和土地退化加剧等；②土地投入增加、土地流转、土地的集约化经营）；二是能源利用模式变化（由生物质能源转向商品能源和清洁能源）。

2. 环境对生计的影响

环境影响生计的一个重要方式是通过环境资源的可获得性与可获得程度。在可持续生计框架中，环境与生计之间的一个重要关联机制是自然资本。环境退化[①]或资源耗竭减少了人们的自然资本拥有量，容易导致生计脆弱性，例如，石漠化与水土流失是三峡库区贫困农户生计脆弱性的主要

① 罗承平、薛纪瑜（1995）将环境退化趋势作为生态环境脆弱性的两个重要特性之一。两类因素导致了环境退化，一是生态系统自身的演变规律，二是人类对自然资源的掠夺式开采。

影响因素（马婷等，2019）。另一个例子是福建小链岛的渔户。在海洋渔业资源枯竭以及跨海大桥建设的双重扰动下，当地渔民的生存环境和自然资本都发生了改变。对于“资源型社区”而言，自然资本的变动差异和变动程度对社区居民的生计策略选择发挥着“基础性作用”，具体表现为：在自然资本尚可依赖的情况下，原生计策略会“适应性持续”（比如以捕鱼为主转向以捕螺为主），或者社区成员围绕原生计策略增加一些相关生计策略（比如充当捕捞者的帮工，依靠人力资本谋生）；在自然资本完全丧失的情况下，因为原生计策略无法继续维持，社区成员不得不借助于现有生计资本寻找其他生计策略。[①]可持续生计的构建应该立足于自然资本的变动状况，而不能千篇一律地采用同一种方式（比如发展旅游业）（唐国建，2019）。

根据资源的丰富程度和可获得程度，可以将生计模式划分为两种类型。一是建立在特定资源基础上的生计或生计组合。以山东长岛为例，岛上渔民原先主要以捕鱼和海水养殖为生。随着渔业资源的渐趋耗竭，加上海水养殖的高风险等因素，渔民开始转向发展以“渔家乐”为基础的海岛旅游业。“渔家乐”+渔业资源+渔业文化和养殖文化成为渔民的重要生计组合（Su，2016）。当原先所依赖的资源渐趋耗竭时，需要采取一些措施确保资源和生计的可持续性：①加强资源管理与资源保护，并且保证生态补偿制度的合理性和实施过程的完善。对三江自然保护区退耕还湿实施状况的研究表明，退耕还湿的补偿标准与补偿方式是影响农民政策响应的决定性因素（张春丽等，2008）。②警惕生计模式的转变和经济发展机遇

① 作者将引发自然资本变动的力量区分为“内生性”和“外生性”两种类型。前者指由生态环境本身的变化所导致的自然资本变动，后者指由人为因素扰动（如区域开发、项目建设、政策等）引发的自然资本变动。其实，生计策略的选择主要由自然资本的变动状况决定，与驱动力量的类型没有太大关联，因为内生性变动若导致自然资本完全丧失，也会迫使社区成员完全抛弃原先的生计策略。

的增加所造成的意外后果。同样以山东长岛为例，“渔家乐”旅游业的不断推进在增加了许多运营家庭的人力资本、物质资本和社会资本的同时，却造成了旅游福利在社区中的不公平分配，由此可能导致社区分裂。在这种情况下需要通过种种措施（诸如对无力启动“渔家乐”运营的家庭进行无息或低息贷款、成立旅游协会促进社区合作等）进行利益协调（Su，2016）。二是在资源严重退化又无法获得替代资源时选择生计转型或者环境移民。因环境退化而被迫生计转型的典型案例是青藏高原的高山峡谷区和山原区的牧民（阎建忠等，2009）；因环境退化而被迫迁移的典型案例是石羊河流域末端的民勤湖区因水资源严重短缺而引发的自发移民（秦小东等，2007）。

3. 实现可持续生计与环境共生的思路

可持续生计与生态环境的关系研究最核心的目标是如何将两者有效结合，在构建可持续生计的同时实现生态环境保护。目前学术界提供的主要思路包括两种。

第一，着眼于生计问题的有效解决。在实施环境保护或生态修复的同时，如果缺乏对“人”的关照，生计主体迫于生存和发展的压力很可能重回破坏环境之路，这是生计思路极受重视的原因。有学者强调，在考虑生计问题时需要秉持系统性思维，将生计变化看作是从量变（生计多样化和非农化）到质变（产生生计替代）的连续统（王成超、杨玉盛，2011）。在具体措施上，实现可持续生计的良方是促进生计多样化和非农化，且各类生计方式之间最好形成互补关系而非替代关系（Su，2016）。

生计思路建立了生计单一化与环境破坏、生计多样化与环境保护之间的关联，所依据的逻辑是：生计单一化→贫困→对环境资源的滥用→生态系统退化；生计多样化→对自然资源的依赖降低→促进生态恢复和环境保护。这一思路是在人口增长压力的背景下寻求环境问题的解决之道，是在环境问题产生之后将原因倒推到生计层面。其实，如果物质资料的生产与人口生产没有发生矛盾，或者在敬畏自然的观念支配下，单一生计不一定会造成环境破坏；与此相反，如果人与自然的关系处理不当，在贪欲驱动和技术协助下，生计多样化也可能造成环境破坏。以福建省厦门市的马銮湾区为例，当地民众依靠农耕、渔业和船运为生，与环境长期和谐共生。直到20世纪50年代，湾区依然保有大片红树林，优良的水质与植被使之成为多种鱼类和鸟类的栖息之地。真正导致生态恶化的是20世纪50年代开始的区域开发（Huang，et al.，2012）。

第二，着眼于“社区增权”，表现为从外部赋予社区权力、从内部提升社区能力两个方面（王成超，2010）。社区增权是否真的比“生态补偿和传统扶贫开发模式”更有可持续性？通过社区增权模式谋求可持续生计与环境保护的共生是否需要具备特定条件？增权如何充当生计与环境之间的关联？这些问题都需要进一步研究。

为了能够洞悉生计行为与环境后果之间的相互作用机制和协调发展路径，既需要跳出单纯考察生计与环境的视野，讨论诸如生计行为背后的驱动因素、生计与环境关系处理方式的文化差异等问题，也需要从历史和变迁的视角讨论生计与环境之间的互动过程。未来可以进一步研究的主题有：

（1）不同地区实现可持续生计与生态环境保护协同发展的成功经验，尤其是各地居民摸索出来的维持生计与环境共生关系的本土化经验与知识体系。这一领域已经有了一些成果，比如，日本学者鸟越皓之（2009：4–5）基于“道路的认亲制”实践提出，缩小人与环境的“物理距离和心理距离”可以作为解决环境问题的一个突破口。罗康隆、杨曾辉（2011）总结了贵州侗族社区实现文化与环境耦合的经验，包括尽量减少对自然的改动，对环境要素实行“荣誉命名制”，“稻、鱼、鸭”共生的复合生态系统等。

（2）生计模式的精准理解及其作用于环境的具体机制。作为环境社会学的研究范畴，社会系统中的生计模式及其与自然环境之间的相互关系目前都还没有被充分理解。就生计模式而言，仅仅以非农化水平或生计多样化指数作为生计方式的替代指标，不能全面反映农户的生计模式特征；就两者关系而言，仅仅以土地利用和能源利用作为两者关联的中介，对生计和环境之间的多重反馈关系缺乏定量模拟。未来研究需要进一步揭示生计模式变动的驱动因素、演变规律和调控机制，需要寻找新的中介因素并且在人-地宏观大系统中考察生计模式与生态环境之间的复杂关联（张芳芳、赵雪雁，2015）。

（3）生计与环境之间关系的研究对象目前多集中于农户。随着城市化规模的日益扩大，农户的生计模式与生态环境之间关联的学术重要性会有所降低，而城市这一人工环境中人们的生计活动与生态环境之间的关系需要进一步揭示。可以选择城市中的生产性组织作为研究对象，考察企业的生产模式与生态环境之间的关联。比如，2017年以来河北省一些钢铁企业的绿色转型及其环境后果便值得深入探讨。

第二节　社会-生态视角

一、区域脆弱性模型（Hazards-of-Place Model，HOP模型[①]）

区域脆弱性模型的雏形最早是由美国学者卡特和索莱基于1989年提出的，针对的问题是大气污染物排放在美国各州的分布差异以及造成地域分布差异的原因（Cutter and Solecki，1989）。20世纪90年代中期，卡特在梳理了脆弱性的三种研究视角[②]的基础上对原先的模型进行了改进。主要思路是：区域中存在的灾害风险与人们消减风险的努力决定着这一区域内的

---

① Hazards-of-Place Model或译为"地方-风险模型"。按照实际含义应该译为"灾害源-地方模型"。

② 三种研究视角分别是：①暴露视角（生物-物理学视角），关注风险/危险的暴露程度。讨论的主题包括灾害的特点（强度、时限、频率、影响、地理分布等）及其造成的财产与生命损失。②社会回应视角（社会建构视角），关注社会对于灾害的应对、适应与恢复能力，强调造成脆弱性的历史根源以及经济与社会因素。测量指标包括对生命线的威胁、满足基本需求的社会服务设施、特殊需求群体（儿童、老人、体弱者）、贫困/财产指标、性别、种族等。③整合视角（地区视角），既关注风险/危险暴露状况，也关注社会对于灾害性事件的回应，但重心落在特定区域，考察这一区域内脆弱性人群和地理空间的分布状况。

潜在危险状况。潜在的致灾因子作用于地理因素（地理位置、是否临近风险源）后决定了生物–物理脆弱性或技术脆弱性（biophysical/technological vulnerability）；潜在的致灾因子作用于社会结构（社会经济指标、风险认知、个体/社会对威胁的回应能力等）后构成了社会脆弱性。一个特定区域内的脆弱性（地区脆弱性）由这两种脆弱性的相互交汇与相互作用而形成，同时对该区域内的风险及其消解提供反馈。卡特同时强调区域脆弱性的测量因为区域范围的变动而带来的复杂性以及脆弱性的不断变动性质（随着区域内的风险、消减风险的努力以及总体危险状况的变化而变化）（Cutter，1996）。几年后，卡特对模型又进行了微调（Cutter，Boruff and Shirley，2003），区域脆弱性模型的演变过程见图2–6。

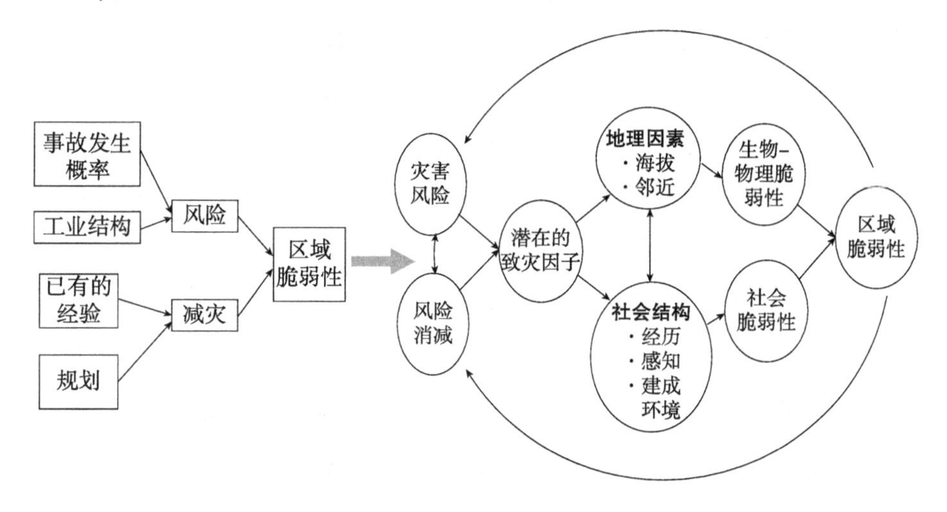

图2–6 区域脆弱性模型的演变

资料来源：根据Cutter and Solecki（1989）；Cutter（1996）；Cutter，Boruff and Shirley（2003）整合而成。

卡特的区域脆弱性指数原本被设想为可针对所有灾害类型，但后来的学者在研究中发现，脆弱性的评估结果会受到评估尺度和灾害数量的影响。以行政区（districts）、都市区（municipalities）还是更小尺度的村庄作为分析单位会导致评估结果的差异；同样，考察单一扰动还是多重扰动也会影响评估结果（Aksha，et al.，2019：111）。此外，原先的评估方式也有欠缺之处。博拉夫和卡特在研究加勒比海两个岛国的环境脆弱性时发现，最脆弱的人群并非住在高灾害风险地区（Boruff and Cutter，2007）。因此，如果将物理脆弱性和社会脆弱性合在一起评估，可能导致一类指数的过高被另一类指数的偏低所中和，使得区域脆弱性的真正致因被遮蔽，从而不能有针对性地采取降低社会脆弱性的措施。有鉴于此，鲍尔登和卡特等人（Borden，et al.，2007）在评估美国城市的社会脆弱性时将卡特建构的综合指数细分为两大类，即"社会经济脆弱性指数"（SeVI）和"建成环境脆弱性指数"（BEVI）。这一发展得到了许多学者的认可并被运用到不同国家或地区的脆弱性研究之中，尤其被用来解释北欧福利国家的社会保障在多大程度上降低了社会脆弱性（Holand，et al.，2011；Holand and Lujala，2013）。

在HOP模型中，"建成环境"（built environment）指被人类改造和使用的环境，诸如住宅区、道路、工业园区、建筑用地等。卡特用来衡量建成环境的指标只是制造业和商业设置密度、居住格局等（Cutter，Boruff and Shirley，2003）。后来的学者在此基础上根据研究对象的特点不断修正和补充，尤其是鲍尔登、霍兰德等学者，围绕建成环境单独建构了测量指标，几种典型的测量方法见表2-3。建成环境的概念由此逐渐增加了政府组织管理、公共服务设施及其可获得性、建筑结构、社会网络、人口密度等因素，内涵越来越丰富。

表2-3 "建成环境"的含义与测量指标

文献来源	含义	测量指标
Cutter，Boruff and Shirley，2003	灾害中的建筑结构损失	①制造业和商业设置密度；②住宅密度；③新住宅建造批准数量

续表

文献来源	含义	测量指标
Holand，et al.，2011	生命线[①]、居住密度和基础设施老化状况	①市政道路里程；②每千人拥有的逃生通道数量；③到最近医院的距离；④人口密度；⑤住房建筑密度；⑥供水管道平均年限；⑦排水管道平均年限；⑧1980年后建成的住宅存量
Hummell，et al.，2016	是否拥有水电和排水设施，以及房屋建筑质量	①无供水设施或水井的家庭百分比；②无下水道的家庭百分比；③无垃圾收集服务的家庭百分比；④无电力服务的家庭百分比；⑤居住在外墙质量低劣的房屋中的人口百分比
Aksha，2019	房屋与公共服务设施的物理属性	①房屋无混凝土地基的家庭百分比；②未铺设自来水管道的家庭百分比；③未通电的家庭百分比；④无下水道的家庭百分比；⑤居住在外墙质量低劣的房屋中的人口百分比

HOP模型既适用于单一灾害源，也适用于多重灾害源引发的脆弱性分析。此外，通过对模型中的社会脆弱性指数（SoVI）进行敏感性分析（Schmidtlein，et al.，2008），证明了该指数可以用于不同空间尺度（国家、地区、城市、县）和不同区域的社会脆弱性评估与比较，因此，HOP模型在全球各地应用十分广泛。其最大的优势在于能够明确两大类指标体系分别对区域总体脆弱性的贡献度。

① “生命线”（lifelines）一词是普拉特在1995年针对美国灾害管理中的不足（即忽视生命线的脆弱性与管理）而阐述的概念，指“健康、安全、舒适、经济活动所需依赖的人员、货物、服务和信息流通系统或网络”。“生命线”主要包括但不限于5种类型：①供水与排水系统；②交通设施；③通信设施；④电力设施；⑤油气管线。详见Platt, 1995。

二、人–环境耦合系统框架

人与环境耦合[①]系统分析框架（图2–7）由特纳（Turner）等人提出（Turner II and Kasperson，et al.，2003）。主要内容包括：①可能对耦合系统造成影响的扰动或压力。该框架考察扰动的一个特点是注意到了多重扰动之间的相互作用。扰动的特征（如频率、强度等）对各个系统（从微观到宏观）产生了影响。②特定耦合系统的人文–环境条件（主要包括系统所拥有的社会资本和生物–物理资本）。其中，人文条件（社会资本）包括人口、权利、制度、经济结构等；环境条件（生物–物理资本）包括土壤、水、气候、矿石、生态系统的结构与功能等。③特定耦合系统针对扰动或压力的应对机制及其与人文–环境条件之间的相互关系。应对机制可能会导致人文–环境条件的变化。通过分析资本状况和应对机制可以透视系统对于危险暴露的敏感性和适应性。

耦合框架具有最核心的三个分析要素。一是“耦合”：涉及环境系统与人文系统之间的相互作用、不同利益相关者在特定空间内的相互影响等。比如，中国台湾松鹤地区的人地系统表现出来的特征和土石流等灾难便是人与环境系统长期耦合的结果。来自自然系统的力量有地震、台风、降雨量、土壤特征等；来自社会系统的力量包括日本殖民时代和国民政府时期的大规模森林砍伐行为、移民的涌入和人口的增加、经济作物的种植、横贯公路的开通等。所有这些因素逐渐改变了松鹤地区人地系统最初的稳定性（林冠慧、张长义，2006）。二是“脆弱性”：除了包含暴露性和敏感性维度之外，将第三个维度（韧性）分解成三种回应（response），分别是“应对”（coping）、“影响”（impact）、“调整与适应”（adjustment &

① 根据现代汉语词典的解释，所谓“耦合”是指两个或两个以上的体系或两种运动形式之间通过相互作用而彼此影响以至联合起来的现象。中文“耦合”比英文单词“coupling”更能准确地反映客观事实。

adaptation）。三是“尺度”：考察不同时空要素之间的流动和相互影响。同韧性分析框架一样（韧性研究中的“扰沌”一词即凸显了系统间相互作用的尺度跨越特点），耦合分析框架特别强调尺度的重要性。美国学者沃克和索尔特（Walker and Salt）提供了许多尺度之间相互影响的例子，如在经历了大火或者龙卷风的彻底摧毁后，森林在斑块尺度上的恢复程度取决于整个森林尺度上的有效种子储存状况；遭受严重旱灾后，农民能否获得政府层面的帮助取决于国家层面的经济发展状况；联邦政府对地方政府授权与管制放宽导致地区危机管理机构创新，其他地区纷纷效仿，于是小尺度范围内的创新影响了更大尺度的区域；国际格局的变动（比如英国加入欧盟）使国家（澳大利亚）失去了重要的水果出口市场，水果价格猛跌，由此导致区域（古尔本-布罗肯流域）的危机后果（暴雨导致地下水位高涨和果树的大批死亡）反而变得不太严重。（Walker and Salt著，彭少麟等译，2010：88-90）

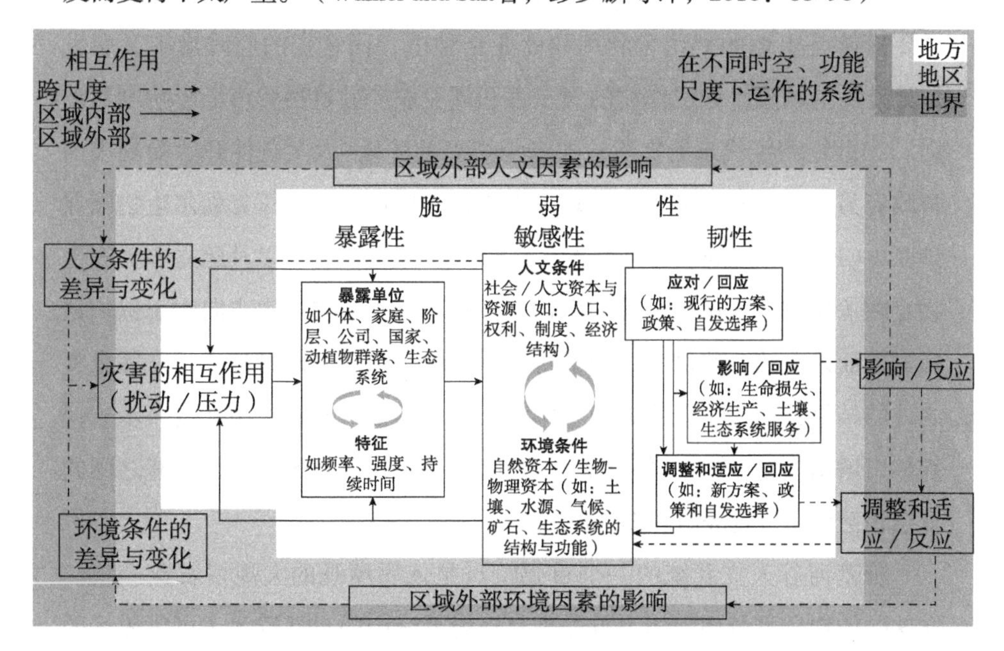

图2-7　人-环境耦合系统脆弱性分析框架

（Turner II，Kasperson，et al.，2003）

梳理一下特纳等人对具体案例的分析（Turner II and Matson，et al.，2003）可以使他们的分析框架更容易被理解。作者依据耦合框架共考察了三个个案，即墨西哥南部的尤卡坦半岛、墨西哥西北部的雅基河流域，以及北极地区。

在尤卡坦半岛个案中，环境系统中的扰动或压力源自飓风和干旱。人文系统中的扰动源自20世纪60年代后期由政府主导的通过大规模砍伐森林来实现农耕地增加和区域发展的政策。人与环境系统中的扰动相互影响：从环境系统对人文系统的影响看，夹带着狂风暴雨的飓风对处于收获季节的农作物而言是一个致命的打击；随后的旱季火灾和蕨类植物的蔓延既会阻抑森林的复生，也会不断侵蚀耕地。从人文系统对环境系统的影响看，森林砍伐导致林地的碎片化，使得更多的树木遭到飓风的摧毁，同时也使更多的农耕地因缺乏森林的防护而损失惨重。农户应对农作物损失风险的主要措施是土地的集约化利用和商业化种植，而这样的应对措施又引发了另外一些风险，如农作物的病虫害和商业农产品价格受市场影响剧烈波动。20世纪80年代末期之后，尤卡坦半岛的环境-人文条件开始受到墨西哥政府另一套重构经济价值的政策影响，即通过建立卡拉克穆尔生物圈保护区（CBD）、规划“玛雅世界”（EMM）旅游项目，以及建立中美洲生物走廊（MBC）来保护森林和生物多样性。为了使农业生产向生态保护目标靠拢而采取的一些措施增加了村社土地使用强度，同时带来了一些意料之外的结果，如给予农耕地的农作物补贴反而被一些农户用来进一步砍伐森林以增加牧场。中国学者陈萍、陈晓玲（2010）将这一系列因素之间的复杂相互作用过程表示在图2-8中。

雅基河谷人文系统的一个重要特点是依靠灌溉的大规模农业经济。在这样的耦合系统中，压力首先来自环境系统中的自然资本（可供灌溉的淡水资源和适于农业的土壤）。农业供水不足是首要的压力。农民的应对措施是种植耐旱作物、抽取地下水灌溉等。含盐度较高的地下水需要用淡

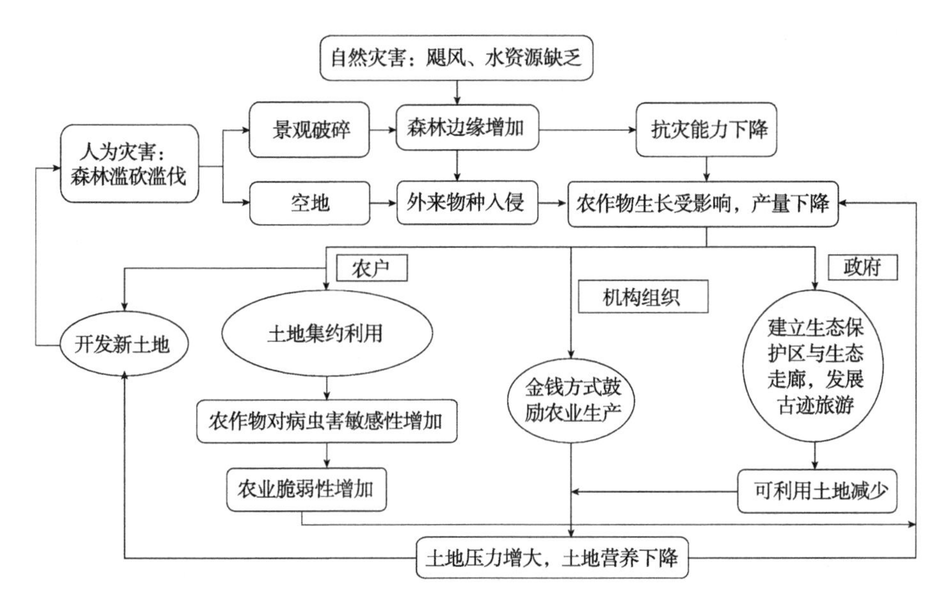

图2-8　尤卡坦半岛人-环境耦合系统要素间的相互作用过程

（陈萍、陈晓玲，2010：458）

水进行稀释才能防止土壤的过度盐碱化，因此，能否获得低盐度的农业灌溉用水以及所耕农田的盐碱化程度是影响农民脆弱性程度和差异的重要因素。另外，由于河谷农民主要从事农业经济，因此，与农业产品和农业收入密切相关的市场不确定性和政策变动构成社会脆弱性的另一个压力源。农民在应对这一压力的能力方面同样存在差异。20世纪90年代，墨西哥政府改变此前实施的对农业投入进行补贴和优惠贷款的价格政策，转而实行新自由主义改革，其中的很多措施，诸如批准《北美自由贸易协定》，取消农业和农产品价格补贴，农业肥料企业的私有化，灌溉系统运行权和资金责任的下放，允许村社土地的租赁、转让和买卖等将政府的农业责任转移给了个人和村社。很多农户因无法获得农业信贷，在权衡了农业成本与收益之后，将土地出租或出售给他人。总之，雅基河谷的案例反映了不同维度的脆弱性的因果关系，呈现出的是生物-物理条件和人文条件相互作用下的适应性和应对性状态。农民对压力或风险的敏感性和应对方式取决于他们所拥有的生物–物理资源和社会资源状况。

北极地区的个案侧重于耦合系统的变迁，诸如永久冻土带的消融、冰面范围的缩小、平流层臭氧减少与紫外线辐射的增加、重金属和有机污染物的聚积，以及全球化带来的本土社会变迁等。北极地区特定地点／区域的扰动或潜在风险主要来自气候变暖、环境污染、人文系统的政治与经济变动。作者强调不同空间尺度之间的相互影响，比如，乌马纳克（Uummannaq）地区的耦合系统会受到遥远的渔业市场以及从地方到国家不同层面的海洋管制的影响。

从特纳等人的理论阐述及个案分析中可以看出，他们提出的人–环境耦合系统分析框架强调以下几个方面的内容：①脆弱性存在于多重面向的耦合系统之间的关联之中，因此需要考察同一空间尺度内部，以及不同空间尺度（按照从小到大的顺序，所涉空间包括地方、地区、世界三种尺度）之间的环境条件与人文条件之间的相互作用。具体包括：第一，扰动或压力既可能来自所考察的地域内部，也可能来自考察的地域之外，且各扰动或压力之间可能相互关联；第二，在耦合系统中，社会子系统的应对机制与生物–物理子系统的应对机制会相互影响；第三，特定空间尺度耦合系统的危机应对会对其他空间尺度的耦合系统产生影响。②注重耦合系统及其构成要素的脆弱性差异、耦合系统的动态演变及其有可能造成的新风险。③更注重对脆弱性发生的因果机制的分析，缺乏对脆弱性的量化测量，由此导致了它的重要缺陷，即在特定尺度上，无法“有效区分环境脆弱性和社会脆弱性对整体脆弱性影响程度的差异”（黄晓军等，2014）。

第三节　综合视角

一、BBC框架

BBC框架（图2-9）和“洋葱框架”（onion framework）都是由联合国大学环境与人类安全研究院（UNU-EHS）提出的整合框架，用作特定社会系统面临洪灾风险时的脆弱性分析。BBC框架得名于三位提出者，其中，Bogardi和Birkmann关于脆弱性、人类安全与可持续发展之间关联的讨论，Cardona关于对灾害风险进行综合评估的强调为BBC框架提供了核心构成要素（详见Birkmann，2006：28-29，34-39）。

BBC框架的主要内容与特点包括以下几个方面：

1. 将脆弱性与可持续性发展的三大支柱联系在一起，从环境、社会、经济三个层面分析脆弱性要素。三维思想源自世界减灾大会《兵库行动框架》要求从三个方面建构脆弱性评估指标的倡议。BBC框架尽管强调社会和经济层面是脆弱性的主要领域，但同样重视考察环境的脆弱性，并且强调自然与社会之间的紧密关联。在这个方面，BBC框架整合了特纳的人-环境耦合框架中的相关思想。此外，由于BBC框架沿用了可持续发展的重要构成维度，因此可以与可持续生计分析框架的内容进行整合，比如：在经济和社会维度通过选择各类资本指标对敏感性和应对能力进行评估；增进各类资本的获得机会与权利也可以作为脆弱性干预的重要工具。

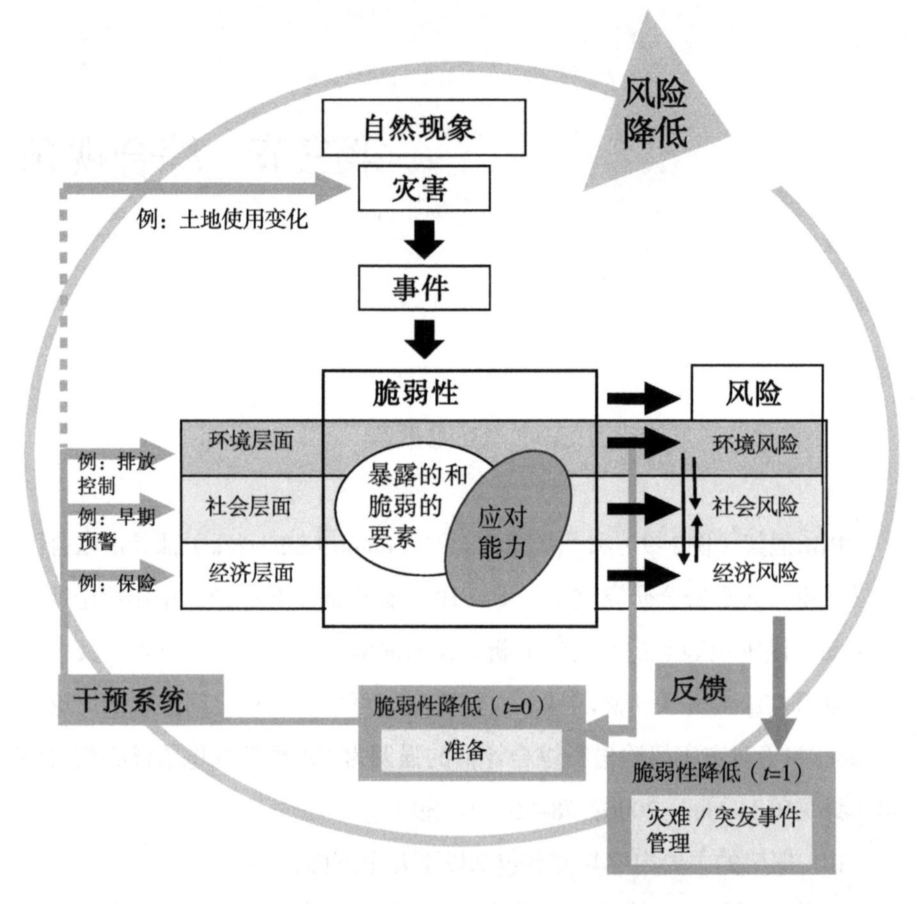

图2-9　BBC分析框架（Birkmann, 2006: 34）

2. 将脆弱性的构成分解为“暴露的和脆弱的要素”和“应对能力”两个部分。由于第一个部分实际上包含了“暴露性”和“敏感性”的内容，因此，在框架的具体运用过程中，有些学者（比如Fekete，2010）会将其做相应拆解处理。值得注意的是，在BBC框架中，脆弱性的两个构成领域有部分重叠。也就是说，有些因素可能具有双重作用：既能提升某个暴露元素的应对能力，也能增加其脆弱程度。比如，经济富裕意味着更强的灾害应对能力和灾后恢复能力，但由于富人喜欢临水居住，因此在洪灾中会有更高的暴露程度；同样，社会网络或社会资本既可以增加人们面对灾害的适应能力，也可能严重阻碍人们对灾害的早期预警。①

3. 将脆弱性置于动态过程中考察。动态特征可从两个方面分析。一是脆弱性与灾害、风险的关联。风险指特定人文–环境系统因为自身的若干缺陷在面对各类灾害时可能受到的损失，是灾害与脆弱性的函数。风险、灾害、脆弱性三者中任何一个发生变动，都会影响其他两者发生相应变动。二是脆弱性与应对能力和灾害干预的关联。应对能力的变动以及灾害干预措施实施状况会对脆弱性产生影响。因此，考察脆弱性除了从暴露性角度考察特定灾害的类型特征之外，还要同时考察应对能力状况和干预措施的实施情况。

4. 将风险和脆弱性干预过程分解出两个时间点，即灾前（t=0）的风险管理（灾害预警与灾害准备）和灾难发生后（t=1）的突发事件管理（灾难响应与灾难消减）。与灾后应对相比，BBC框架更加强调灾前预防和准备，比如在政治进程中做一些前瞻性的决策、对潜在干预工具的识别与分析等。灾害干预路径与脆弱性、风险的生成维度（环境、社会、经济）相对应。

总之，BBC框架将脆弱性置于一个包含多个环节（灾害事件的冲击、风险的生成、风险与灾害管理）的动态系统中考察，能够很好地揭示脆弱性与风险、灾害、风险／灾害管理之间的内在关联。

---

① 波赫勒在对发展地理学，尤其是地理脆弱性研究文献中的“社会资本”概念进行梳理的基础上，讨论过社会资本的双重作用问题（Bohle，2005）。这里有一些问题值得进一步思考：哪些类型的社会资本会降低脆弱性？拥有某种社会资本或成为某个社会网络中的一员是否必然意味着能降低脆弱性？在何种情况下这种拥有反而会使脆弱性增加？

二、MOVE框架

MOVE框架[①]是由德国学者博克曼等人（Birkmann，et al.，2013）提出的用以评估脆弱性、风险和适应性的整合框架（图2-10）。该框架具有一般性、综合性和整体性特点。一般性体现在它为研究者提供了一套有助于思考的概念框架；综合性体现在它对不同领域研究成果的整合，将压力与释放模型中关于脆弱性的政治与经济根源的思考、可持续生计框架中关于组织与制度影响生计能力的思考、特纳的耦合模型中关于环境因素与人文因素之间以及不同空间尺度之间相互作用的思考、韧性研究领域对于应对

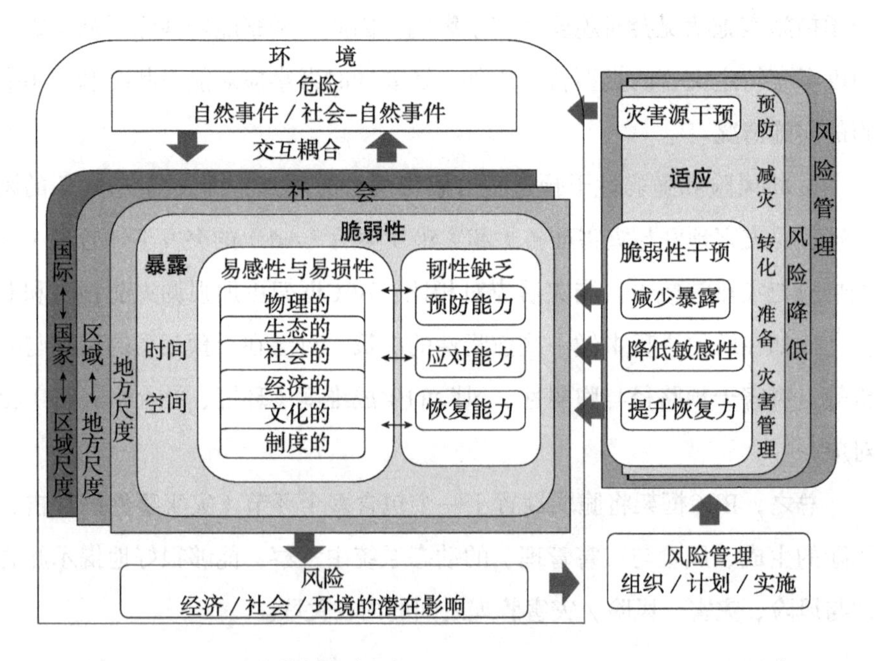

图2-10　MOVE分析框架（Birkmann，et al.，2013：199）

① MOVE是“欧洲脆弱性评估改进方法”（Methods for the Improvement of Vulnerability Assessment in Europe）项目的英文名称首字母缩写。该项目由欧盟委员会赞助，主要针对自然灾害与气候变化造成的社会后果展开研究。

能力、适应性和韧性关系的讨论等内容整合在一个模型中；整体性体现在它吸收了一般系统理论元素，强调对脆弱性进行系统分析，同时着眼于源头干预–脆弱性降低–适应能力提升的全过程分析。

MOVE框架的分析思路主要包括以下内容：

1. 脆弱性的概念界定基本参照IPCC的三分法。不同之处在于：第一，“暴露性”被置于时空背景下解释，不仅考察自然系统中的生态属性和社会系统中的基础设施的物理属性，而且考察人文系统（生计、经济、文化）因为依赖特定资源和实践活动而体现出的空间暴露特征。第二，不再区分“敏感性”（sensitivity）与“易感性”（susceptibility）、“易损性”（fragility）之间的差异。第三，“适应性”维度主要考察社会系统现有的应对能力和恢复能力（二者被归入“韧性缺乏”范畴）。作者从其他分析框架中吸收了一些合理元素对脆弱性的三个维度进行进一步阐释，比如，参照特纳的耦合模型提出，要想更好地理解暴露性和敏感性，需要考察环境变动如何影响了社会与经济系统，社会系统又如何影响或改造了自然环境。

2. 考察脆弱性的多重面向和动态变化特征。在MOVE框架中，脆弱性有六大构成维度，其中，物理面向主要考察物质资产（包括建成区域、基础设施和公共空间等）状况；生态面向主要考察环境与生态系统及其服务功能属性；社会面向主要考察个体健康、集体福利和社会系统可能遭受的破坏；经济面向主要考察财产的潜在损失；文化面向主要考察无形资产（工艺、习俗、惯例、景观等）的潜在损失；制度面向主要考察治理体系、组织形式与功能、各类规范在灾难中暴露出来的弱点。脆弱性的动态变化与脆弱性系统自身的动态运行（脆弱性构成维度之间相互作用、自然与社会之间交互耦合、不同尺度之间相互影响等）有关，也与社会系统通过干预而形成的反馈过程有关。脆弱性系统的演变与社会系统的“适应性反馈”形成了一个动态循环。在脆弱性的六个维度中，目前学术界对物理、社会、经济、制度层面的因素讨论较多，生态和文化层面的因素整合不足。

3. 考察社会系统的复杂反馈过程，包括社会系统采用了哪些干预工具作用于脆弱性系统，干预后果又如何影响了干预措施的调整。

4. 考察社会系统的适应性过程，即社会系统能否根据灾难情境及时调整制度和结构，包括调整过程中所需要的技术、资产和策略。适应性部分吸收韧性研究框架中的主动性成分，强调为应对未来灾害情境而主动学习和重组的过程，与脆弱性部分仅仅关注能力现状的“韧性缺乏”相区别。

除了提供分析框架之外，博克曼等人还以洪灾和地震为例，围绕框架的各个组成部分设计了脆弱性的评估标准和具体测量指标，进一步展示了将MOVE模型运用于实践的操作方法。在具体运用方面，德皮特里等人弥补了生态维度整合不足的缺陷，强调在应对水文气象灾害时应该重视生态因素的作用，因为环境因素，即缺乏绿地（林地、草地、农地）既增加了德国城市科隆在面对热浪袭击时的暴露程度（增强了城市中心区的热岛效应），也降低了适应能力（没有林地对热浪温度进行调节）。另外，他们还引入了时间维度的分析，看到了科隆城社会脆弱性分布的历史积淀，尤其是20世纪的城市规划对灾害社会脆弱性分布的影响。（Depietri，et al.，2013）。

本章介绍了社会脆弱性的六个分析框架的核心内容，同时借助一些典型案例研究展示了各个框架的具体运用。为了能够更加清晰地呈现六个框架的基本特征，表2-4将这些框架的优缺点进行了总结与对比。

表2-4　社会脆弱性分析框架概览

框架名称	框架优点	框架缺点
压力-释放模型	①能够揭示脆弱性的深层社会根源。 ②能够揭示压力条件的动态变化	①未能考察社会系统与环境系统之间的相互作用对脆弱性的影响。 ②脆弱性的三个层次中的要素处于动态变化之中，很难用定量方法识别其中的因果关系
可持续生计框架	①注重宏观层面的结构、制度、变动趋势与微观层面的生计策略、生计结果的复杂相互作用对生计脆弱性产生的影响。 ②从整体视角认识现实生活，能将资源可持续性利用、脆弱性、韧性、安全、福利、能力等要素糅合在一起。 ③提供了一套从日常需求角度考察社会脆弱性的概念工具	①未能充分考察引发生计脆弱性的灾害属性
区域脆弱性模型	①注重对生物-物理脆弱性与社会系统脆弱性进行综合评估，强调区域脆弱性是两者相互作用的结果；通过评估能够识别出区域脆弱性的最重要驱动因素。 ②既可针对单一灾害源，也可针对多重灾害叠加的脆弱性分析。 ③注重脆弱性发生的时空背景：可进行不同空间单元（地域、城市等）之间或同一空间单元不同时间点的比较分析	①未能考察导致脆弱性的灾前社会根源。 ②未能涉及灾后社会系统的变动
人-环境耦合模型	①注重物理环境因素和人文系统因素之间的相互作用，且将脆弱性置于更宏观的耦合系统中考察。 ②注重不同尺度之间的相互关联，尤其是大尺度系统中的因素对地方脆弱性的影响	①未能考察脆弱性的时间维度。 ②未能准确区分反馈闭环中的驱动因素与后果
BBC框架	①能很好地揭示脆弱性与风险、灾害、风险/灾害管理之间的内在关联。 ②对干预时间点和干预工具的分析有助于提高灾害干预效果	

续表

框架名称	框架优点	框架缺点
MOVE框架	①整合了多个分析框架的构成元素，能够展示脆弱性的多重面向特征和动态变化过程。 ②通过聚焦于社会的非线性反馈和主动适应过程，能够揭示脆弱性演变的复杂性。 ③为理解和降低脆弱性提供了一套整体思路	①脆弱性的某些构成元素（如文化面向和制度面向）很难用指标测量

第三章

环境污染、社会风险与社会脆弱性

第一节　风险与脆弱性

风险是指损失或灾难性事件发生的可能性和不确定性。承受风险的载体既可以是自然环境（如可能被大火吞噬的森林，可能被通航船舶污染的长江水环境）或人工环境（如可能被洪水淹没的城市及其各类设施），也可以是特定人群及其所从事的各项活动（如企业因盲目转产有可能遭受重创）。风险大小可以通过危险事件过后特定系统所蒙受的所有损失及修复成本来计算。联合国政府间气候变化专门委员会将“风险”定义为：“造成有价值的事物处于险境且结果不确定的可能性。风险通常表述为危害性事件或趋势发生的概率乘以这些事件或趋势发生造成的后果。”（IPCC，2014：5）用公式表示为：R（risk）$=P$（probability）$\times C$（consequences）。灾难发生的可能性越大，风险越大；灾难造成的后果越严重，风险越大。前者更接近于“暴露性”，因此很多学者常将两者关联；后者除关注灾难源的量级之外，同时关注系统的内部属性，比如系统内部的脆弱性程度和韧性程度。

根据IPCC的定义，风险包含了脆弱性。因此，在研究“风险”、“危险”和“灾害”的文献中经常使用“脆弱性”概念，将脆弱性作为风险评估的重要构成要素。比如，威斯勒（B. Wisner）强调，如果不能有效分析嵌入在日常生活中的脆弱性，就无法触及风险问题的本质；经济全球化和国家的蓄意干预给特定群体的日常生活带来了风险和脆弱性（转自 Hewitt，1995：325）。意大利学者兰希等人在对欧洲多国的社会脆弱性进行比较分析时也是从风险构成的角度考察其与脆弱性概念的关系，认为“社会风险”包括“危险源”（hazard，即潜在的负面后果发生的可能性）和“脆弱性”（vulnerability，即这种负面后果所导致的损害程度）两个层面的含义。风险因素越多样，负面后果越难预测，脆弱性维度就越重要（Ranci，2010：17）。另一方面，有些学者在界定脆弱性时又使用了“风险”概念，如默瑟尔认为，脆弱性是个人、家庭和社区在环境变化面前所表现出的不安全与敏感性特征，同时包含他们应对消极变化风险的能力以及在风险环境中的韧性（Moser，1998：3）。

由此可见，风险和脆弱性的含义相互交叠，很容易混淆。在现实生活中亦是如此：只要采取风险行动，就会有脆弱性产生；只要在面对某个危险源时具有脆弱性特征，就暗含着风险。如果不能估测风险（即危险源的破坏强度及其带来的损害程度），就无法对脆弱性进行量化分析。有鉴于此，有学者甚至建议将脆弱性作为风险的组成部分，并且不妨用“内在风险”（innate risk）一词来取而代之（Alexander，2000：12）。

学术界对于风险和脆弱性之间关系的讨论主要集中在三个领域。一是贫困研究领域。典型代表是德尔肯（Dercon，2001）围绕贫困问题对脆弱性和风险之间关系的界定。其基本思路是：脆弱性是内生的，风险是外生的；脆弱性源自风险，同时也与贫困者的家庭条件和家庭成员活动密切相关；风险可能来自环境（如气候变化、病毒传染等），也可能存在于生计资本–收入–福利层面，因此是一个多维度的概念；多维度的风险使贫困脆弱性体现在收入低下、资产有限、福利–能力不足（缺乏基本教育、营养不良、过早夭折等）等多个方面。它们之间的相互关联见表3–1。国内学者在讨论特定群体的生计脆弱性问题时也曾延续过这一思路，如许燕、施国庆（2017）界定失海渔民的生计脆弱性时从失海渔民面临的外部风险、风险响应能力以及二者之间的博弈结果三个方面进行考察。

表3-1 风险与贫困分析框架

生计资本	收入	福利–能力
·人力资本，劳动力 ·物质资本／金融资本 ·共有资源和公共物品 ·社会资本	·活动与资产收益 ·资产处置所得 ·储蓄、信贷与投资 ·转账与汇款	有能力获得（不限下列选项） ·消费 ·营养 ·健康 ·教育
可能的风险（a） ·因健康或失业而丧失技能 ·不稳定的土地使用权，不确定的其他资产所有权 ·气候、战争或灾难造成资产损失 ·不能保证公共资源与公共物品的获取 ·违反承诺与信任 ·因通货膨胀、股价下跌或汇率崩溃而导致金融资产或年金损失	**可能的风险（b）** ·因气候、疾病、冲突而导致产量不稳 ·产品价格波动 ·收入与资产价格的协方差 ·储蓄与投资的资产回报风险（包括通货膨胀） ·生产过程中无法确保能有投入或现金流支持 ·合同履行风险，如可能无法如约获得货款或服务款 ·实施非正式安排（包括非正式保护）的不确定性，例如转账和汇款可能无法完成 ·无法保证能获得公共支持配给，例如可能被排除在保障网之外 ·有关各种机遇的信息和知识不完整 ·政策环境风险：无法保证政策的连续性	**可能的风险（c）** ·食物市场价格风险 ·食物获取与食物配给风险 ·无法保证公共健康与教育的供给质量 ·无法保证健康或教育资源的合理分配 ·保持健康和营养的知识不足（不知道正确答案）

资料来源：Dercon，2001：17

第二个是灾害研究领域。解释风险和脆弱性关系的经典方程式是布莱克等人在其“压力–释放模型”中提出的R（Risk）= H（Hazard）× V（Vulnerability）。这一公式对早期威斯勒等人的公式做了修正，将等式右边危险源与脆弱性的关系由“+”变成“×”，由此强调脆弱性概念的动态特征以及脆弱性致因的多元交互作用性质（陶鹏，2013：41–42）。与之类似的方程式是联合国减灾委员会提出的R（Risk）= H（Hazard）× V（Vulnerability）/C（Capacity）。风险（灾害结果出现的可能性和严重程度）与危险源的性质（强度、范围等）和脆弱性程度成正比，与应对能力成反比。大部分风险和脆弱性评估的研究都是基于这两个公式发展评估指标。

从20世纪末开始，对灾害风险的研究开始强调整体或多学科视角。无论是戴维森（R. Davidson）和鲍林（C. Bollin）等人提出并发展出的灾害风险识别模型、克里奇顿（D. Crichton）和里昂（V. de León）等人提出并完善的风险三角模型，还是卡多纳（O. D. Cardona）等人提出的灾害风险评估与管理整合模型（图3–1）[①]，都将脆弱性连同灾害源和应对能力作为风险的重要构成元素，强调风险管理不仅要针对灾害源，而且要针对经济系统和社会系统中的脆弱性和缺乏韧性问题（详见Birkmann，2006：23–26，32–39）。

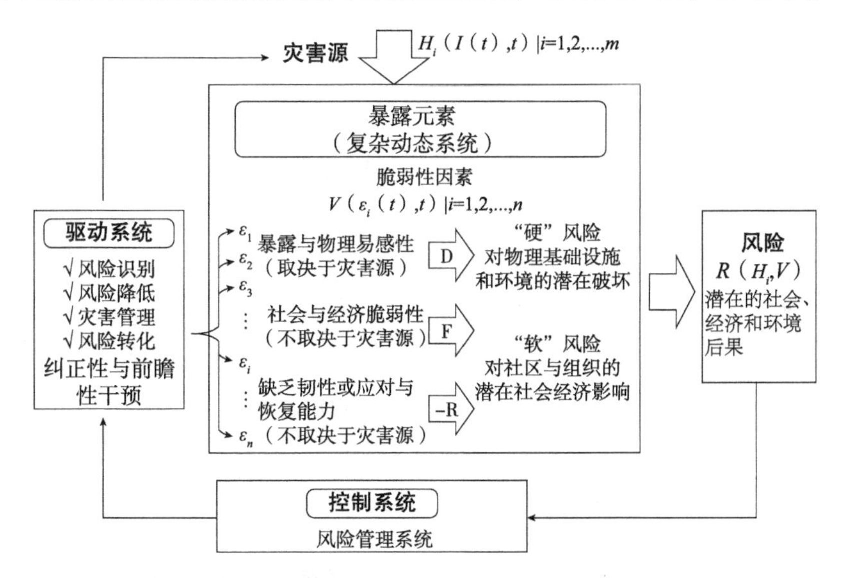

图3–1　灾害风险评估与管理的整合框架（转自Birkmann，2006：33）

① 卡莱诺等人曾采用这一模型在城市尺度上做过实证研究，分别对哥伦比亚首都波哥大以及西班牙的巴塞罗那的地震风险进行整合分析（Carreño，M.–L.，et al.，2007）。

上述模型或公式的共同点是：第一，将脆弱性作为风险的一个主要来源。正是因为具有脆弱的特征，所以才存在受到伤害或损失的可能性（即蕴含着风险）。第二，脆弱性是风险承受能力的体现，且两者成反比。脆弱性越高，风险承受能力越弱。

第三个领域是气候变化研究领域。对风险概念最著名的定义是IPCC第五次评估报告中围绕气候变迁所提出的观点："风险来自脆弱性、暴露度以及危害的相互作用。"危害、暴露度和脆弱性的驱动因子是气候系统的变化（变化诱因既包括自然变率，也包括温室气体排放等人为因素）和社会经济过程的变化（如社会经济发展、适应与应对能力不足、管理不当等）。各种因素的具体关系如图3-2。奥莱尼克等人按照这一解释框架对高温与空气污染、室内暴露程度、健康风险之间的关系进行了实证研究（O' Lenick，et al.，2019）。

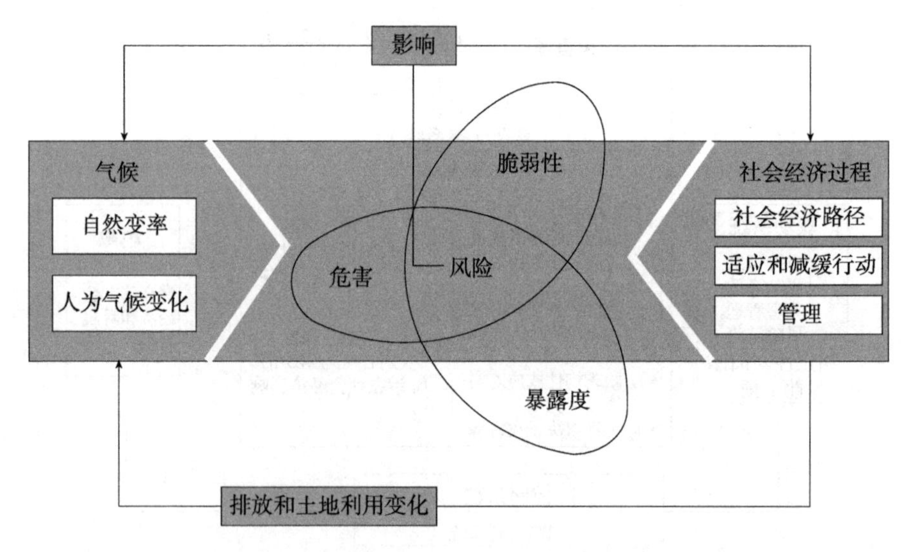

图3-2　风险等相关概念的相互关系及其驱动因素

资料来源：IPCC，《气候变化2014：影响、适应和脆弱性：决策者摘要》，第3页。

从以上梳理中可以总结出有关风险与脆弱性关系的几个结论：

1. 风险指灾害 / 危机发生的可能性以及灾害 / 危机对特定社会系统造成损害的程度。风险的重心落在处于潜在状态的灾害源的性质（发生概率、频率、强度等）和变动趋势，关乎的是灾害源所带来的不利或消极后果。正因如此，傅塞尔和克莱恩在有关气候变化的脆弱性评估模型和适应性政策评估模型中没有使用“非气候压力因素”或者“非气候风险因素”，而是使用了中性词语“非气候因素”，原因在于这些因素也会带来好结果，而不仅仅是坏结果（Füssel and Klein，2006：316）。灾害源既可能来自自然系统，也可能来自社会系统。如果某地区每隔几年就会发生一次地震或飓风袭击，我们就会认定该地区是高风险地区；同样，如果某地区很多人都感染上了新冠病毒，我们也会认为该地区是高风险地区。当灾害源来自自然系统时，风险和脆弱性没有必然关联[①]，比如，容易被新冠病毒感染的高风险地区不一定就是高脆弱性的地区；当灾害源来自社会系统（比如容易引发灾难和动荡的社会不平等、官商勾结、通货膨胀与经济体系崩溃等）时，社会风险与社会脆弱性没有太大区别：社会风险很高的地区社会脆弱性也会很强。

2. 脆弱性概念与风险概念有时候很难区分。比如，在研究自然灾害引发的社会脆弱性时，灾害源的性质及其社会影响与社会因素对灾害后果产生的影响相互交织，这是很多学者在评估脆弱性时不得不把暴露性维度包括进来的主要原因。

---

① 就算有关联，比如，气候变化导致某个生态系统变得十分脆弱，如果对社会系统不构成影响，单纯的自然脆弱性研究意义不大。

3. 风险的范畴比脆弱性更广。[①]确实，脆弱性本身就蕴含着风险。但是，源自自然的风险与社会系统的脆弱性无关。比如，某个地区由于特殊的气候和地理条件，遭受热带风暴袭击的风险极高，但该地区的社会脆弱性可能极低。即使危险源来自社会系统，比如，某个国家遭遇他国军事入侵的风险很高，但其社会脆弱性也可能很低。只有当风险源来自特定社会系统本身时，该系统的风险与脆弱性才是一致的。无论是在哪种情况下，社会系统实际遭受的损害程度都是风险源与脆弱性合力所致。脆弱性可以被看成是风险向灾难转化的中间环节。通过脆弱性的过滤，风险的实际后果被放大或者减小。

如果把灾难换成危机，可以沿用陶鹏、童星（2011）建构的“风险-危机”转化模型，把“触发因子”与“脆弱性”的交互作用看作是风险向危机转化的中间环节。依据社会脆弱性范式研究灾害的学者一直在思考不同的社会脆弱性状况如何将作为“触发因子”的灾害（hazard）转化成了不同的灾难（disaster，calamity or catastrophe）结果。以2010年2月发生的智利8.8级地震和2012年1月发生的海地7.0级地震为例，智利地震强度是海地地震强度的500倍，但智利地震造成的死亡人数远远低于海地地震（分别是562人和222 570人；死亡人数与全国总人口的比例分别是1：30 368和1：44）（Fordham，et al.，2013：10–11）。因此，就算某地发生的地震强度不高，但如果人口增长过快导致大量人口聚集，且多居住在易于被震塌的建筑物中，那么，该地区蒙受地震损失的风险便会很高。在灾害研究领

---

① 在健康研究领域，有学者表达了不同的观点。比如，Maticka-Tyndale等人认为，风险与个体行为及其变化有关，脆弱性则延伸到社会与文化领域，涉及塑造人们生活境况、使他们有可能暴露于健康威胁之中的社会、经济和文化因素（转自Lindssay，2003：294）。表面看来，这一观点将风险聚焦于微观，将脆弱性聚焦于宏观，似乎脆弱性概念更广，但是，由于脆弱性本身就蕴含着风险特征（脆弱性高意味着遭受损害的风险大），因此，上述观点反而能进一步说明风险的概念更加宽泛，不但涉及个体层面的因素，而且涉及结构和文化因素。

域长期存在着一个悖论，即一方面消减风险与脆弱性的知识在不断积累，另一方面灾害所造成的损失却在不断增加（转自Alexander，2000：12）。造成这种状况的原因是知识本身在解决问题的同时又制造了问题，还是知识在各种社会机制的运作下无法被转化到减灾实践中去？

自1988年卡斯珀森（R. E. Kasperson）等人讨论公众风险认知的特点、政策回应与应对措施的差异如何影响了风险增减以来，风险的社会放大问题一直是学术研究热点之一。社会脆弱性通过何种机制或路径扮演了风险放大器的角色？社会脆弱性与阻碍风险消减知识转化为实践的社会运作机制又有何关联？这些问题均值得进一步探讨。

4. 风险和脆弱性都是一个动态变化的过程。灾害性事件（尤其是重大灾害性事件）的发生可以促使社会系统做出调整和变动，从而降低社会脆弱性，提高社会系统对于风险的适应能力和韧性。

第二节　环境污染与社会风险

社会风险有狭义和广义之分。狭义的社会风险与政治风险（政治秩序的正常运行面临潜在威胁）和经济风险（经济秩序有可能被破坏或者可能面临各种经济损失）相区别，侧重于描述各种扰动（如一次改革、一项政策的发布或者一次灾害等）可能引发的社会冲突和社会动荡。作为扰动源之一，环境污染也曾引发过严重的社会冲突。

20世纪90年代以来，中国境内的环境冲突呈现出三个方面的重要特征：第一，从冲突数量上看，环境纠纷和环境集体行动在21世纪初期达到顶峰之后逐渐下降。突发环境事件的发生数量（表1–1）以及环境信访事件的数量（表3–6）可以证明这一观点。第二，从冲突规模上看，由于动员手段从线下向线上的扩展，参与冲突的人数有可能在短时间之内迅速增加，甚至能达到数千人或者上万人（典型表现是各类邻避冲突的规模）。就算是因企业污染引发，由于污染企业会牵连周边众多人口，冲突规模也会达至较高水平，如2005年4月浙江东阳市画水镇的环境冲突中，积聚的村民达两三万人。稍后发生的浙江新昌县环境冲突中，与工厂直接冲突的村民加上从四面八方涌来的围观群众也有近万人。这些事件虽被平息，但在局部范围内引发了社会震荡，产生了社会风险。第三，从冲突类型上看，环境冲突中往往夹带大量的情感因素因而容易演变为冲突强度和烈度更大的非现实性冲突。现实性冲突和非现实性冲突是美国功能主义冲突理论家科塞的划分，前者涉及具体目标或利益的实现，而后者则集中于情感的发泄或涉及抽象的价值、信仰与意识形态。环境冲突中的愤怒情感主要来自：①污染项目建设与投产时的违规操作与肆意妄为。本应环评而没有环评或者徒具形式；本应举行公众听证却对公众欺骗、隐瞒或通过各种方式操弄民意；本应依法征地补偿却任意克扣、拖延，甚至侵吞补偿款；本应合理安置污染企业周边民众却迟迟不做安排；等等。这些做法往往使污染受害者产生被愚弄、被忽视和被不公正对待的感受并因此产生怨恨。②污染企业为了利益故意隐瞒污染真相或推卸污染责任，置受害者的赔偿要求、健康和生命安全于不顾，给受害者"钱竟然比命还重要""店大欺客"的感觉并因此积累大量怨气。③地方政府作为污染企业的引进者和保护者对民众的环境上访置若罔闻，甚至阻挠、弹压，这种做法容易导致怨恨情绪的加剧和升华。环境污染由于牵扯到身体健康与生命安全，再加上企业与地方政府的不恰当处置方式，导致环境冲突往往超出具体的利益补偿范围，出现污染者与受害者之间你死我活的争斗。如2008年江苏邳州铅中毒事件中，受害的新三河村村民态度非常坚决，"要么村民搬迁，要么企业搬迁"，双方不能共存于同一空间。

广义社会风险是指社会大系统内某个领域出现的风险因素波及其他领域甚至整个社会，造成社会局部或整体动荡不安。环境污染作为风险源，其生成可能涉及多个社会子系统之间的相互作用（比如所谓的"政经一体化开发机制"所蕴含的政治子系统与经济子系统之间的关系），环境污染所引发的社会风险也不仅仅局限于狭义社会系统中的各类冲突，有可能波及经济和政治领域（比如土壤污染必然危及粮食安全，环境质量的持续恶化可能引发民众对政府的信任危机），因此，环境污染与社会风险之间的关联需要进一步放在广义的社会风险概念中解读。

本节首先讨论环境污染与狭义社会风险（即环境冲突）的关系，然后再对环境污染与广义社会风险的关联进行解读。

一、环境污染与环境冲突

生态环境部发布的《中国生态环境状况公报》显示，2016年以来，我国环境总体质量逐步提升：大气环境层面，全国地级以上城市环境空气质量达标率从2016年的24.9%增加到2017年的29.3%、2018年的35.8%和2019年的46.6%。水环境层面，全国1940个国考断面I—III类水质断面（点位）比例逐步上升，2017年至2019年分别比前一年上升0.1%、3.1%和3.9%；与此同时，劣V类水质断面（点位）比例逐步下降，2017年至2019年分别比前一年下降0.3%、1.6%和3.3%。土壤环境层面，2019年，全国耕地质量平均等级从2015年的5.11等上升到4.76等。在全国各地环境质量总体上升的同时，突发环境事件（见表1-1）和各类环境冲突的数量逐步下降。有学者对环境社会科学领域的研究文献进行梳理后发现，学术界相关研究的重心也由“环境冲突”转向“环境治理”（王妍、唐滢，2020）。在此背景下，环境冲突研究是否失去了学术意义？

环境冲突是指因为环境问题而引发的群体、地区，甚至国家之间的矛盾与冲突，不一定与环境污染相关联。美国学者D. 史密茨将环境冲突定义为“至少一方对另一方的项目设施所造成的环境影响表达不满而产生的冲突”，并且将环境冲突划分为“因资源使用而产生的冲突”（conflict in use）、“因价值观而产生的冲突”（conflicting values）和“因首要需求不同而产生的冲突”（conflicting priorities）（Schmidtz，2000）。这一定义与分类也没有突出污染在环境冲突中的作用。从诱因上划分，环境冲突可分为两种：一是由社会因素（如环境污染、电力开发、旅游开发、对稀缺环境资源的争夺、为牟利而对自然资源肆意竞争性利用、环境不公等）诱发；二是由自然因素（如环境退化）诱发。所以，环境冲突可能是由很多非污染因素导致的，比如，英国和冰岛在北大西洋的渔业争端、以色列和约旦对约旦河河水的争夺、埃及和埃塞俄比亚对尼罗河河水的争夺，或者印度和巴基斯坦围绕印度河水源的争端等都不涉及环境污染。只要人与资源的矛盾不消失，环境冲突就会永远存在。

由于中国社会发展的阶段性特点，国内学者讨论的环境冲突更多与环境污染相关联。比如，张晓燕（2014：19）指出，中国的环境冲突主要集中于三大领域，一是基础设施建设（以交通、电力、垃圾焚烧为主），二是企业非法排污，三是大型工业项目建设。在这些领域出现的环境冲突或多或少涉及污染问题，并且通常具有群体性（冲突参与者要达到一定数量）和使用制度外手段两个重要特点。有些冲突就算表面上采用合法手段（比如所谓的“集体散步”），实际上也是维权民众为了避免所谓的“合法性困境”而采取的权宜性策略。暂且不论污染引发的环境冲突在多大程度上依然存在着，即使这种类型的环境冲突都消失了，对其进行经验总结和理论反思也有助于提升人们对于社会冲突的认识。

由于本书主要论及环境污染问题，因此，下文所说的环境冲突均指因环境污染而引发的社会冲突。

（一）环境污染的生成机制

从根源上讲，环境污染问题是在工业化过程中产生的。在传统社会里，“次生环境问题”主要表现为环境破坏，就算有环境污染，也可通过人与自然的代谢平衡加以解决。由于工业化是世界上大多数国家都会经历的过程，不可能让已经开始工业化的国家回到起点走非工业化道路，因此，盯住污染的工业化根源没有太大意义。

学术界对环境污染的生成有三种主要解释。一是环境经济学的视角，认为污染的产生是市场失灵和政府失灵造成的。就前者而言，由于交易成本高且产权难以清晰界定，仅仅依靠市场不能解决污染的外部性问题。就后者而言，政府选择不同的发展战略以及宏观经济政策会造成不同的环境后果。此外，由于“公共利益”的模糊、公共政策及其实施的缺陷、利益集团对政府的左右等因素，政府在环境管理中存在诸多问题（张学刚，2017）。二是环境社会学的视角，典型代表是陈阿江（2000）对东村污染的解释。其基本思路是：农村社会结构的变化（利益主体力量失衡、基层组织行政化、村民自治组织消亡、社区传统伦理规范丧失）→农村水域污染。三是政治经济学视角。这一视角侧重于从经济系统内部的运作逻辑及其与政治系统的关系层面解释污染的产生，最突出的代表是施奈伯格的“苦役踏车”理论，以及张玉林用“政经一体化开发机制”对中国体制转轨过程中农村污染加剧现象的解释。

与政治和经济子系统的强势相辅相成，导致环境污染生成的因素是社会子系统的弱势，即缺乏对政治和经济子系统进行制衡的第三方力量。在市场和政府双失灵的情况下，社会力量被当成克服环境困境的良方。

（二）从环境污染到环境冲突

环境冲突在本质上作为一种利益冲突，与经济系统（通过生产手段实现利益满足）和政治系统（通过制度手段调节利益分配）的运作关联密切。因此，政治经济学因素是环境污染和环境冲突的共同根源。但是，从环境污染向环境冲突的转化，还有其他调节因素。以2001年和2005年发生在苏浙边界的环境污染事件为例，第二次污染因为威胁到几万人的饮用水源，触及“日常生活的扰乱”和居民健康的损害问题，影响范围远比第一次污染广泛，但第二次污染事件中却没有出现第一次污染事件中出现的带有对抗和冲突性质的受害民众自力救济行动。为了弄清从环境污染向环境冲突的转化机制，笔者采用文献研究和案例分析相结合的方法，一方面梳理相关研究得出的主要结论，另一方面从若干典型案例中归纳出一些共性特征作为补充，在此基础上力图建构一个环境冲突的生成模型。文献的选择标准是：①研究主题与环境冲突有关；②对环境冲突的研究建立在具体案例的分析基础之上；③触及环境冲突的生成原因。由于案例选择首先要考虑其是否属于环境冲突，因此必须对“环境冲突”的概念进行明确界定。

“冲突”有两层基本含义：一是矛盾和不一致，比如，某段文字的开头和结尾在语意上相互冲突；二是因为性格、思想观念、利益等方面的不同而导致的争斗，比如，他在学校里经常与同学发生冲突，或者两国军队之间爆发了激烈的武装冲突。“环境冲突”也可以从“矛盾”和“争斗”两个层面来理解：①环境冲突的前提是因污染而引发的矛盾。污染不一定是客观现实，也可以来自想象。比如，2012年什邡事件和启东事件中，钼铜项目和造纸项目仅处于动工或批准阶段，尚未产生污染。民众参与环境冲突是源于风险感知。②环境冲突的表现是争斗，即用语言和行动将矛盾展现出来，比如相互争吵、攻讦、谩骂，或者激进的暴力对抗。争斗必须要有对象，否则就是自我发泄。根据上述理解，可以将“环境冲突”定义为污染受害者与他们认定的污染制造者（如生产企业）或责任方（如地方政府）在污染的性质、损害赔偿、应对措施等方面产生了矛盾和对抗。由于矛盾无法通过相互协商和谈判的常规方式予以解决，受害者往往采取非常规方式（如自力救济、集体请愿、示威游行等）维护自身的环境权益，在情绪失控或矛盾激化时会出现堵马路、破坏设施、殴打、械斗等带有敌意和暴力性质的争斗。

在指涉社会冲突时，“环境冲突”常被等同于“环境群体性事件”（比如严燕、刘祖云，2014）。严格来讲，这两个概念并不一致。环境冲突侧重于围绕污染问题的社会矛盾通过外部对抗行动展现出来，并不突出规模大小、冲突程度和冲突方式；环境群体性事件则强调一定的规模（即“群体性聚集”）、较为激烈、常使用制度外手段等特征。此外，环境冲突既可以表现出无组织性，也可能呈现较强的组织性，而环境群体性事件通常无组织或者组织松散。举例说明：在R市旅游度假区购房的外地房客出于对房产价值与核污染风险的担忧，坚决反对R市政府在度假区修建核电站。他们的反对措施包括：利用互联网结盟并宣传“反核”立场、联系新闻媒体对事件详细报道使事件“问题化”、与反核立场一致的民间环保组织结盟、争取原住民支持、向国家环保总局借力、环境评议环节的辩论等。R市政府针锋相对的措施包括：反核言论封杀、核电正面宣传、组织原住民实地参观、美好愿景诱惑（张乐、童星，2014）。双方的多次交锋显然不能算是环境群体性事件，但可以被看作围绕核电站修建问题而展开的环境冲突。两者的关系可大体表述为：环境群体性事件是环境冲突激化的表现。

与“环境冲突”相关的概念还有“环境抗争”。环境抗争有“反抗环境污染”和“争取应得权益”的含义，持续的时间随污染状况和抗争结果的变化长短不一，短至数日或数月，长至数年，甚至跨越不同历史时期，比如，甘肃永靖县大川村农民的环境抗争、湖南Z地区农民的环境抗争都经历了计划经济、转轨经济和市场经济三个历史阶段（景军，2009；陈占江、包智明，2013）。环境抗争的方式多种多样，冲突只是其中的一种表现方式。尽管在抗争过程中可能会发生多次冲突，但一次冲突的时间通常较短，[①]一方面是因为卷入冲突的各方投入的能量有限，另一方面是因为冲突发生后，系统外部力量（如媒体、上级政府等）会很快介入，对冲突进行化解。两者的关系可大体表述为：环境冲突是环境抗争者的合理化诉求无法通过常规方式实现的结果。

在对“环境冲突”进行分析前先列举一些典型案例。

---

① 有学者统计了2003—2014年期间中国发生的134起环境群体性事件的持续时间，发现大部分事件都在两周之内结束（荣婷、谢耘耕，2015）。

案例1：浙江嘉兴渔民“断河”事件（2001年）

典型意义：跨区域环境冲突、环境自力救济。事件概况：自20世纪90年代开始，嘉兴民众深受上游吴江市（今属苏州市吴江区，编者注）所排污水之苦，经济和健康严重受损。2001年，上游污水再致嘉兴境内大面积死鱼。受害渔民到江苏省政府上访受到漠视。11月22日凌晨，嘉兴北部渔民自筹资金与设备，截断跨省界河麻溪港以阻断污水。“零点行动”在最初阶段没有遭到当地政府的阻挠。

案例2：浙江东阳市、新昌县环境群体事件（2005年）

典型意义：规模大、暴力特征明显。①东阳事件概况：化工园区多家企业大量排污，周边村民利用市长接待日反映情况受阻，于是在园区路口搭建竹棚，设置路障，阻碍企业车辆进出。政府动用武力欲强力清除，引发警民冲突和村民大规模集聚。②新昌事件概况：制药厂排污导致周围村庄饮用水水源污染、鱼虾死亡、庄稼减产、空气环境低劣。药厂的一次爆炸事故成为冲突导火线。村民前往企业交涉受阻，引发村企首次暴力冲突。政府介入，企业紧急停产。事件引起下游村民关注。在处理企业剩余危化物品问题上，政府与村民沟通不到位导致村民误解企业重新开工。村民再次聚集于企业门前，与前来维稳的警察对峙。下游村民前来声援，围观群众达至数千，最终被暴雨驱散。

案例3：福建厦门PX环境运动（2007年）

典型意义：城市邻避冲突的典范。事件概况：政协委员提案提出PX项目的安全和污染隐患，经媒体披露后引发市民危险感。市民相互转发短信，约定“集体散步”。政府通过普及PX知识等手段对市民劝说无效，市民如期举行和平示威游行。国家环保总局组织专家再次环评，指出区域空间布局缺陷和项目投资方的环保问题。厦门市政府在网络公众投票和市民座谈会环节后决定项目迁址。

案例4：江苏邳州铅中毒事件（2008年）

典型意义：同一时段内群体性健康问题凸显。事件概况：与污染企业邻近的村庄里多名儿童健康异常。维权精英携子看病时获知铅中毒信息，经医学验证后数次与企业交涉未果。少数村民效仿，携子女在地方医院检测，但怀疑检测结果被篡改，到南京获得真实检测报告后与企业交涉，同样遭到拒绝。村民针对医院检测造假和企业违法征地问题到市、省两级上访未果，于是在网络上实名投诉。《市场信息报》获知了信息并对事件迅速做了报道。企业抽选若干儿童在地方医院检测，但再次在检测结果上弄虚作假。多位村民带孩子奔赴南京、西安检测，而后带着血检报告单到邳州市上访。政府回应迟滞和问题解决前企业继续生产引发了村民的愤怒，进而引发村企首次暴力冲突。政府安排多名儿童在徐州医院住院治疗但态度敷衍。部分村民两度自行赴北京看病，遭到政府阻挠和殴打，由此引发村企二次暴力冲突。多家媒体跟踪报道后，高层政府介入，事件逐渐平息。

案例5：安徽蚌埠仇岗村村民对抗化工厂污染（2004—2009年）

典型意义：农民的权变抗争和维权精英的自我成长；因纪录片《仇岗卫士》而产生了世界影响；可以从中透视环境冲突与环境抗争的关系。事件概况：2004年，化工企业落户仇岗村，村民因企业排污蒙受多重伤害。受害村民与企业交涉时遭遇暴力。维权精英张功利初期因自留地被污染与企业交涉无果后，两度状告企业未获成功，但在诉讼期间提升了证据意识和法律知识水平，感知到了中央领导人的惩治污染信号，抗争目的也由经济赔偿转向维护村民的生命权利。2006年，民间环保组织“绿满江淮”的到来给张功利带来三大帮助：一是通过网络搜索增加了对于污染企业及其产品的化工知识的了解；二是通过动员当地小学生写环保作文使仇岗村的污染与抗争引发了众多媒体的关注；三是通过帮助张功利六赴北京参加环保论坛扩大了他的社会资本，也让他收获了更多的理性维权知识和方法。2007年，淮河流域"流域限批"后，化工厂偷偷生产。张功利组织1800多人集体签名，要求政府关停污染企业，遭遇砖头和黑枪恐吓。《仇岗卫士》开始拍摄。年底，村企对话，企业停工并对村民做经济赔偿。2008年，企业恢复生产。愤怒的村民在张功利带领下在政府门前拉横幅抗议。2009年4月，企业迁往工业园区。

表3-2　学术界关于环境污染风险向环境冲突转化的影响因素的研究

文献来源	研究主题	研究类型	促发环境冲突的因素
郭玉华、杨琳琳，2009	跨界水污染纠纷与治理	双案例比较	政府对污染的纵容和地方保护主义；跨行政区污染防治合作机制缺乏
陈占江、包智明，2013	农民环境抗争的历史演变	个案研究	半开放的政治机会结构提供了抗争空间；国家、企业、农民原先一体化的利益结构解体
朱伟、孔繁斌，2014	邻避冲突的发生逻辑	多案例分析	政府提供了抗争的机遇结构且操作过程存在障碍；抗争者在不公正感和地域情感基础上形成了集体认同感知；抗争者有效的动员策略（目标选择、表达不满的行动框架等）
张乐、童星，2016	邻避冲突中的社会学习	多案例比较	对邻避冲突先例的固化模仿
张绪清，2016	污染受害农民的"日常抵抗"	双案例分析	"包容性发展"的缺失：对矿区农民的机会剥夺与社会排斥损害了农民利益，侵犯了农民的生存伦理
高新宇，2017	互联网在邻避抗争中的作用	个案研究	互联网有助于建构邻避抗争的虚拟空间
高新宇，2019	邻避冲突的发生逻辑	双案例比较	半开放的政治机会结构提供了冲突潜能；抗争者的环境风险感知及其社会放大促成潜能向现实的转化
张乐、童星，2019	垃圾处理设施邻避冲突治理	多案例比较	项目闭门决策，缺乏信息公开和实质性公众参与；项目实施缺乏风险沟通；公众对环境与健康风险担忧；环境冲突治理结构固化缺陷

基于表3-2所列案例概况和文献研究结论，我们可以对环境冲突的特征及其生成机制做些分析。

第一，按照冲突主体划分，环境污染引发的社会冲突主要有三种类型。

一是污染制造者与污染受害者之间的冲突。此类冲突众多，主要特点是：污染责任相对比较明晰，污染受害者容易锁定交涉对象或者愤怒发泄对象；污染对受害者（尤其是未成年人）的财物、健康甚至生命已经造成了损害。典型案例有：上述江苏邳州市铅中毒事件中，运河镇新三河村村民与污染企业之间的两次暴力冲突；2009年陕西凤翔县长青镇铅中毒事件中，马道口村等多个村庄的受害村民与污染企业之间的冲突；2010年陕西榆林市小壕兔乡特拉采当村村民多次与当地煤矿生产企业之间的冲突；等等。

二是民众与地方政府之间的冲突。此类冲突的典型代表是各类邻避环境抗争，主要特点是污染侵权或损害尚未成为现实，民众抗争的主要理由是对风险的恐惧。近年来，民众邻避抗争的事项集中在三个领域①：①反对建设垃圾焚烧厂（如2007年1月北京六里屯事件、2009年11月广州事件、2010年5月东莞事件等）；②反对建设PX项目或其他炼化项目（如2007年6月厦门市民在市政府门前“集体散步”、2012年10月宁波镇海民众到区政府集体上访、2013年5月昆明市民在广场聚集抗议）；③反对建设核电设施（如2013年广东江门事件）。在这些邻避抗争中，民众普遍担心相关设施的建造会对他们的环境质量与身心健康带来损害，因此，反对意愿比较强烈。张乐、童星（2014）基于R市的个案研究指出，“邻避抗争”是价值-理性-权力三者互构的结果。价值观指引不同行动者对核电站

① 以“环境群体性事件”为研究对象，对其高发领域、地域和过程的规律性梳理可参阅陈茜，2016。

选址问题做出了不同的性质认定；理性权衡下做出的行动策略起到了再平衡作用；权力间的相互制约性运作对事件结果产生决定性影响。除了邻避抗争之外，这种类型的冲突还包括因地方政府对污染企业与受害民众之间的"第一次冲突"处置不当而造成的官民"第二次冲突"（田志华、田艳芳，2014）。

三是地区与地区之间的冲突。此类冲突通常涉及不同主体对稀有环境资源的争夺或者跨行政区的江河湖泊污染。典型事件是发生于2001年浙江嘉兴市王江泾镇与江苏苏州市盛泽镇之间的冲突。除了堵河拦污之外，嘉兴渔民还曾把大量死鱼堆在盛泽镇政府门口，到法院起诉盛泽镇的21家印染企业。类似的跨越两省边界污染事件在2005年再度发生，且直接威胁嘉兴境内数万人的饮水安全。由于双方政府部门的积极介入与相互配合，跨境污染才没有酿成严重的环境冲突。①

第二，图3-3展示了环境冲突的生成模型。环境冲突作为环境抗争过程中的图景之一，通常是抗争者无法通过常规路径维护应得权益的结果。环境抗争是因为抗争者的合法权益因环境污染而受到了损害。环境污染则起因于政府牺牲环境追求经济增长的发展理念，以及在体制转型过程中通过制度改革催生的"政经一体化开发机制"。在环境污染的情境中是否抗争以及如何抗争受制于一些调节因素，主要包括：①外部环境。一是制度变迁所带来的半开放的政治机会结构（日益彰显的绿色话语体系、环境政策变动、精英分裂、政府对环境抗争的态度、特殊政治机会如中央环保督察和高调反腐等），二是技术环境（互联网、QQ群、微信群等）。②抗争者的风险感知及其社会放大。③抗争者的社会学习，即通过模仿其他地区类似抗争形式达到抗争目的。④污染企业嵌入社会的程度。无论是环境污染还是环境冲突都与政治庇护下的"市场脱嵌"有关：企业与原先所嵌社

① 对于这两起跨省环境污染事件的描述与比较可参阅郭玉华、杨琳琳，2009。

会的互惠共生关系解体加剧了环境冲突的发生。

除了内在的生成机制之外，环境冲突的治理缺陷对于环境冲突的出现和发展演变也会产生极其重要的影响。这些缺陷包括：政府在重大环境项目的决策和实施过程中信息公开与风险沟通不足、公众参与流于形式化、治理结构固化、危机应对不当（典型事件是在2013年昆明市民反对PX项目的群体性事件中，政府采取强行维稳措施而非有效信息沟通方式对待民众的聚集申诉，由此导致矛盾激化和冲突加剧）。在跨界环境污染事件中，影响环境冲突生成的重要因素包括：①缺乏跨界污染防治合作机制；②缺乏跨界污染纠纷调解机制。

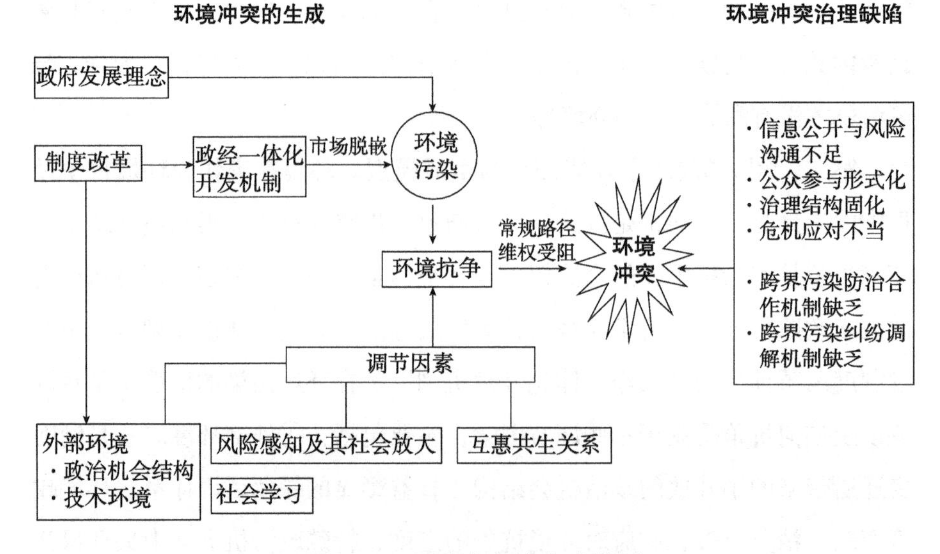

图3-3　环境冲突的生成模型

第三，在环境冲突的生成过程中，污染企业对待环境维权农民的不合作姿态很容易导致农民从“以理抗争”转向暴力抗争。问题是：为何企业有时候愿意与污染受害者讲理，有时候却表现出蛮横无理的特性？陈占江、包智明（2013）对湖南Z地区的个案研究指出，当企业和农民同时被整合在“国家利益”之下（所谓“工农一家人”）时，对共同利益的认同使双方在日常生产与生活中能够保持较多的友好互动。在相对和谐的关系中，企业通常愿意客气地对待农民提出的污染损害问题。20世纪80年代，随着中国经济的转轨，农民的个体利益从国家利益中分离；企业利益也越来愈与市场和地方政府联系在一起。原先互惠、共生的村企关系逐渐被瓦解。当企业与农民没有了共同利益，平时也不需要与农民进行频繁互动的时候，连接企业和农民的纽带断裂了。由此我们就不难理解为何企业在遇到农民前来交涉污染损害赔偿时变得越来越不讲理。这种状况让人想起托克维尔对大革命之前法国社会的描述。当君主专制破坏了中世纪法国存在的四种社会空间（领主自由、城市自由、教区自由和司法独立）之后，社会各个阶层再也不需要为了社会空间里的治理目标而频繁互动了，社会由此分裂为原子化的个体组合。暴力也因此获得了社会土壤。

（三）两点思考

1. 环境污染引发的社会冲突与自然灾害引发的社会冲突之间的差异

第一，环境污染可以作为风险因素成为社会冲突的缘由。在各类邻避冲突中，民众因为感知到了可能的风险源，即使污染尚未成为现实，也要奋力抗争。这种图景在自然灾害情境中不太可能出现：民众不会因为感知到海啸、洪水等灾害即将发生而以此作为与政府或其他社会群体发生冲突的借口。

第二，环境污染已经成为现实时，不论污染是由何种原因引起（地方政府落后的发展理念、企业的技术落后或者非法排污等），污染本身就是社会冲突的主要事项。与此相反，自然灾害本身不会成为社会冲突的主要缘由，引发冲突的因素往往是社会系统的缺陷，比如灾后的物资短缺、救助不力、资源分配不公等。

第三，环境污染引发的社会冲突归因于人为因素，与土地征用、城市扩张、资源争夺等引起的社会冲突性质相同，本质上属于人与人的矛盾；自然灾害引发的社会冲突归因于环境自身的变化，人与自然的矛盾衍生出人与人的矛盾。

第四，环境污染引发的社会冲突通常聚焦于污染主题，不会对政治与社会改革有过多要求。从中国民众在环境冲突中的主要诉求（如：停止污染侵权并做损害赔偿、企业搬迁或民众乔迁、治理污染、停止拟建项目或规划等，参见张晓燕，2014：37–38）来看，只要与污染相关的问题解决了，冲突就会结束。换言之，污染情境中的冲突主体是污染的制造者和污染的受害者或潜在受害者，波及面有限。与此相比，自然灾害与社会冲突的关联图景广阔很多：其一，冲突的类型有很多，比如利益冲突、宗教冲突、种族冲突、地区冲突、阶级冲突等，因此，冲突的主体范围可能非常广泛。其二，自然灾害的出现可成为社会冲突的双向过滤器。两者关联的逻辑顺序是：社会冲突状态①→自然灾害遭遇→社会冲突状态②。自然灾害的发生既可能加剧灾前即已存在的社会冲突，也可能缓解甚至消除此类冲突。比如，在墨西哥的瓜纳华托（Guanajuato），16至18世纪的旱灾与洪灾一方面加剧了阶级冲突，另一方面也促进了不同社会团体之间为了减少灾害损失、尽快从灾害中恢复而进行的合作（Endfield，et al.，2004）。自然灾害对社会冲突的过滤机制（强化或弱化）值得进一步研究。其三，自然灾害的出现亦可成为社会风险向社会危机动态演化的背景。由图3–4可见，自然灾害可能引发各类社会风险，社会冲突仅仅构成了其中的一个风险元素（Xu，et al.，2016：46）。[①] 社会冲突在多大程度上加剧了自然灾害转变成为社会灾难，又是如何促成这种转变的？这是另一个值得研究的主题。

---

① 在图3–4的模型中，“社会风险”是由“社会冲突”、“社会失序”和“社会动荡”相互作用而导致的社会危险状态，

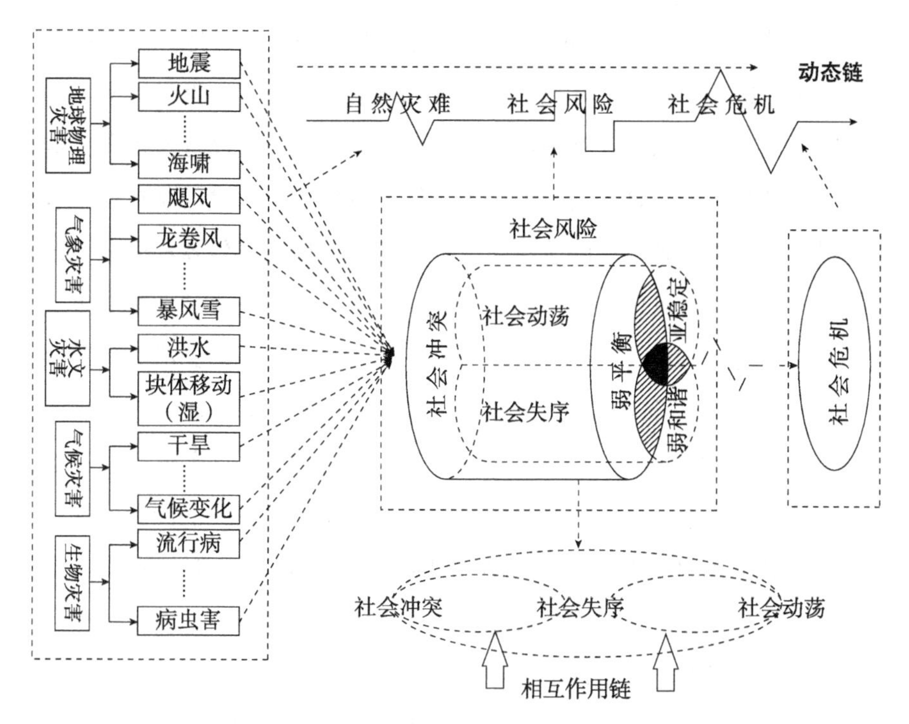

图3-4 自然灾害引发社会冲突的动态相互作用系统

（Xu，et al.，2016：46）

2. 环境冲突研究与环境治理

研究环境冲突是为了深入理解引发冲突的内在机理并将研究成果应用于环境治理实践。在环境冲突的生成与演变过程中，“受益圈”（尤其是政府）的不同表现会导致不同的冲突结果。从常规化手段到高风险手段的利益诉求方式连续统中，“受苦圈”的行动终结于哪一个位置很大程度上取决于政府的态度和事件处理方式，因此，政府需要仔细反思冲突的关键点以及自身行动的恰适性，需要结合环境冲突生成的内外条件合理预期冲突的发展趋向并提前做好应对准备，需要仔细反思环境冲突的发生所折射出的治理缺陷，并且将环境冲突的研究成果及时吸纳到治理结构中去。

举几个例子对此进一步加以解释。

（1）随着经济的发展和更多项目的开发，许多农村地区的环境冲突因为多元力量的卷入（如开发商、外地购房者、媒体、环保组织等）而呈现出更为复杂的图景。在遭遇污染扰动时，穷人、原住民等所谓弱势群体或“社会脆弱人群”是否会与外来力量结盟共同对抗风险的制造者？有研究表明，当危害尚处于风险阶段时，面对国家丰厚的补偿款和未来社区建设投资的允诺，村民优先考虑的是“生存道义”，而不是“后物质主义”（张乐、童星，2014）。因此，环境冲突的解决需要考虑到潜在的冲突群体的内部差异，而后针对不同的参与动机实施不同的风险沟通策略。

（2）加拿大学者诺维克以两个大型纸浆和造纸项目实施过程为例，讨论了建设项目的环境影响评价缺陷如何引发了环境冲突的问题。加拿大两个省级政府将环评的内容仅仅限于科学与技术问题（空气和水污染状况），以便为企业的运行提供技术合法性，没有顾及项目运营给依赖森林资源的土著居民的生计造成的影响，也没有顾及环保主义者对造纸业破坏原始森林的担忧；在参与程度上，环评也被限于公众对政府与企业提供的环评报告进行评议。这种将环评仅仅用来解决经济增长与环境监管责任之间矛盾的权宜做法引发了原住民和环保主义者的广泛抗议，环评也因此由寻求技术合理性的平台意料之外地逐渐变成政治动员和公共辩论的舞台（Novek，1995）。在这个案例中，环境冲突可以促使执政者反思“科技理性”与“社会理性”的关系、建设项目的环境后果与社会后果的关系、环评过程中公共参与的程序和程度，以及当环评移步政治辩论舞台中心之后会沿着怎样的方向发展等一系列问题。

（3）阿斯特里亚等人以印度尼西亚的三座城市为研究地点，探讨了妇女活动家的环境沟通（environmental communication，如调解、对话、传播环境信息、绿色培训、赋权）对于环境冲突的解决所起的作用（Asteria，et al.，2014）。文中所讨论的环境冲突起因于资源稀缺（土地紧张、洁净饮用水不足）和污染问题（工业企业污气和污水排放、屠宰场污染、垃圾焚烧产生的浓烟、向河道倾泻垃圾等），因此，环境冲突与环境退化、环境安全之间是否具有特定的内在关联？另外，从性别的视角分析妇女在环境冲突管理中的功能可以促使人们思考女性在解决环境冲突的过程中相较于男性的独特优势。据此，政府在制定环境安全政策时是否可以融入性别考量？

环境冲突应该更多地带来建设性而非破坏性后果。环境冲突是否能成为重要的"社会安全阀"，关键看承担维持公共秩序职责的政府如何对待它。

二、环境污染与广义社会风险

童星、张乐（2016）根据风险来源（内生抑或外源）和作用机理（自然属性抑或社会属性）将重大邻避设施决策过程所涉及的风险分为安全风险、经济风险、环境风险、稳定风险四种类型。其中，安全风险指邻避设施因其各类产品的有毒有害属性对设施内部人员可能带来的安全伤害；经济风险指邻避设施的建设与运行因各种原因而导致的经济潜在损失；环境风险指邻避设施因其各类产品的自然属性对设施外部环境可能造成的污染和损害；稳定风险指邻避设施对周边民众可能带来各种损害，由此引发各类矛盾和社会冲突。四类风险之间的关系如图3-5。

作用机理

自然	社会	风险来源
安全风险	经济风险	内生
环境风险	稳定风险	外源

图3-5　重大邻避设施决策所蕴含的风险类型

（根据"童星、张乐，2016"文章内容绘制）

这一风险类型划分框架对分析环境污染引发的社会风险有一定的参考意义，但无法直接套用，因为在污染情境中，几类风险的内涵有交叉重叠之处：①安全风险包含环境安全风险和生物多样性安全风险（污染对自然系统与生物多样性造成损害的可能）；②环境风险也涉及经济风险因素（环境衰退意味着经济潜力的降低；生物多样性蕴含着巨大的经济价值，因此，生物多样性消失意味着巨大的经济损失）；③安全风险也包括政治安全风险和社会安全风险（因污染而导致政治系统的稳定性降低以及社会动荡的可能），因此，安全风险又涉及稳定风险。

由于“安全”概念的含义较为广阔，可以将环境污染引发的社会风险统一纳入“安全”的概念范畴加以考察：风险即意味着不安全的可能性。按照污染的影响对象划分，社会风险包括四种类型：①环境风险：污染作用于自然与生态系统，对环境质量和生态系统造成了负面影响，包括累积性影响和突发性事故影响。②经济风险：污染作用于经济系统，造成各种潜在经济损失，包括动植物的死亡、收入的减少、因环境衰退而导致经济发展机遇的丧失等。③社会与政治风险：污染作用于政治与社会系统，有可能导致民众对政府的信任度降低，使政治合法性下降；另外，污染引发的社会恐慌和各种形式的环境冲突给政治系统和社会系统的正常运行带来一定程度的破坏。这里的“冲突”强调的是不同行动主体围绕利益问题或观念分歧而产生的对抗，不是更接近“矛盾”或“不协调”含义的广义冲突（如不同法律条文之间存在冲突、经济利益与环境利益的冲突、生计发展与环境保护的冲突等）。④健康风险：污染作用于人的有机体系统，对民众生命和健康构成潜在危害。四种风险分别对应环境安全、经济安全、政治与社会安全、健康安全。

之所以将侧重于自然维度的环境风险也纳入社会风险之中考察，主要出于以下考虑：第一，自然系统与社会系统相互耦合，自然系统中出现的风险因素必定会对社会系统的稳定性产生影响。典型例证是，污染造成土壤质量下降，进而影响到粮食生产的数量和质量，由此对国家的粮食安全、民众的健康安全、政治与社会的稳定带来威胁。第二，作为一个极其重要的安全构成要素，环境与生态安全已经被纳入国家总体安全体系之中。环境风险处理不当，将对整个国家安全体系产生影响。

（一）环境风险

环境污染的污染源主要包括工业化的农业生产、矿业资源的开采和运输、工业生产过程中排放的有毒化学物品、城市生活污水和生活垃圾、汽车尾气排放、核泄漏与核辐射等。这些污染源若不及时处理，会孕育极大的环境安全风险。按照损害的类型，污染的环境风险构成要素主要有以下几种：

第一，气候变迁及由此带来的各类负面结果。IPCC在2007年第四次气候变化评估报告里提出，全球气候变暖受人类活动影响的可能性“非常高”（概率是90%）；到第五次评估报告（2013—2014）里，作者将措辞改为“极高”（概率是95%）。这里的“人类活动”主要指工业化以来各种污染环境的活动。气候变迁导致的各类环境风险以及由此引发的脆弱性一直是学术界讨论的重点问题；[①]研究地点涉及除南极洲之外的全球各地。近期的相关研究中涉及的环境风险包括极端天气事件（Nagy，et al.，2018）、淡水资源减少（Mukherjee，et al.，2019）、海平面上升（Mafi-Gholami，et al.，2020）、荒漠化（Huang，et al.，2020）等。

第二，对土壤的破坏并由此影响粮食安全与食品安全。在古代社会，因为农业的内卷或者不恰当的灌溉而出现地力不断消耗以及土壤盐碱化现

① IPCC第二工作组第五次评估报告系统回顾了气候变迁对自然系统（淡水资源、陆地和内陆水系、海岸系统和低洼地区、海洋系统等）和社会系统（食品安全与食物生产体系、关键经济部门与服务、人类健康、生计与贫困等）所造成的影响（IPCC，2014）；关于气候变化的脆弱性概念框架和评估方法的发展过程的梳理见Füssel and Klein，2006。

象。到了现代社会，土壤因为工业化发展遭受了另一种破坏，主要表现为化肥、农药的使用加剧了地力消耗，同时改变了土壤构成；工业排放的有毒物质在土壤及地下水中聚集，严重影响了土地产品的数量和质量。2014年发布的《全国土壤污染状况调查公报》显示中国土壤污染问题较为严重。根据中国工程院院士朱立中的分析，土壤污染风险还可能引发三类风险，一是农用地食用农产品超标风险，二是污染用地开发风险，三是未利用土地非法排污风险。

第三，对生物多样性的损害。目前，人类面临的所谓“第六次生物大灭绝”危险由多种因素导致，而环境污染是其中极重要的一种。环境污染对生物多样性的损害主要通过四种路径：一是农业生产污染（尤其是农药的使用）对鸟类及其他以农作物害虫为食的动物的伤害；二是工业生产企业排放的废水、废气、废渣对动植物的损害；三是人类环境管理漏洞和技术事故造成的环境污染对生态系统的破坏；四是战争导致的环境污染对生态环境的破坏。环境污染对生物多样性造成巨大破坏的典型事例有1989年埃克森·瓦尔兹号（Exxon Valdez）油轮原油泄漏事故、2002年威望号（Prestige）油轮漏油事故等；战争–污染–生物多样性破坏的典型事例如越南战争中大量落叶剂的使用对丛林生物的严重损害、海湾战争中大量原油泄漏对海洋生物的致命打击等。

由于生态环境系统是多种环境要素有机结合在一起的复杂系统，因此，同一个污染源会影响整个环境系统中的多个环境要素。以同样属于“事故灾难”的松花江水污染事件和天津港爆炸事件为例，事故对生态环境的复合影响见表3–3。

表3-3　松花江水污染事件与天津港爆炸事件产生的环境风险

	可能的污染对象及结果
松花江水污染事件	1. 河水因硝基苯残留（冻入冰中和沉入底泥）而二次污染。 2. 因污染带而造成的水产品污染。 3. 因污染向土壤渗透造成地下水污染。 4. 对沿江两岸农灌区及畜产品养殖基地的农畜产品造成污染
天津港爆炸事件	1. 对事故中心区及中心区外5公里范围内的大气造成污染，二氧化硫、氰化氢等污染物超标。在气象条件复合作用下有可能对天津主城区及周围城市的大气环境造成影响。 2. 对爆炸中心周边水体和地下水造成污染，并有可能污染渤海湾海洋环境。 3. 事故中心区土壤环境因氰化钠以及其他化学品而被污染

表中所列出的环境影响并不全面，比如，松花江事件中，长达80公里的污染带对松花江生物系统的影响并没有显示；表中内容都限于短期影响，中长期环境风险没有呈现。

（二）经济风险

环境污染事件一旦发生，必将程度不同地伴随各类经济损失，大体包括以下四种：

第一，污染造成的各类种植与养殖损失。几乎每一次影响较大的污染事件发生过后都能在媒体上见到此类损失的报道。在此仅举一例：

江苏省洪泽县（今属淮安市洪泽区，编者注）老子山镇新淮村渔民胡宝柱在1996年开始从事水产养殖。他把自己多年积蓄和从亲友处筹借的2万元一次性投入当年承包的16亩水面。由于连年丰收，胡宝柱将承包湖面扩大至200亩。从2000年开始，从淮河上游进入洪泽湖的污水越来越多。2000年，他的200亩湖面养殖因受污染影响，鱼蟹死亡过半，不仅没有收入，反而赔了一部分上一年的收入。接着，

2001—2004年连续四年污染，每年损失都在6万元以上，前几年挣的二三十万元差不多赔光了。（新华社2005年8月1日报道）

第二，污染物清理所需的耗材与人力费用、对受害者进行赔偿和救助的费用、环境与生态修复所需要的费用。以前文提及的蚌埠市仇岗环境冲突事件为例，污染企业迁走后，政府用以治水和修复土壤的费用巨大，仅2011年前后对受到污染的鲍家沟进行清淤的投资就达800万元（王圣志等，2019）。

第三，污染带来社会形象的污名化，由此导致经济发展机遇的丧失等。以太湖蓝藻事件为例，由于蓝藻的爆发，占无锡GDP比重超过10%的旅游业遭到重创。2007年6月，原本已经步入旅游旺季的鼋头渚等旅游景点客源数量下降了近50%；数家旅行社不敢将客源送往无锡，以免惹出纠纷；很多境内外的旅游团队纷纷退团，与此相伴随的是酒店餐饮行业的退房退餐连锁反应。[①] 与此类似，2010年的溢油事件对大连的旅游业产生了很大影响：当年国内游客数量比应有的3857万人减少了大约80万人；国内旅游收入比应有的512.4亿元减少了大约16.9亿元（吴卫红等，2012）。

第四，污染可能引发环境冲突，而环境冲突很多时候会迫使污染企业停产、减产或者搬迁，由此使企业蒙受固定资产投资和建设损失、生产经营损失、订单损失，使政府蒙受财税损失。

除此之外，污染的间接经济影响还表现在对民众健康的损害，由此必然在微观和宏观两个层面上导致医疗支出的高涨和人力资本的破坏。环境污染的经济风险很难直接考察，只能通过已经成为事实的各类经济损失

---

① 新浪财经网：《太湖蓝藻拖累无锡旅游》，http://finance.sina.com.cn/chanjing/b/20070615/03463693999.shtml。关于水质危机对无锡旅游形象的影响以及危机前后无锡主要旅游指标的对比可以进一步参阅2008年复旦大学张婷的硕士论文《旅游危机管理机制研究——以无锡水质危机为例》第21—23页。

来间接反映。学术界目前缺乏对这个问题的系统研究，可能因为相关资料很难搜集，只能从零散的媒体报道和不完整的政府统计资料中提取。较有代表性的研究成果有：①对20世纪末中国农业因环境污染而遭受的损失的估算（张玉林、顾金土，2003）；②在省或国家尺度上聚焦于空气污染所造成的健康和经济损失估算（徐从燕、赵善伦，2002；Ho and Nielsen，2007）；③对不同年份中国因环境污染而造成的直接经济损失进行比较（李静等，2008）。另外，国家统计局对2000年至2009年污染直接经济损失的统计有助于对全国的情况拥有总体的认识（表3-4，2010年之后的相关统计在《中国统计年鉴》中缺失）；一些生态环境事故的调查成果有助于对特定事故造成的经济损失形成初步认识（表3-5）。

表3-4　环境污染与突发环境事件直接经济损失（万元）

年份	2000	2001	2002	2003	2004	2005	2006	2007	2008	2009
损失	17 808	12 272	4641	3375	36 366	10 515	13 471	3278	18 186	43 354.4

资料来源：国家统计局，《中国统计年鉴》（2009—2010年）。

表3-5　2015年以来一些重大突发环境事件中的直接经济损失（万元）

事件	甘肃陇南市锑污染事件（2015年11月）	泾川县柴油罐车泄漏（2018年4月）	江苏泗洪县洪泽湖水污染事件（2018年8月）	伊春鹿鸣尾矿库钼泄漏（2020年1月）	遵义管道柴油泄漏（2020年7月）	嘉陵江铊污染（2021年1月）
损失	6120.79	601.27	23 400	4420.45	148.73	1807.7

资料来源：生态环境部网站、宿迁市环保局网站。

（三）社会与政治风险

环境污染对社会系统稳定性的破坏主要表现在以下两个方面：

第一，由于环境污染与民众的日常生活联系紧密，并且事关民众的财产、健康与生命安全，因此极容易引起社会恐慌。恐慌通常有三个重要特征：一是人们感受到了某种威胁（如灾难事故、军事入侵、疾病流行、通货膨胀等）；二是人们感受到这种威胁将破坏日常生活的稳定性和连续性并且很可能带来各种损害；三是这种预感引发了人们的紧张心态和违反常规的行为。2007年太湖蓝藻事件初期，大批无锡市民觉察到家中自来水水质的恶化，预感到危机的临近，很快便出现了社会混乱，表现在：①人心浮动与“循环反应”[①]：人们纷纷在无锡各大论坛发帖、回帖，讨论臭水问题。②抢购狂潮：全城市民疯狂涌向超市购买矿泉水。条件好的开着车在各大超市之间觅水或者到附近农村深井中取水，甚至到临近城市“避难”；条件差些的只好骑着自行车或电瓶车就近寻找净水。③如果政府宏观调控不力，一些不法经销商很可能乘机囤积居奇、哄抬物价，使混乱秩序从社会层面向经济层面延伸。类似的恐慌、抢购、涨价现象在2005年松花江水污染事件、2012年山西长治苯胺污染事件、2014年甘肃兰州自来水苯超标事件中都有不同程度的爆发。

污染与生态环境事故引发的社会恐慌有时会伴随着各种谣言，比如：2011年日本福岛核电站泄漏事件中，中国各地盛行吃盐防辐射的谣言，并由此引发抢盐风波；2013年黄浦江死猪事件中，网上谣传松江地区的梅林、五里塘、张姚等地的养猪基地因毗邻事发地，可能是死猪事件的真正肇事者——此谣言的出现不排除有人故意将责任归咎于上海本地而非浙江嘉兴的可能。类似的谣言和恐慌出现在2018年福建泉港碳九泄漏事件中。社会恐慌和谣言的出现通常与不确定性情境和信息的不透明有关。以2005年松花江重大水污染事件为例，哈尔滨之所以出现各种谣言（如冰城即将发生地震等）和各种混乱（如群众抢购饮用水和食品、出城道路因大

① 美国学者布鲁默（H. Blumer）用以描述集群行为生成条件时使用的概念，指惊慌、烦躁的个体相互之间进行符号互动的过程。

量市民外逃而拥堵等），一个重要诱因是哈尔滨政府起初隐瞒了松花江污染事实，以全面检修市区内供水管网设施为由停止供水4天。当政府公布了污染真相和停水的真实缘由之后，市民对停水的各种猜测和恐慌才逐渐平息。在互联网时代，如果不能迅速澄清事实，为民众最大限度地提供确定性，谣言及其引发的社会恐慌会在空间上急速蔓延。在福岛核泄漏事件中，从3月14日在浙江绍兴和上海出现谣言的苗头到3月17日谣言和抢盐浪潮蔓延至全国31个省份仅仅用了4天时间。

第二，环境污染容易引发各类社会冲突，尤其是冲突强度和烈度都较高的"环境群体性事件"，由此造成社会的局部动荡。上文已经讨论过环境冲突问题，不再赘述，在此仅讨论一下环境污染引发的社会风险是否会进一步向政治风险演化，从而影响政治安全。回答这个问题需要首先考察社会风险向政治风险演化的内在机理。国内学者的相关研究更多侧重于环境冲突与政治风险之间的关联。近期有学者在此基础上从风险治理的角度将研究视角向两端做了延伸，即向前端延伸至"风险源"（如各种客观环境风险），讨论风险源与环境冲突的关系，向后端延伸至"风险爆发"（政治危机），讨论政治风险与政治事件的关系。对于环境冲突与政治风险之间的关联，作者用"冲突治理失败"来解释，并且讨论了转化过程中的一些具体作用机制，如风险的社会放大机制、风险信息扩散和风险反抗行为的网上网下联动机制、风险叠加机制、风险再生产机制等（刘超、李清，2021）。由于作者没有解释"政治事件"的含义，因此，读者无法深入理解什么样的状态算是政治"风险爆发"，即政治风险演化成了政治危机的现实。

政治风险意味着政治系统的稳定性受到潜在威胁，导致政治系统不能有效运转甚至有可能走向崩溃。一旦政治风险突破临界点，就会变成政治危机。政治危机有很多表现。就政治系统内部而言，政治危机表现为：政治运转低效或无能；政局动荡、政权更迭频繁。就政治系统的外部环境而言，政治危机表现为公众对政府的信任度低，政府的合法性基础薄弱。公众对政府的信任程度以及政权的合法性程度主要由政治运转成效以及政府与公众的互动状况所决定。在基层—市县—省—国家的政治层级体系中，哪一个层次的政府在政治效能与政局稳定性／政治信任与政权合法性方面出现了问题，那一个层次就面临政治风险或政治危机。以此为依据，本书认为，从社会风险向政治风险的转化及转化程度首先取决于政治系统对社会风险的应对能力和应对成效，其次取决于政治系统的政治表现是否拥有社会基础，获得了公众的信任和认可。

将这一标准沿用到环境污染问题上，我们可以对当前中国污染引发的政治风险问题做出基本判断。

第一，政府处理环境社会风险的能力在全国环境信访的办结数量上得到大体反映。从表3-6中的数字来看，2011年至2015年，全国无论线上还是线下投诉的信访事件办结率都极高。考虑到信访事件实行属地管理原则，极高的办结率可能是将大部分矛盾退回到地方所致；又由于信访事件的制造者与信访事件的解决者往往相互重叠，因此环境污染造成的政治风险主要汇聚在地方，尤其是市县和乡镇层面。

表3-6　2005年至2015年全国环境信访数量及办结数量统计表

年度	来信总数（封）	来访批次（批）	来访人次（次）	来信、来访已办结数量（件）	电话／网络投诉数（件）	电话／网络投诉办结数（件）
2005	608 245	88 237	142 360	—	—	—
2006	616 122	71 287	110 592	—	—	—
2007	123 357	43 909	77 399	—	—	—
2008	705 127	43 862	84 971	—	—	—
2009	696 134	42 170	73 798	—	—	—
2010	701 073	34 683	65 948	—	—	—
2011	201 631	53 505	107 597	251 607	852 700	834 588

续表

年度	来信总数（封）	来访批次（批）	来访人次（次）	来信、来访已办结数量（件）	电话 / 网络投诉数（件）	电话 / 网络投诉办结数（件）
2012	107 120	43 260	96 145	159 283	892 348	888 836
2013	103 776	46 162	107 165	151 635	1 112 172	1 098 555
2014	113 086	50 934	109 426	152 437	1 511 872	1 491 731
2015	121 462	48 010	104 323	161 252	1 646 705	1 611 007

资料来源：根据《中国统计年鉴》《中国环境统计年鉴》中的相关年份的数据整理而成。

第二，地方层面虽然存在一定的环境社会风险并有可能向环境政治风险转化，但尚不足以对政治系统的运作构成实质性扰乱。环境政治风险的存在主要表现为张乐、童星（2019）所说的“环境冲突治理结构的固化”。在政府层面上，这种“固化”表现为环境项目决策权日益集中于政府，政府直接参与环境冲突并且在环境冲突治理中表现出“脸谱化”倾向，政府将环境治理主体之间的平等关系和主从关系变成了“管控”关系。政府由于没有处理好与其他环境治理主体之间的关系，一方面导致政府的权威合法性降低，另一方面使民众倾向于简单地使用暴力方式进行抗争。很明显，这样的治理主体关系格局蕴含着较大的环境政治风险。尽管如此，环境政治风险仍然在可控范围之内，主要理由是：①一旦社会风险演变为危机事件，媒体、社会组织等外部力量会迅速介入，对事件进行报道或调查；高层政府也会迅速介入，平息事端，化解社会风险，不会出现封闭政治系统的熵值持续增加使系统最终走向崩溃的局面。②地方政府的干部问责和人事调整由上层政府负责。化解社会风险的过程中或危机过后，上层政府会很快对地方政府进行干部问责和人事调整，使政治运行迅速重回常轨，不会出现政局不稳、长期政治动荡的局面。③在遭遇民众广泛反对后，地方政府出于维稳目的，基本上能与民众积极沟通，程度不同地满足民众提出的要求，甚至牺牲原先奉为圭臬的GDP增长和经济利益，以使官民矛盾不至于过度激化。

第三，2015年以来环保督察制度的实施、对环保工作没做好的省市领导进行环境约谈、绿色理念的大力倡导、环境信息公开和环境公众参与制度的逐步完善等举措逐渐提升了公众对政府解决环境问题的信心和信任。在这种情况下，污染问题对政府合法性的消解程度有限。

（四）健康风险

环境污染引发的健康风险存在着两种截然相反的类型，即“与贫穷相关的健康风险”和“与发展相关的健康风险”。第一种健康风险与生活污染有关，通常是因为无法获得洁净的水源和良好的卫生设施所致。在巴基斯坦北部的定性研究指出，当地输送农业和生活用水的河道很容易被人畜粪便、随意丢弃的垃圾，以及诸如洗涤、牲畜饮水之类的活动所污染。由于缺乏干净的水源和完善的粪便处理设施，当地儿童腹泻和痢疾的得病率和死亡率很高（Halvorson，2004）。同样，在越南的定性研究表明，一些遭受洪水灾害的村民尽管知道河水不卫生，用来饮用或做饭会有健康风险，但在没有能力获得更洁净的水源的情况下只能如此（Few and Pham，2010）。污秽的生活环境使人们很容易因感染病菌而患病。这种类型的健康风险在历史学家的作品中也经常见到。比如，法国年鉴学派第三代代表人拉迪里（E. Le Roy Ladurie）曾详细描述过细菌、传染病、糟糕的卫生设施和卫生习惯如何会同战争、饥荒等因素，合力造成了14—17世纪法国人口增长的停滞（伊曼纽埃尔·L. 拉迪里，2002：35-110）。第二种健康风险与工业污染有关。通常是因为人们的生活环境被工业化所破坏，所以他们更多地暴露于有毒物质之下，其中包括工业企业生产过程中所排放的废水、废气、废渣、粉尘、辐射等。另外一些污染类型虽然不是工业化直接导致，但也是工业化催生，比如：农业生产中化肥和农药的使用对土壤和水源的污染；城市化的扩展导致汽车尾气排放量的增加以及城市社区居民在空间上越来越接近原先设在郊区的污染企业①；城市人口的激增导致城市生活污水和垃圾数量的剧增等。第二种健康风险的典型代表是1984年印度的博帕尔事件，共有20多万人因工厂泄漏的有毒物质而受到伤害。中国的工业污染对农村居民的健康伤害情况在陈阿江等（2013）的《“癌症村”调查》一书中有很好的反映。尽管污染与健康之间的因果关联很难确定，但它可以通过癌症村的癌症死亡率与农村平均死亡率的对比得到部分证明。

在上述两种健康风险中，食品安全概念具有完全不同的含义。第一种风险中，食品安全主要指穷人无法获得足够的食物来维持生命所需要的基本营养条件；第二种风险中，食品安全则指食物因为在生长或生产过程中遭受了农药、重金属等有毒物质污染，或者被人为添加了抗生素、非法添加剂等物质而对人体健康构成潜在威胁。

目前，从脆弱性视角探讨环境污染对特定人群健康影响的实证研究很少，仅有的少量研究（如梁欣，2019）也只是借用脆弱性的某个分析框架（如HOP模型）对空气污染的区域脆弱性进行评估，并未直接讨论污染与健康的关系。研究的稀缺可能是因为人体健康状况是由多种复杂因素综合作用导致，即使与环境污染有关，其有害影响也有一个累积过程，在一段时间甚至较长时间之后才会显现。在环境污染的健康风险领域，有许多重要的研究主题值得进一步探讨。

第一，健康风险的分布差异，包括空间分布差异以及群体分布差异。

在自然灾害情境中，有关健康风险分布差异的讨论比较多。比如，斯

---

① 典型案例是2015年天津港特大爆炸事故。在165名遇难者中，事故企业和周边企业员工，以及周边居民有55人。798名受伤者中也有很多周边居民。事故对人的突发性健康伤害虽然不严重（详见《天津港“8·12”瑞海公司危险品仓库特别重大火灾爆炸事故调查报告》），但周边居民因长期临近污染企业而承受的累积性健康伤害值得进一步研究。

莫耶的研究指出，即使在同一个城市里，类似热浪之类的极端事件引发的健康风险也会因地理位置的不同而呈现出很大的差异（Smoyer，1998）。就群体而言，灾害健康风险与贫困和社会分层密切相关。低收入、缺乏资金和物质资源导致底层家庭无法采取预防性的措施抵御未来的风险。如果有足够的经济实力，面对多发的洪灾，人们完全可以提前增高房屋地基，加固房屋建筑，或者购买船只以供灾害期间迅速避难；也可以建造清洁卫生的厕所、购买纯净用水，减少自己暴露于威胁健康的环境的机会。经济贫困不仅限制了低收入家庭的灾害防御能力，而且迫使他们优先考虑收入和挣钱问题而不是健康问题（Few and Pham，2010）。在性别层面上，中国贫困地区的农村家庭因燃烧劣质煤和生物燃料导致室内空气污染严重（王五一等，2010）。在这种情况下，女性因传统性别分工面临更大的健康风险。

工业污染情境中的空间、阶层与性别健康风险差异同样存在。空间差异方面，临近矿区、化工产业园区等污染排放源居住的居民面临更大的健康风险。群体差异方面，社会底层的民众因为职业选择有限，只能从事健康风险较高的工作。环境污染对边缘群体（脆弱性群体）的健康产生了更大的伤害（Bullard，1990）。

第二，健康风险与健康保护意识/行动的关系。

健康风险和健康保护意识对于健康风险应对非常重要。降低健康风险的一个重要路径是提升居民的风险认知、增加居民的健康知识。影响健康风险和应对意识的因素包括文化程度（低文化程度获取健康信息的能力弱）、信息的可获得性、健康教育质量等。除了改善健康风险认知之外，另一项更重要的任务是消除认知与行动能力之间的差距。如果没有行动能力，就算知道造成健康损害的原因和改善健康状况的方法，也不会有健康改善的结果。在一项有关巴基斯坦北部妇女的家庭卫生管理如何影响她们的孩子罹患痢疾的研究中，作者指出，当地妇女对于痢疾的病因认知程度很高，知道接触污秽、饮用不洁水源等都会导致痢疾，甚至有妇女还能从气候条件和生物医学（如细菌感染）角度解释腹泻。但是，有若干因素限制了她们改善家庭卫生管理的能力，比如：家庭财权掌握在男性手中，女性缺乏经济自主性；男子劳动力的外流增加了女性的农活负担，使她们无暇或没有更多的精力照顾孩子的健康；恪守深闺的习俗限制了女性与外部交往并获取外部支持（Halvorson，2004）。为此，一方面需要加大健康风险教育的力度，另一方面更要破除阻碍人们（尤其是弱势群体）接受教育，并且将健康认知转化为健康保护行动的经济、社会和文化限制。这一观点与20世纪70年代中期以来西方学者对于健康的界定重心转变是一致的。健康不仅指防止生理功能失调，而且指增强“人们适应、应对或控制生活中的挑战与变迁的能力”（转自Lindsay，2003：293）。根据这一定义，要想应对健康风险以及环境变迁对健康可能带来的威胁，必须改善脆弱性群体的社会经济条件，[①]增强他们的应对能力。

第三，政府的环境管理政策/制度与健康风险之间的关系。

由于环境污染与公众健康紧密关联，因此，政府在制定环境管理政策或制度时应该将保护公众健康作为首要目标。中央政府尽管意识到了这一问题并在体制上做过一些调整（比如卫生部和国家环保总局在2006年联合建立了环境与健康办公室，并联合起草了《国家环境与健康行动计划（2007—2015）》），但是，环境健康问题的实质性推进面临着“能力和资源的限制、协调的缺乏以及利益冲突”三大重要挑战（Holdaway，2010：13-18）。如何围绕环境健康问题加强部门协调，在宏观层面上整合发展规划、环境保护、污染防治、健康风险防范等目标是未来立法上的

---

①　加拿大卫生部列出了一些健康的决定因素，包括收入与社会地位，社会支持网络，教育、职业与工作条件，社会环境，物理环境，生物与基因禀赋，个人健康实践与应对技能，健康儿童发展与保健服务，性别，文化（转自Lindsay，2003：293-294）。由此可见，决定人们健康与否的因素更多的还是经济、社会、文化因素，而非生物因素。

一项重要任务。

（五）环境污染引发的各类风险之间的关联

环境污染与其产生的五类风险之间的关联如图3-6所示。其中，环境污染通过污染环境介质直接损害生物圈和生物多样性，破坏环境质量和环境安全；环境污染可以经由空气和水使有害物质直接进入人体，也可以先对生态环境系统产生破坏，而后经由食物链（涉及食品安全问题，最典型案例是日本熊本县的水俣病事件和富山县神通川流域的痛痛病事件，当地人得病原因分别是吃了富含汞的鱼虾和贝类以及富含镉的稻米）对人体健康产生影响。健康风险意味着劳动力的贬值甚至完全丧失和收入的下降，加上医疗费用的支出，因而蕴含着极大的经济风险；环境风险意味着环境经济价值的降低，同时伴随着经济发展机遇的减少和丧失，由此成为经济风险的另一构成要素。环境风险、健康风险和经济风险在不同情境中通过压迫性反应机制、风险认知机制、利益失调机制和风险的社会放大机制而产生不同程度的社会风险。社会风险是否会引发政治风险取决于政治系统能否有效解决环境污染引发的各种社会冲突以及与此相关的官民互动机制、民众对政府的信任程度和政府的合法性基础。

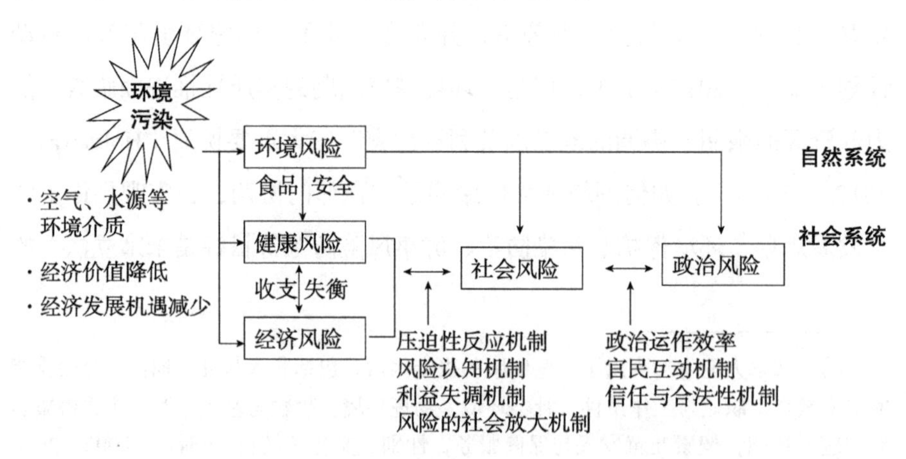

图3-6 环境污染引发的各种风险之间的关联

环境污染有多种类型，每种类型产生的风险状况在自然因素和社会因素耦合作用下不尽相同。环境污染与五类风险之间的关联机制、五类风险之间的相互转化机制需要根据具体情境仔细辨别，不能机械套用。以环境冲突与政治风险之间的关系为例，中国社会并没有出现越南社会所显现的“环境议题与政治议题紧密结合”的情景（陈松涛，2020），因此，环境冲突对政治风险的影响要小很多。

第三节　环境污染与社会脆弱性

关于环境污染与脆弱性的关系，学术界有两种理解思路。一是污染→环境脆弱性，讨论环境介质（主要指空气、水和土壤）因遭受污染，其质量在特定时段降低到某个基准线之下的可能性和程度。比如，万里洋、吴和成（2020）在研究中国城市的空气污染脆弱性时，以空气中一氧化碳、臭氧等六种有害物质的浓度来衡量空气污染程度，然后通过构建概率模型对74个样本城市的空气污染脆弱性进行评估和预测。绝大多数研究地下水污染脆弱性的成果（如Eblin，et al.，2019）同样着眼于污染与环境脆弱性之间的关联。二是环境污染→社会脆弱性，讨论特定社会系统在其所处的自然环境被污染之后呈现出来的脆弱性特征。遵循这一思路的研究者或者选择特定时段对区域尺度（如长江三角洲，Ge，et al.，2017）或国家尺度（葛怡等，2018）的空气污染社会脆弱性进行总体评估，或者聚焦于特定领域（如健康领域：鲍俊哲，2016；梁欣，2017）讨论空气污染所带来的脆弱性后果。

上述两种思路都采用了同样的演绎方法，即先建构一套指标体系或评价模型，而后对研究样本进行检验。笔者采用另一种思路，将社会脆弱性定义为特定社会系统中使环境污染风险易于转化为生态危机和污染事故的属性。在任何社会中，风险都不可避免地存在着，但风险向危机和损害的转化会因社会系统的不同脆弱性特征而呈现出很大差异。举例说明：2021年6月24日美国迈阿密市发生的公寓倒塌事故截至7月11日造成90人死亡和31人失踪。事后原因分析表明，40年前迈阿密地区的房屋建筑质量缺乏有效监管等历史因素、海平面上升和地下水位变化导致楼梯地基沉降等地理因素使公寓楼有倒塌的风险，但是，如果大楼底层安排了经常性维护，2018年的一份警示性报告被及时公开并且受到了足够重视，美国应急救援体制的缺陷能得以纠正[①]，风险也许就不会转变为重大事故；就算大楼坍塌，死亡和失踪人数也会大大降低。生态环境事故与此类似。我们可以做这样的假设：特定社会系统中的环境污染风险越容易转化为环境污染事故，该系统的社会脆弱性就越高。

一、环境污染事件的演化：基于风险–灾害–危机视角的分析

按照概念覆盖的范围从大到小排列，与“突发环境事件”相关的几个概念的关系可以表示为公共安全事件→突发事件→突发环境事件→环境污染事件。按理讲，突发环境事件除了包括环境污染事件之外，还包括各类自然灾害事件（如沙尘暴、地震、旱涝、山体滑坡等），但另一方面，2015年颁布的《国家突发事件应急预案》在界定“突发环境事件”[②]时强

① 这里主要指美国至今仍然缺乏重大灾难发生后联邦—州—地方之间进行快速协调、即时整合各类资源进行快速应对的机制。对于事故的详细报道和原因分析参见澎湃新闻网2021年7月2日特稿：《迈阿密公寓垮塌事件：一枚40年前的“定时炸弹”？》，https：//www.thepaper.cn/newsDetail_forward_13393720。

② 《预案》中的定义是：“突发环境事件是指由于污染物排放或自然灾害、生产安全事故等因素，导致污染物或放射性物质等有毒有害物质进入大气、水体、土壤等环境介质，突然造成或可能造成环境质量下降，危及公众身体健康和财产安全，或造成生态环境破坏，或造成重大社会影响，需要采取紧急措施予以应对的事件，主要包括大气污染、水体污染、土壤污染等突发性环境污染事件和辐射污染事件。”

调以下几个特征：①污染物排放是事故致因；②自然灾害和生产安全事故等也是致因，但《预案》强调这些因素导致“有毒有害物质”进入环境介质，并对生态环境、公众健康和财产安全、社会稳定等造成特定影响；③类型包括大气污染、水体污染、土壤污染、辐射污染。从这些特征来看，《预案》完全是从环境污染的角度界定“突发环境事件”的。因此，以下考察环境污染事件与社会脆弱性的内容中，不再区分环境污染事件与突发环境事件（或突发环境事故）的概念差异。

自20世纪90年代以来，随着突发环境事件的频繁发生，学术界对此类事件演化过程中一些规律性特征的关注也逐渐增多。研究的时段五花八门，诸如1985—2013年（Qu，et al.，2016）、1991—2010年（杨洁等，2013）、1993—2005年（李静等，2008）、1995—2012年（丁镭等，2015）、2000—2011年（艾恒雨、刘同威，2013）、2006—2015年（Cao，et al.，2018）、2011—2017年（李旭等，2021）等；关注的焦点集中在污染事故的时空分布特征、污染类型、事故发生频次及其影响因素、事故的防范与应急策略等。更近期的研究开始注重对不同污染类型事故的分类分析（肖筱瑜，2018），甚至全文聚焦于单一污染事故类型（比如突发性水污染事故）的时空演变分析，尤其注意到水污染的跨行政区特征，因此在流域尺度上进行定量分析（Xu，et al.，2021），分析的内容也从时空特征和污染受体特征扩及污染事故的人为因素和行业特征（李旭等，2021）；研究的方法包括描述统计分析、模型分析、相关性分析（用以识别事故影响因素）、分解分析（用以识别事故成因）等；在分析污染事故的空间分布特征时应用到的工具包括图形工具ArcviewGIS、统计分析工具ESDA、计量经济模型工具Matlab、地理空间分析软件Crimestat等。

上述研究虽然对突发环境事件的时空演变特征与影响机制做了有益探讨，但角度偏于宏观，对事件演变的过程与细节揭示不足。为此，笔者采用南京大学童星等人原创的风险–灾害–危机分析框架（图3–7），对突发环境事件的演变过程做深度解析。在这一框架中：①风险是指突发环境事件处于潜在状态，尚未成为事实。这一阶段的治理内容涉及风险的识别、评估和防控。②灾害指处于风险阶段的突发环境事件突破了临界值，爆发出来成为现实。这一阶段的治理内容涉及灾前的准备（包括应急预案的制定、技术准备、人员和物资准备等）、灾中的响应（响应措施越靠近临界值，治理越具有主动性）、灾后的恢复（使社会系统回归正常运作状态）。③危机指突发环境事件从风险的酝酿到灾害的发生与应对的整个过程。这一阶段的治理内容涉及精准寻找事故原因，消除风险隐患，及时弥补社会系统运行中的漏洞。

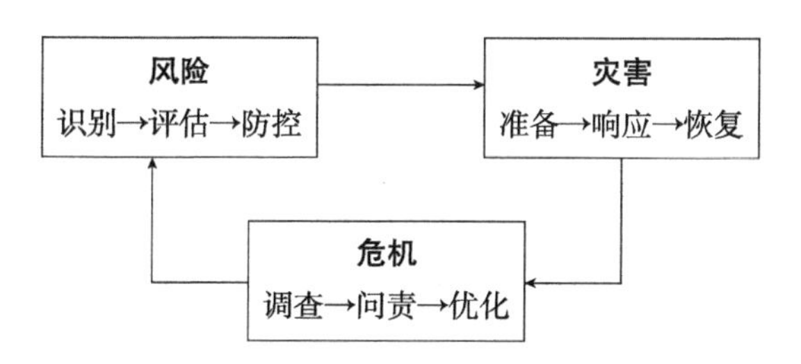

图3-7　风险-灾害-危机分析框架（童星的研究团队原创）

（一）风险层面

1. 风险识别

风险识别主要涉及风险源的确定。首先，需要对突发环境事故中的污染危险源进行分类。国内较有代表性的分类方法是分为大气环境污染源，水环境污染源，油类、固体废弃物污染源，放射性污染源，生物类及不明污染物污染源；极易引发事故的危险化学品[①]根据其在事故中的主要环境影响被纳入大气和水环境污染源类别中（郭振仁等，2009：16）。其次，

---

① 根据1992年前建设部发布的《常用危险化学品的分类及标志》（GB 13690—1992），危险化学品被分为8类，即爆炸品、压缩气体和液化气体、易燃液体、易燃固体/自燃物品和遇湿易燃物品、氧化剂和有机过氧化物、有毒品、腐蚀品、不明危害性物质。

风险识别的方法通常是看各类污染风险源的数量接近临界值的程度。接近或超过临界值即意味着有重大风险。

2. 风险评估

风险评估主要是确定风险源的危险程度。主要依据三种要素：一是污染源物质的属性和数量；有毒有害属性越强，数量越大，风险越大。二是污染源物质的生产装置、存放设备、运输方式的安全状态；安全状态越差，风险越大。三是污染源物质可能影响的周边环境状况。周边环境中对污染源物质的敏感点越多，风险越大。鉴于环境污染事故一旦发生往往产生复合影响，因此不能仅仅评估单一风险或部分风险，而应坚持所谓“四险通评”（童星，2021）原则。在具体操作上，可将污染事故风险按照事故产生的主要危害分为生态风险、经济风险、社会风险、健康风险，分别对应于污染事故可能造成的生态损失、直接经济损失、社会影响、健康影响。各类风险指数有专门的评估步骤和计算方法（郭振仁等，2009：21-34）；各类风险与突发环境事件分级之间的关系见表3-7。

表3-7　环境污染事故风险识别与分级标准

风险类型＼事件级别		特别重大环境事件	重大环境事件	较大环境事件	一般环境事件
生态风险	环境污染对生态功能或国家重点保护物种的影响	区域生态功能丧失；区域国家重点保护物种灭绝	区域生态功能部分丧失；区域国家重点保护野生动植物种群大批死亡	国家重点保护的动植物物种受到损害	
经济风险	因环境污染造成直接经济损失（元）	≥1亿	2000万～1亿	500万～2000万	≤500万

续表

风险类型 \ 事件级别		特别重大环境事件	重大环境事件	较大环境事件	一般环境事件
社会风险	因环境污染疏散、转移人员（人）	≥5万	1万～5万	5000～10 000	≤5000
	环境污染对城市集中式饮用水水源的影响	设区的市级以上城市集中式饮用水水源地取水中断	县级城市集中式饮用水水源地取水中断	乡镇集中式饮用水水源地取水中断	
健康风险	环境污染直接导致的死亡人数；中毒／重伤人数（人）	≥30； ≥100	10～30； 50～100	3～10； 10～50	≤3； ≤10

资料来源：《国家突发环境事件应急预案》2015年版。

3. 风险防控

风险防控主要针对可能出现的各种、各级环境风险提前采取预防性措施，目的是在污染事故发生之前就将隐患排除或者降至最低。最早的防控时间点可以前溯至规划或项目的决策阶段，考察是否通过环境影响评价来规避环境风险。其后，在规划或项目的建设阶段，考察是否通过落实“三同时”的要求确保污染处理的硬件条件；在项目的实施和运行阶段，考察是否严格执行各种污染物排放标准和环境质量控制标准。

除了检查环境制度和环境标准的执行情况之外，还需要对环境污染事故的风险源进行巡查和动态监控。在具体操作方面，通常的做法是：围绕风险源设计一套预警指标体系→给各个指标按照不同危险程度分别赋值→考察特定评价单元的内外状况，对照指标体系中的分数值确定评价单元的各项指标分值以及总体危险等级。在国内学者中，郭振仁等（2009）建构的预警指标体系较有代表性。该体系被分解为“警情指标”（主要反映特定操作单元的周围环境状况及动态）和“警兆指标”（主要反映特定操作单元的危险物质状态与污染治理状况及变化趋势）两个维度。按照系统论的思维来理解，前者考虑系统的外部环境，后者考虑系统的内部属性与内部环境管理。由于两个维度所涉及的要素都很繁杂（比如周围环境即涉及自然环境、技术环境、操作环境、社会环境的众多要素），为了操作方便，必须提取最主要的因子进行评估。简化后的预警指标体系如图3-8所示。根据这套指标体系在实践中的实用性和有效性可以对相关因子进行动态调整。

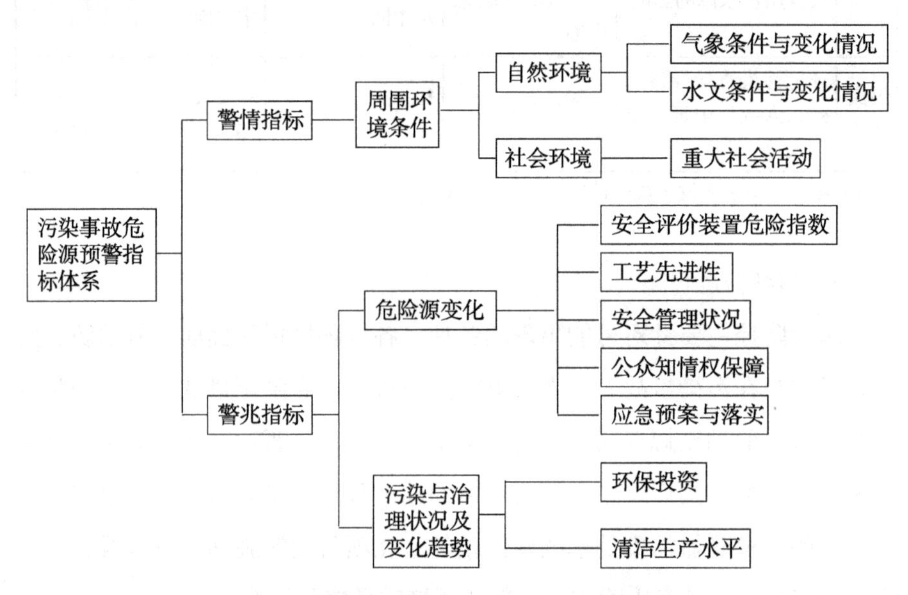

图3-8　环境污染事故危险源预警指标体系

（郭振仁等，2009：55，文字稍有调整）

（二）灾害层面

1. 准备阶段

在风险阶段可能存在各种主客观疏漏导致突发环境事故的出现，由此需要为可能出现的污染事故做好应急准备。完善的应急准备可以大大提升社会系统对于事故灾难的反应速度和应对能力。具体内容主要包括五个方面：①预案。制定并逐步完善突发环境事件的应急预案，明确事件发生后的响应主体、响应程序和响应措施。②培训。对事故应急的所有参与人员进行技能和安全培训，确保他们能够高效地完成应急任务。③演习。定期对应急预案进行演练，检验应急预案的有效性，及时发现应急预案的漏洞。④物资与技术。储备突发环境事件的应急物资。事发前应建立针对各类污染物应急处置的物资储备库，同时配置有效应急处置所需要的技术装备，如遥感影像、污染物扩散情景模拟等。⑤信息。开发和建立突发环境事件的应急信息系统，包括：危险工业和危险物品的名录、分布、危险性、应对方法、应对效果评估；突发环境事件的历史数据；污染物控制与突发事件处理的政策、条例、法律法规等；服务于应急决策咨询和应急管理的专家库（成员包括自然资源、环境、有毒有害物品等领域的专业人士）等。

2. 响应阶段

突发环境事故的应急响应涉及信息报告、先期处置、环境动态监测、污染物处理、人员疏散与安置、应急救援等，遵循的是快速、高效、损害最小化三大原则。①为了实现快速原则，需要制定完善的应急流程（图3-9），明确每个环节的责任主体和责任分工，确保各个环节之间流畅的衔接与沟通。②为了实现高效原则，首先要确保应急决策的正确性和应急指挥的统一性。根据事故级别迅速成立相应的应急决策与应急指挥机构，统一调度各项应急行动。其次要确保参与应急处置的各个地区、各个部门和单位[①]之间的协调与联动，尤其是涉及跨行业、跨地区的应急人员和物资调用时，更需要各类参与主体之间的协同作战。③为了实现损害最小化原则，需要有全局视野，在空间上要考虑所有涉及地区的受损状况，在时间上也要考虑中长期的各种损害。另外，为了避免事故引发社会恐慌和混乱，需要及时向公众发布事故处置信息，掌控和应对舆情。

---

①　《国家突发环境事件应急预案》（2015年）在介绍“国家环境应急指挥部”的构成部分时，列举的中央政府组成部门和直属单位就达28个；如果将地方政府和其他相关部门计算在内，数量会更多。

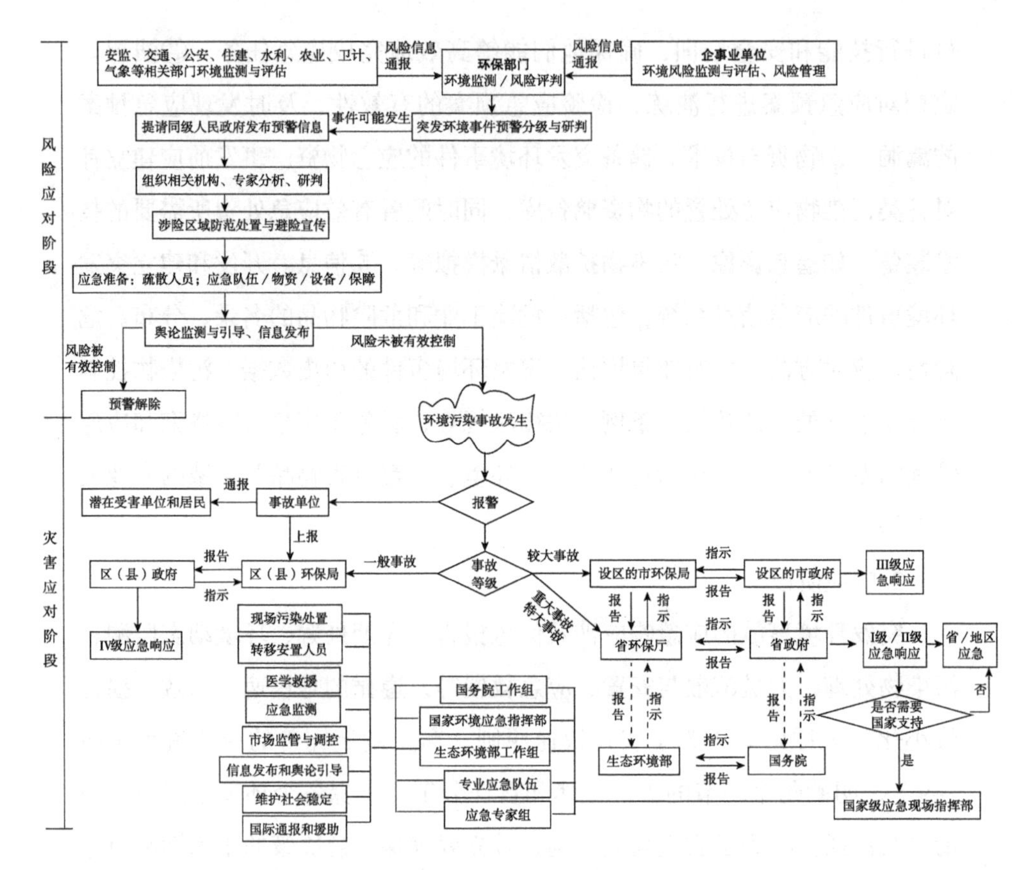

图3-9　我国突发环境事故应急响应基本流程

3. 恢复阶段

污染事故发生之后，无论是环境系统还是社会系统，都不可能完全恢复到原先的状态，因此，“恢复”指的是回到系统正常运行状态，主要包括两个方面：①环境影响评估与环境修复：由专家系统（通常由事发地政府委托第三方机构）评估污染事故对生态环境造成的直接损害和中长期影响（法律依据是原环保部于2014年10月24日印发的《环境损害鉴定评估推荐方法（第II版）》），并且设计具体的修复方案。②结束社会动荡，恢复正常生产和生活秩序。

（三）危机层面

从风险的生成与集聚到灾难事故的发生与应对，这一过程被看作是一次完整的危机事件。为了减少和避免同类事件的重复发生，危机过后需要对事故进程进行总结和反思，在此基础上对系统的运行机制进行优化或改进。

1. 事故调查

事故调查的主要法律依据是原环保部于2014年12月印发的《突发环境事件调查处理办法》。调查内容通常涉及三个重要方面：①事故类型识别、事故产生原因与责任认定、事故状况与危害（包括短期和中长期环境影响、直接经济损失、生命与健康损害等）；②事故应急过程评价，总结从风险识别与防控到应急终止与事后恢复的每一个环节的成功之处与经验教训；③在①②的基础上对优化系统运行提出相关建议。

2. 责任追究

合理的责任追究以各项环保法律法规[①]以及事故调查报告所呈现的客观事实为前提。突发环境事件中被追责者通常包括污染事故肇事者、日常环境监管或环境监察不力的环保部门工作人员、日常监管和灾难应对过程中违法乱纪或工作不力的地方政府其他相关部门工作人员、事发地政府分管领导。

3. 系统优化

严格而言，责任追究也属于系统优化的一部分。除了解决人的问题之外，另一个最主要的优化对象是不完善的体制、机制和不健全的制度。正是这些漏洞导致了社会系统的脆弱性属性。污染事故的生成与演化规律就存在于风险–灾害–危机的各个环节的漏洞之中。

---

①　尤其是2015年8月发布的《党政领导干部生态环境损害责任追究办法（试行）》。

二、环境污染风险向突发环境事件转化过程中的脆弱性机制

所谓脆弱性机制是指社会系统的某种运作方式使该系统容易暴露于各类突发环境事故，并由此蒙受不同程度的损失；机制涉及各种相关因素之间的相互关系，即各种因素如何相互关联形成合力，共同导致了特定结果。环境科学和地理科学领域的研究者倾向于使用模型分析或相关分析来寻找突发环境事故生成的因素。此种方法尽管非常客观，但存在一些固有弊端。第一，研究者根据自己对突发环境事故诱发因素的理解选择具体指标进行相关性分析；指标的选取具有较强的主观性。第二，对于同一个指标，与突发环境事件的关系不同的研究者常常得出相互冲突的结论，如“工业企业数量”有时候被认为与突发环境事故呈现正相关（李静等，2008），有时候又被认为不相关（丁镭等，2015）。王晓莉等（2015）对2007—2013年我国环境突发事件的空间分布格局的研究结论是：环境突发事件集中在东部沿海地区，与经济发展水平正相关。但是，丁镭等（2015）对 1995—2012年环境突发事件的空间分布格局的研究结论是：经济发展水平与环境污染事件负相关。这种情况就像有学者在评价“环境库兹涅茨曲线（EKC）”时所说：EKC是否存在取决于研究者所使用的数据和模型（张学刚，2017：17）。因此，相关分析的价值主要在于提供一组引发突发环境事件的可能因素，并且通过数据和模型对这些因素的可能性程度不断进行评估。

根据直接引发因素的不同，突发环境事件可以分为四种类型：一是由自然力引发，2010年广东茂名信宜市锡矿尾矿库溃坝事件（强降雨引发洪涝和泥石流，次生尾矿库溃坝）、2018年洪泽湖水污染事件（台风带来强降雨）、2020年贵州遵义桐梓县输油管道柴油泄漏事件（强降雨与岩土结构等因素的混合作用引发山体滑坡）等属于此类；二是由企业安全生产责

任事故引发，2015年福建漳州古雷港PX项目爆炸事件、2015年甘肃陇南市西和县尾矿浆泄漏事件、2020年黑龙江伊春尾矿库泄漏事件等属于此类；三是由交通运输事故引发，2011年新安江水污染事件、2016年陕西汉中柴油泄漏事件、2018年甘肃平凉市泾川县柴油罐车泄漏事件等属于此类；四是由环境违法引发，此类事件常波及公共健康和公共卫生，2010年前后各地陆续出现的多起血铅超标甚至中毒事件、2013年黄浦江死猪事件、2015—2016年常州"毒地"事件等属于此类。为了寻找与环境污染事故相关的脆弱性特征，笔者采取不同于定量分析的案例分析方法。所选案例大多是2015年及以后发生的，主要考虑是2014年底新版《应急预案》出台后，从2015年开始，突发环境事件的数量显著下降。此前的2007年可以作为另一个时间节点，原因是2005年国务院印发了第一个《国家突发环境事件应急预案》，加上2006年在全国范围内对石化行业的环境风险进行整治之后，从2007年开始，突发环境事件的数量趋于稳定。[①] 通过两个时间段的突发环境事件案例的比较，可以透视我国突发环境事件生成与应对的演变状况。

表3-8　典型环境污染事故从风险到灾害演变中的脆弱性环节

类型	事件		脆弱性环节	
			人的层面	体制、机制、法制层面
自然力引发	广东茂名信宜市锡矿尾矿库溃坝事件（2010年）	风险阶段	企业问题：尾矿库在选址、建设过程中违法违规；企业没有从多次溃坝事故中吸取教训 政府问题：备用水源缺乏或不完善，事故期间容易引发断水危机	水库集雨区缺乏水质保护长效机制
		灾害阶段	地方环保部门环境监测能力不足（仪器设备落后、人员缺乏、专业技术水平参差不齐）	

① 从风险-灾害-危机视角对这两个时间点之间的生态环境事故案例的选择性梳理和分析见陶鹏、童星主编，2018。

续表

类型	事件		脆弱性环节	
			人的层面	体制、机制、法制层面
	洪泽湖水污染事件（2018年）	风险阶段	上游地方政府对污染治理重视不够，对环保部督察意见态度敷衍，整改不力	缺乏常态化省际生态补偿机制
		灾害阶段	在污水来源、水质监测数据、泄洪提前告知、损害赔偿等问题上安徽、江苏两省产生认知分歧	跨省协调与联动体制、机制不完善
	贵州遵义桐梓县输油管道柴油泄漏事件（2020年）	风险阶段		
		灾害阶段	管道企业环境应急预案及应急准备不完善；政府相关部门环境应急管理培训不足；企业环境信息风险研判能力不足，事故先期处置方式不正确；政府相关部门信息上报和履职不及时；事故应急指挥机构组建不合理；基层环境应急监测和救援能力不足	对于多重扰动下综合性突发环境事件的应对准备不足；企业与地方政府之间、上下游之间缺乏及时、有效的信息沟通机制和应急联动机制
企业安全生产责任事故引发	山西长治苯胺污染事件（2012年）	风险阶段	企业问题：环境风险意识不强，违规使用无资质公司生产的金属软管输送苯胺；安全管理不到位，安全巡检员违规；社会责任意识不强，多次严重环境违法 政府问题：环境风险意识不足；未能对企业有效监管，耗资8.5亿元的污染源省级自动监控系统未能监测到苯胺泄漏	浊漳河流域布局112家化工企业；水源地风险防范体系不健全；监管体制缺陷：属地级别低于企业级别；预警制度不健全；对违法违纪造成重大环境后果缺乏严惩的法律条文；缺乏强制环境信息披露的法律规定
		灾害阶段	企业问题：误报、迟报事故信息，使浊漳河被严重污染5天；缺乏环境事故应急预案 政府问题：市环保局和市政府迟报、瞒报信息；应急能力准备不足，应急迟缓，处置不力；信息公开不足，导致负面信息广泛传播，风险被放大，公信力下降	跨省应急联动机制失效；信息公开机制存在执行漏洞；污染损害赔偿制度不健全

续表

类型	事件		脆弱性环节	
			人的层面	体制、机制、法制层面
	甘肃陇南市西和县尾矿浆泄漏事件（2015年）	风险阶段	企业问题：违法施工、偷工减料；第三方机构对企业安全现状评价敷衍、造假 政府问题：乡政府及县安监局落实安全生产管理职责不到位；县政府部门监管不力	企业安全设施管理机制、环境风险监测与防控机制不健全；尾矿库企业准入制度不健全
		灾害阶段	企业未及时上报事故信息；乡政府迟报、漏报信息；县环保局应急管理职责落实不到位；县/市政府在事件初期应对不力	
	黑龙江伊春鹿鸣矿业有限公司尾矿库泄漏事件（2020年）	风险阶段	企业问题：在工程招投标、施工建设、竣工验收等环节违法违规；工程质量管理、环境风险管理、安全管理不到位；应急意识不强、应急能力不足；监理公司严重失职；对下级公司的监督检查与管理失职 政府问题：相关部门未履行安全监管职责	尾矿库建设工程的质量管理、风险管理、安全监督管理制度不够健全或实施机制不完善
		灾害阶段	尾矿库企业先期事故处置能力不强；环境应急物资信息库和实体库不够完善；相关部门未按规定报告和通报突发环境事件信息	缺乏国家级突发环境事件应急研究机构
交通事故引发	浙江建德槽罐车交通事故致苯酚泄漏事件（2011年）	风险阶段		人口密集区和重要水源地危化品运输管控制度不健全
		灾害阶段	应急预案不完备，比如大量使用消防水冲洗现场加剧了水体污染，应急方法欠妥；信息发布与安定民心的措施不周全引发恐慌与抢购	
	山西新绛粗苯罐车侧翻泄漏事件（2017年）	风险阶段		
		灾害阶段	危化品突发事故应急准备（包括应急处置专家、人员、技术、物资等）不足；上下游点位水样监测不同步，部分监测点设置不合理，限制了污染趋势研判	
	甘肃平凉市泾川县柴油罐车泄漏事件（2018年）	风险阶段		

续表

类型	事件		脆弱性环节	
			人的层面	体制、机制、法制层面
		灾害阶段	地方政府突发环境事件应急预案及应急准备不足；缺乏交通运输环境风险跨界专项预案；县级政府对突发环境事件形势的预判能力和应急处理能力不足；县市环保机构污染监测能力弱	大河流域缺乏有效的跨区域、多部门应急联动机制
环境违法引发	济南章丘普集镇危险废物倾倒致人死亡事件（2015年）	风险阶段	企业为节省污染处理费而环境违法；农民环境与法律知识缺乏、环保意识淡薄	农村未设环保机构，环境管理制度滞后
		灾害阶段		
	嘉陵江四川广元段铊污染事件（2017年）	风险阶段	企业问题：违法生产与排污 政府问题：相关部门对企业违法行为失察与监管不到位；突发环境事件危机意识不强	地方环保机构环境监测与预警机制不完善
		灾害阶段	市环保机构信息上报滞后约4小时；政府未能利用微信、微博等新型传播方式发布信息	
	嘉陵江铊超标事件（2021年）	风险阶段	企业问题：违规超量排放污水、环保责任意识不强；环境管理粗放；环境风险管控薄弱 政府问题：对涉铊企业的排查与环境监管不到位，环境风险意识不强	跨省水污染风险联防联控机制（如监测联动机制和信息共享机制等）不完善
		灾害阶段	应急环境监测人员不足、设备落后；地方政府对于污染事故信息研判能力和预警能力不足；事故信息报送和信息公开滞后	应急联动机制不完善

资料来源：广东茂名和浙江建德案例来自环境保护部环境应急指挥领导小组办公室编，2015；山西长治案例来自陶鹏、童星主编，2018；洪泽湖案例来自陈栋栋，2018；其他案例来自生态环境部官网公布的相关事件调查报告。

表3-8中的案例梳理可以揭示如下几个规律性特点：

第一，李旭等（2021）统计了2011—2017年发生的所有突发环境事件中四种致因类型所占的比例。从高到低排序分别是企业违法排污导致（36.56%）、生产安全事故引发（15.42%）、交通事故引发（7.93%）、自然力引发（5.58%）。因此，从类型上看，脆弱性环节更多存在于环境违法与生产安全事故领域。在这两个领域，突发污染事故的风险可控，必须在风险阶段和灾害阶段同时防控。与此相比，交通事故与自然灾害所引发的突发环境事故风险只能尽力降低，无法完全预测和控制。在预防和消减风险的同时，防控重心更应放在优化事故发生之后的应急程序与应急措施上。

第二，环境突发事件发生的诱因（脆弱性环节）从制度和法制层面看更多偏向人的层面，或者说是制度和法律规定的执行层面。自2005年松花江污染事件之后，国家层面上出台了众多针对突发环境事件的制度或规定，法律和制度体系日益完善。以伊春鹿鸣事件为例，从尾矿库工程的招投标、施工与验收，到此类企业的环境风险管理与应急，所有环节都有相关的法律规定，比如：施工与验收环节有《建设工程质量管理条例》《建筑工程施工质量验收统一标准》《尾矿设施施工及验收规范》等；安全管理环节有2011年修订发布的《尾矿库安全监督管理规定》；工程监理环节有《建设工程监理规范》；应急环节有2011年原环保部发布的《突发环境事件信息报告办法》等。再以2021年嘉陵江铊超标事件为例，鉴于铊污染事件的频繁发生，2018年，生态环境部印发了《关于加强重点地区铊污染事件防范工作的通知》，要求涉铊地区对照执行。但是，事故发生地的企业和政府均没有严格遵守这些法律法规，由此埋下了环境事故发生的极大隐患。

第三，人的层面的问题在风险阶段主要涉及：①企业、相关政府部门以及第三方机构在项目和工程建设过程中违法违规；②企业环境风险意识薄弱、工程质量管理与环境安全管理不到位、环境守法动机不强与违法排污；③地方政府及相关部门对企业的安全与环境监管缺位或不到位。在灾害阶段主要涉及：①应急准备不充分，包括应急预案不完善、技术与设备落后、人员与物资不足、应急培训与应急能力欠缺等；②企业、地方政府及相关部门不能严格遵守突发环境事件应急预案的规定，尤其在信息通报与上报问题上多次出现违规现象。此外还涉及信息发布的及时性与合适性、应急指挥系统与事故等级的匹配性、责任分工与落实的明确性等。

第四，体制、法制和机制层面的问题在风险阶段主要涉及：①布局不合理。污染企业集中在水域周边，极易造成流域大面积污染；危化品交通运输路径临近人口密集区和饮用水水源，一旦发生交通事故，极易次生环境突发事件。②跨行政区污染防治体制不合理。没有区域一体化的环境治理体制，不同行政区之间在区位主义和地方保护主义影响下难以实质性地横向协调与合作。洪泽湖水污染事件是典型案例。事故发生前，苏皖两省8个地级市签署的环保合作框架性协议并没有得到很好的执行。2018年国务院机构改革在国家层面上确立“大应急”管理体制之后，许多地区（长三角、京津冀、淮河流域等）开始在环境防治体制一体化方面做了改进。③特殊领域（如尾矿库、重金属生产）的环境管理制度及其实施机制不完善，尤其是企业的安全设施管理、环境风险监测与防控，以及地方环保机构的环境监测与预警等存在很多漏洞；此外，农村地区的环境管理体制与机制有所欠缺。在灾害阶段主要涉及政企之间、部门之间、地区之间缺乏完善的信息沟通、协调和联动机制。

第四章

污染扰动下的渔民生计脆弱性：苏北S村的个案分析

20世纪90年代以来，脆弱性在全球环境变迁研究领域越来越受到重视，研究主题涉及气候变迁（Kelly & Adger，2000；Kasperson，et al.，2005；Füssel and Klein，2006）、环境退化（如荒漠化，Huang，et al.，2020）等引发的脆弱性问题。在“环境–脆弱性”相关研究中，讨论环境污染与社会脆弱性之间关联的成果不多。宏观尺度的研究主要讨论空气污染的社会脆弱性。此类研究通常借助于大范围的调查或统计资料，选择若干指标构建评估指标体系，在此基础上进行跨时段分析和区域比较。分析思路主要有两种：一是大体沿着BBC框架，从环境、经济、社会三个层面分析暴露性、敏感性和适应能力，但环境维度的暴露性考察不足（葛怡等，2018）；二是以HOP模型作为分析框架考察区域综合脆弱性，其中，物理脆弱性（即暴露性）围绕“空气质量良以下的天数”进行评估和比较（梁欣，2019）。微观尺度的研究集中在两个方向：一是污染与生计的关系，比如，工矿业开发产生的环境污染对传统型和兼业型牧户的生计产生的负面影响，表现为牧业收入因污染而减少，生产与生活支出因污染而增加（张群，2016）；二是选择特定农村社区对污染的社会脆弱性进行定性研究。典型代表是Pham Thi Bich Ngoc（2014）对越南岘港市城郊Hong Phuoc村的实地考察。其分析思路是：资源获取机会→应对来自内部和外部压力的能力→社会脆弱性程度。鉴于资源获取机会（access to resources）是社会脆弱性的主要形成机制，作者重点分析了工业化进程中的污染受害者在资源获得方面的权力及其变动如何影响了他们获取四类资源，即安全的居住空间、稳定的土地使用权、工作机会与多种收入来源，以及健康医疗服务。

在一般性环境污染事件中，污染对受害者造成的冲击在较长的发生时段中被分解和稀释，因此不太会引起大范围的集中关注；与此相比，在一些大型突发性环境事故中，当受害者在外部冲击下表现出很大的脆弱性，尤其是冲击对生计所造成的后果特别明显时，容易产生强烈的社会反响。2018年苏北洪泽湖“8·25水污染事件”极好地凸显了污染与生计脆弱性之间的关联，既有助于探究污染发生前水环境管理的局限性和村民的生计状况，同时又有助于呈现村民应对外部冲击的能力、污染发生后针对损害所做出的调整与适应，以及生计脆弱性的变化。

第一节 研究个案及水污染事件概况

一、研究个案概况

S村所在的泗洪县临淮镇位于中国第四大淡水湖洪泽湖的西岸，三面临湖，呈半岛状伸入湖心，陆地面积19.16平方公里，水域面积208平方公里，古老的汴河穿境而过汇入洪泽湖。临淮镇拥有得天独厚的水产资源，水生植物、动物品种丰富而繁多，盛产螃蟹、甲鱼、龙虾、鳜鱼、毛刀鱼、莲藕、芡实、菱角等水产品。其中，螃蟹养殖产量居全国乡镇前列，使该镇有“中国螃蟹之乡”之称，因而成为历届螃蟹节的主要举办场地。

临淮镇下辖4个居委会、4个行政村，人口约1.74万人。其中，S村成立于20世纪50年代。在水污染事件发生前，S村共有住户268户798人，其中，本村户籍居民共计262户778人，非本村户籍居民共计6户20人。大部分村民以水产养殖和捕捞为生，由此形成了S村非常独特的渔家景观与文化，包括渔村风光、特色船屋等。与其他行政村相比，S村的独特之处有三个：一是村民是以渔民为主体，以养殖水产品为主要收入来源；二是对外交通极不便利，出行需要先乘船再乘车；正因为交通的不便，村子的信息总体较为闭塞；三是村民以在趸船上建房为主，但也有部分村民在圩堤上建房。

2006年，国务院批准将2001年建立的江苏省省级洪泽湖湿地自然保护区晋升为国家级。主要保护对象为内陆淡水湿地生态系统、国家重点保护鸟类和其他野生动植物、鱼类产卵场和特定地域标准地层剖面。根据江苏省的总体规划，洪泽湖湿地自然保护区分为核心区、缓冲区和试验区，分别占保护区总面积的33.75%、35.61%和30.64%。《自然保护区条例（2017年修订）》第十八条规定，核心区范围内"禁止任何单位和个人进入；除依照本条例第二十七条的规定经批准外，也不允许进入从事科学研究活动"。由于S村位于核心区范围之内，因此，在水污染发生之前，S村已经被纳入整体移民搬迁议程。作为搬迁工作的前期准备，临淮镇政府曾于2018年6月委托第三方对S村农户的基本情况和资产状况进行过调查。根据调查结果，搬迁前，S村的人口、职业结构和安置意愿具有四个明显特征：第一，16周岁以下未成年人和60周岁以上老人占有相当大比例，达到36.25%；第二，受教育程度偏低，只具备小学及以下文化程度的村民占比达60.70%；第三，单一职业结构（渔业养殖）占主导，比重达61.49%；第四，搬迁后选择自谋出路的村民占比比较大，达到67.27%。大部分村民做此选择的原因一是了解到泗洪县已经没有可供继续从事渔业养殖的水域，不得不转型发展，二是村落长期处于半封闭状态，很多村民较为渴望去外面闯荡，通过自己的努力来改变家庭现状。（王海宝，2018）

二、洪泽湖水污染事件概况

2018年8月下旬，受台风"摩羯"和"温比亚"的影响，淮河流域出现了特大暴雨。夹杂着大量污染物的洪水经新濉河和新汴河汇聚于溧河洼之后注入洪泽湖，由此造成江苏省泗洪县临淮镇的S村、二河村、溧河村以及临淮、洪胜、小街等居委会辖区受到了不同程度的影响，近4万亩养殖区严重受灾。S村在此次灾情中受损最为严重。从8月25日起，该村160户螃蟹养殖户的12 600亩蟹塘中的鱼蟹在短短几天内全部死亡。灾情发生后，泗洪县委、县政府迅速成立了事件处置工作领导小组，安排县环保局会同水产、水利等部门前往实地调查核实，同时提请上级部门统筹调度跨省区泄洪事宜，指导受灾及周边渔民采取应急措施。27日，宿迁市环保局安排有关工作人员前往泗洪县参与调查，同时向上级主管部门报告初步情况，并且致函安徽省宿州市环保局，商请协助调查事宜。28日，江苏省环保厅启动应急响应，派出5人工作组赶赴泗洪县参与调查与处置工作，同时函告安徽省环保厅，商请启动《长三角地区跨界突发环境事件应急联动驰援互助程序》，协同应对跨界水质污染事件。29日，两省环保厅及相关市县环保局召开首次会商会，就事件原因达成初步共识，即此次污染是由于“上游泄洪夹带污水造成”。从30日开始，两省对新濉河和新汴河水质展开联合检测，对可能涉及洪泽湖水体污染的宿州市和淮北市进行污染源排查。9月8日，两省召开第二次会商会。安徽方面承认紧急泄洪时没有通知下游，初步确定宿州市政府尽快落实首批救助资金，对下游受灾群众开展救助。后期补偿资金则由两市进一步磋商确定。

在事件处置过程中，尽管两省就鱼蟹大量死亡的原因以及受灾救助问题达成了初步共识，但在污水来源、新濉河支流奎河水质监测数据、上游开闸放水是否要提前告知下游、渔民损失赔偿等问题上存在诸多分歧。在污水来源问题上，江苏方面通过向上游追溯，认为污水来自安徽，且不排除企业偷排的工业废水。[①]安徽方面则声称，污染来自特大暴雨引发的面源污染聚集以及泄洪过程中洪水不断冲刷的河道淤泥；另外，新濉河和

---

① 民间环境组织绿色江南公众环境关注中心在2018年9月中旬沿新濉河和新汴河向上游追溯污染源，在宿州市境内的考察与安徽省环保厅的通报有一些出入。详见该组织2018年9月的调研报告《宿州工业园污水处理厂空转！谁来为洪泽湖鱼蟹死亡担责？》，http：//www.pecc.cc/index.php/t/9/1299。

新汴河虽然都源自宿州市，但新濉河宿州市境内唯一的工业污染源埇桥经济开发区建有完善的污水集中处理设施，且设施运行正常，无出水超标和违法排放工业废水行为，新汴河宿州市境内没有工业排污和城市生活污水排放现象，因此，污染源有可能来自新濉河的两条主要支流，即源于江苏省徐州市的奎河和运料河，由此导致了第二个争议焦点，即奎河水质监测数据。安徽方面根据国家自动监测站8月14—19日在考核断面的监测结果（水质为V类和劣V类）推断事发时段的水质；江苏方面则根据8月20日—9月3日相同断面的数据（水质基本为IV类）予以反驳，同时指出安徽方面关于劣V类水质结果是两省联合监测得出的宣称是不合理的，因为双方公布的20个联合监测点绝大部分都是各自采样监测，监测结果并未相互认可。在开闸告知问题上，江苏方面强调2012年苏皖8个地市签署的《关于环境保护合作协议》中有关上游开闸放水要提前通报的条款的有效性；安徽方面解释说上述协议只是框架协议，具体落实还需各市相关部门进一步签订联防联控协议，同时强调在特大暴雨背景下，泄洪比防污更具优先地位。在渔民损失赔偿问题上，由于面源污染的责任主体不明，且缺乏有效的跨省协调机制，通常只能寻求上级政府参与解决。①

苏皖两省在事件过程中的争执表明了跨流域污染危机处理的困境，即当事件发生之后，相关各方互相推诿，责任主体很难认定，损害赔偿有可能无人埋单。在专家的应对建议中，既有侧重于风险-危机连续统后端的举措，如下游加强环境监测和应急处置力度、构建跨界污染预警和应急联动机制等，也有侧重于前端的举措，如常态化的省际生态补偿机制，以便

① 此次水污染事件中，江苏省环保厅三次向生态环境部提交报告，申请生态环境部参与事件处理与协调。事件的详细报道参阅：陈栋栋，2018；中央电视台《新闻1+1》栏目2018年9月6日的报道“污水过境，责任也能过境吗？”；陈景收、曾雅青：《洪泽湖黑水污染之争》，https：//baijiahao.baidu.com/s？id=1611269754991515305&wfr=spider&for=pc。

在事件发生前就厘清上下游政府之间的责任。2011年浙皖两省开始试行的新安江流域生态补偿机制被媒体多次提及并作为跨区域环境污染风险防范的范例。

第二节　水污染引发的微观社会脆弱性分析

一、脆弱性的界定与评估思路

研究脆弱性的具体方法有时候取决于对脆弱性概念的理解和讨论视角。围绕脆弱性的内涵，学界曾产生过“终点”（end-point）与“起点”（starting-point）的分野。前者认为脆弱性是特定系统在经历灾害源冲击之后的结果，因此分析重心应该放在灾害源上；后者认为正是特定系统本身的特征导致了灾难的后果，因此应该首先分析系统的脆弱性特征（Piya，et al.，2016）。这两种观点分别代表了脆弱性分析的结果取向和原因取向两种类型。由于脆弱性是环境系统和社会系统相互作用的结果，只有将两种视角进行整合，才能对脆弱性做出更完整的分析。

由于脆弱性三个构成维度的含义有叠合之处，因此，不同学者选择的测量指标很不统一。本书沿用脆弱性的常用维度分析生计脆弱性，将暴露性界定为对生计构成威胁的外部扰动的性质，主要考察污染的规模和程度，同时引入时间维度，考察以往的污染发生状况。本书将敏感性界定为生计主体可能或已经受到扰动损害的程度，主要考察：①对水产养殖生计策略的依赖程度；②鱼塘面积与水产养殖投入成本；③因污染而导致的经济损失。敏感性同样涉及时间维度，即渔民对以往污染事件的主观敏感程度：渔民对污染历史的主观敏感性越强，越会采取一些防御性措施，从而导致生计脆弱性的降低。本书将适应性界定为生计主体应对扰动并从扰动中恢复的能力，以及政府通过灾害学习和制度调整增强生计主体环境适应的能力，主要考察：①渔民和政府应对污染事件的措施；②污染事件发生后渔民的生计自适应策略及政府的生计帮扶措施；③政府的灾害学习与制度调整。

二、受灾村民的社会脆弱性分析

（一）暴露性

位于江苏省淮安和宿迁两市境内的洪泽湖是苏北地区的主要水源地。湖水的补给主要来自西侧和南侧的地表径流，其中，淮河干流入湖水量占入湖总水量的70%以上。主要泄洪水道有四个，即淮河入江水道、淮河入海水道、淮沭新河和苏北灌溉总渠。由于洪泽湖是上游洪水下泄的重要“洪水走廊”，因此，只要上游有污水，洪泽湖便会完全暴露在污染灾害之下。根据葛绪广、王国祥（2008）的考证，洪泽湖的污染事故首次发生于1975年，而后在1982年、1986年和1989年相继发生。从1991年开始，污染事故年年发生。截止到2005年，洪泽湖共发生了不同级别的水污染事故85起，其中，特大、重大、较大和一般水污染事故分别为3起、13起、10起和59起（尹景伟、刘春山，2009）。经媒体报道过的重要污染事件见表4-1。

表4-1　20世纪80年代末以来洪泽湖主要水污染事故概况

序号	发生时间	污染情况	直接经济损失（元）
1	1989年	1.1亿立方米污水经蚌埠闸下泄，形成60公里污水带	淮阴市经济损失1250万
2	1994年7月	近2亿立方米污水下泄，持续时间55天，污染农田5000余亩；盱城镇10万人吃水困难，洪泽县老子山镇渔业遭受灭顶之灾	近1.5亿
3	2000年7月	1.4亿立方米污水下泄，洪泽湖周边地区3.3万亩围堤和1.2万平方米网箱遭受重创	7000多万
4	2001年7月	淮河上游1.44亿立方米污水形成20多公里的污水带	1000多万
5	2002年7月	1.34亿立方米污水下泄，仅江苏盱眙受污染的水面就达5.3万亩	3000万
6	2003年2月	4亿立方米污水下泄，210万千克蟹、鱼、虾死亡	4000万
7	2004年7月	5.4亿立方米高浓度污水形成长达133公里的污染团并全部流入洪泽湖。洪泽县老子山镇龟山村1万多亩围网养殖受损严重，死蟹25万千克，鱼15万千克	约2000万
8	2005年7月	来自沙颍河、涡河的约5亿立方米污水流入洪泽湖	
9	2018年8月	来自安徽境内的大量污水团下泄，泗洪县9.25万亩水产养殖区域受灾，其中，S村1.3万亩鱼蟹几乎绝收	2.34亿，含S村2600万

资料来源：1994—2005年的材料主要来自尹景伟、刘春山，2009；其他年份的材料整理自媒体报道。

2016年，淮安市和宿迁市制定的《洪泽湖生态环境保护规划文本》进一步证实了历年来洪泽湖的污染事实："由于上游河南、安徽以及徐州地区的污水团不定期下泄，使得入湖河流污染严重，洪泽湖每年都要发生数次污染事故，给沿岸的工农业生产造成了重大经济损失。"（淮安市人民政府、宿迁市人民政府，2016：32）

表4–1反映出洪泽湖水污染历程的两大重要特征：一是历史较长，早在20世纪80年代，洪泽湖渔业养殖便因为暴露于污染之下而遭受沉重打击。二是从2004年开始，在污水体量增加的同时，直接经济损失却降低了。其中的一个重要原因在于洪泽湖水域面积广阔（共2069平方公里），且有多个泄洪通道，通过及时、合理的水利调度可以避免污水对整个湖区的威胁。在2004年和2005年的污染事故中，当污水团进入洪泽湖时，水利部门关闭了二河闸和高良涧闸，开启了三河闸，使污水从湖泊南侧主航道快速下泄，大大减少了污水停留时间和影响区域（尹景伟、刘春山，2009）；同样，在2005年污染事故中，泗洪县环保局及时将污水导入湿地保护区，使渔民们避免了重大损失。我曾向位于洪泽湖东岸的洪泽县西顺河镇渔民问及是否有过污染致死鱼蟹的经历，得到的回答是："上游临淮和老子山那里有，我们在下游，没有发生过这种事故。就算有污染，也被稀释掉了，影响不大。"由此也可以说明水利调度对于防止污染灾情扩散的有效性。

"8·25事件"中的污染暴露程度可以从两个方面加以说明：一是当地民众和相关政府部门对污染状况的描述与实地检测。事发后，渔民对污染如此描述：8月24日凌晨，湖水"非常臭，带了点腥，也像有些药水在里面"；"水跟酱油一样黑，水草都死了，光死螃蟹就打捞了五六天"。宿迁市环境保护局2018年8月29日发布的《关于泗洪县临淮镇S村大量污水过境的通报》宣称："现场调查发现洪泽湖入湖河流中，新濉河、新汴河大量污水过境，水流湍急，水体呈黑色，明显恶化，监测结果为劣五类。"[①]二是泗洪县在这次污染事件中的损失程度。根据宿迁市环保局《对市政协五届二次会议第077号提案的答复》提供的数据，此次污染造

① 详细报道见王学琛：《洪泽湖鱼蟹死亡背后：淮河流域污染危机何解？》，https：//www.sohu.com/a/259180814_313745？qq–pf–to=pcqq.temporaryc2c。

成泗洪县受灾人口2.509万人，水产养殖受灾面积9.25万亩，直接和间接经济损失分别达到2.34亿元和约7.02亿元；加上洪水过境的损失，全县受灾人口达到38 863人，转移人口1006人，农作物受灾15.66万亩，成灾面积5.42万亩，绝收面积1.88万亩，水产养殖受灾面积9.25万亩，直接和间接经济损失分别达3.1亿元和9.3亿元。由于污水正好流经湿地保护区的西部核心区，大量污水入境和长期侵蚀可能对洪泽湖湿地系统产生较大的危害（宿迁市环保局，2018）。

（二）敏感性

如前所述，敏感性指渔民对环境污染冲击的敏感程度，可以从横向与纵向两个维度加以衡量：横向维度涉及渔民家庭对水产养殖生计策略的依赖程度和在污染事件中的受损程度；纵向维度则涉及渔民对污染暴露历史的认知状况。

已有研究表明，生计单一性比生计多样性具有更高的生计脆弱性。如果渔民的生计过于依赖渔业养殖，那么，一旦遭遇重大污染，他们的生计将面临致命打击。这一特征在2018年洪泽湖水污染事件中表现得极为明显。以S村为例，污染发生前的移民搬迁前期调查显示，非本村户籍的6个家庭均以渔业作为主要生计来源；262户本村户籍家庭中，有一半主要从事鱼蟹养殖生计活动。在16周岁至60周岁共计496名村民中，以渔业捕捞与养殖作为主要生计活动的村民有305人，占比61.49%（表4–2）。生计活动的单一性导致S村村民对于环境污染冲击的敏感度极高。从村民的蟹塘养殖面积、投入成本与损失程度的关系来看，养殖面积越大、投入成本越高，损失越大。极高敏感性还可以从污染造成的损失对村民的身心打击方面得到反映。事件发生后，少数渔民眼见即将到手的丰收成果瞬间化为乌有，无法承受巨大的心理落差，悲伤过度而住进了医院。

表4-2 污染事件发生之前S村村民从事职业情况表

从事职业	渔民	外出打工	上学	赋闲	个体户	其他	合计
人口数	305	104	35	23	1	28	496
比例	61.49%	20.97%	7.05%	4.64%	0.20%	5.65%	100%

资料来源：王海宝，2018。

村民生计的高敏感性的第二个诱因是市场力量。很多村民之所以在2018年加大鱼蟹养殖投入，甚至不惜向银行贷款进行扩大再生产，与市场愿景诱惑有很大关联。按照当时的行情，每亩蟹塘如果精养，大约产蟹300斤左右；粗养也能产蟹100斤上下。每斤螃蟹按照平均50元的价格，每亩蟹塘的毛收入可达5000—15 000元。水污染事件发生前，渔民从螃蟹养殖中获利，提高了他们对进一步增加投入和取得更多回报的心理期待。以S村养殖大户段先生为例，2016年和2017年，其养殖纯利润分别达到三十多万和四五十万元。看到“行情一年比一年好”，2018年，他从银行贷款40多万元增加投资，憧憬着至少七八十万元的利润回报（陈栋栋，2018）。螃蟹养殖和销售市场的形成与泗洪县政府多年的经营和推动密切关联。依托临淮镇“中国螃蟹之乡”的盛名，泗洪县始终将洪泽湖大闸蟹作为对外宣传的一张重要名片。从1996年开始，泗洪县多次成功举办螃蟹节。1998年之后又不断推进河蟹养殖的标准化、河蟹生产的企业化以及河蟹销售的品牌化，同时不断拓展国内外螃蟹销售市场。对于S村渔民而言，利用所处广阔水域的自然资本积极融入螃蟹市场无疑会增加家庭的资本拥有量。淘宝店在村里设点为渔民销售螃蟹提供了另一个便捷的路径。

与2004年之后洪泽湖的污染暴露特征之一（即通过水利调度尽量减少污染在湖区的停留时间和停留区域）相吻合，临淮镇的渔民们对污染损害的严重性认知不足：

> “以前从来没有出现过如此大规模的螃蟹死亡。每年上游水大的时候，偶有污水过境，但时间很短，对渔民影响不大。”“每年都会泄洪，但以前都是在螃蟹收完之后。”“也没有想到上游一次泄洪给我们养殖户造成如此巨大的损失。”①

在污染暴露事实的经验感知基础上形成的认知特征决定了渔民的行动策略，即明知会有污染也没有引起足够警觉，更不用说提前采取有效的风险防范措施了，比如将养殖水面部分转移到内河②、购买损失保险等。在渔民们看来，以往每年都只是有少量污水过境，时间较短，且与螃蟹收获时间错开，因此风险不大。但是，正是这种偶然发生的、“没有想到”的意外事件给他们带来了毁灭性打击。

渔民风险意识的薄弱与政府惯常的污染事故处理方式也有一定的关系。污染事故发生后，如果损失不大，当地政府会通过应急救济平息群众的不满，使事情尽快结束。这样的事故处理方式进一步弱化了渔民对污染风险的感知，因为在他们的印象里，由污染所引发的损失总能从政府那里得到一些补偿，自己也就没有必要采取过多的防范措施了。

（三）适应性

在社会脆弱性语境中，适应性主要包括应对外来扰动的能力，从扰动所造成的破坏中恢复的能力，以及从扰动经历中学习、调整以便更好地适应环境的能力。

---

① 引文转自界面新闻记者王学琛的报道：《洪泽湖鱼蟹死亡背后：淮河流域污染危机何解？》，https：//www.sohu.com/a/259180814_313745？qq-pf-to=pcqq.temporaryc2c。

② 根据媒体报道，2004年，江苏盱眙县鉴于往年的污染受损经历，在水污染发生前将小龙虾养殖基地全部转移至内河和内湖水域，从而避免了水污染对小龙虾的致命打击。见《暴雨揭出淮河治污“十年之丑”》，http：//news.sohu.com/20040808/n221416314.shtml。

跨流域特大污染事故的应对远远超出了村民自身的能力范围，因此，应对职责主要由政府承担。事件发生后，受害渔民主要忙于在各自承包水域打捞死鱼死蟹，防止湖水进一步恶化；少数村民在事发次日自行驱车往上游追溯污染源，但此举只是满足了自身的解释需求，对于问题的解决作用不大。政府层面的应对主要依据2015年6月开始施行的《突发环境事件应急管理办法》：环保部门负责监测河流水质和排查污染源；水利部门负责水利勘查与调度；水产部门负责调查统计鱼蟹死亡和水产损失状况，并协同城管部门处理死鱼死蟹；公安部门负责排查工业废水违法排放；民政部门根据受损状况和事件处理结果对渔民进行救助。

在恢复维度，由于退渔还湿工程和生态移民搬迁工程已经启动，就算污染事件不发生，受害渔民也不可能完全恢复到原先的生计状态。从2014年开始，泗洪县开始实施《江苏泗洪洪泽湖湿地国家级自然保护区退渔还湿工程规划（2014—2020年）》，计划用7年时间拆除保护区内22万亩养殖围网。根据泗洪县政府2019年1月28日公布的年度实施方案，为了完成当年拆除7.6万亩围网的总目标，还需要拆围4.1万亩，其中就包括临淮镇的1.9万亩。[①] 如前所述，2018年6月，临淮镇已开始启动国家级湿地保护区生态移民搬迁工作。在这样的背景下，很多渔民已将2018年作为湖区围网养殖的最后一年，打算趁着螃蟹市场行情趋好的时机尽可能多赚点钱，更好地奠定未来生计转型的基础。突发污染事故的出现使原先还不太情愿放弃湖面养殖的村民主动加快了上岸后生计转型的进程。新生计活动主要包括五种类型：一是内塘或稻田养殖。政府通过协调周边乡镇，开挖了4000多亩土地，用于养殖户的内塘养殖或稻田养殖。二是留在湖区原地转产养螺蛳。据村民反映，投放螺蛳虽然产出比较低，但是因为投本也比

① 泗洪县人民政府：《县政府办公室关于印发泗洪县2019年度洪泽湖退渔还湿工程实施方案的通知》，http：//www.sihong.gov.cn/sihong/zfbwj/201903/a68acdecb8de43ce99dd9d487b31dddb.shtml。

较低，所以利润较高。如果允许捕捞，螺蛳每年一亩地能产出400～500元的效益。三是原地参加湖区管护和卫生保洁，或者到湖区合作社上班。四是进城打工。五是利用现有条件独立经营。为了促进灾害恢复和生计调整，当地政府的扶持措施还包括：①污染损害补偿：根据养殖户损失程度差异，分别给予每亩500元、300元、200元三个档次的生产救助；受灾家庭按照户籍人口补助15元／（人・天），救助时长180天。②生态搬迁集中安置点建设：结合农民住房条件改善工程，在镇区规划建设了S家园小区，以低于建筑成本的价格（约1900元／平方米）对上岸渔民进行购房补助和兜底安置。入住新房的自掏成本每户平均约5万～6万元。

在灾害学习与制度调整维度，2018年的污染事件促进了淮河流域生态环境保护与治理的体制调整与机制创新，典型表现是2019年5月，生态环境部组建了“淮河流域生态环境监督管理局”，以及2020年5月生态环境部联合水利部共同签署了针对淮河流域突发水污染事件的跨省联防联控协作文件。2004年之前，洪泽湖虽在10年间发生了3次特大水污染事件，但如此高的污染暴露频率没能推动跨区域环境污染事件的制度化建设。此后10年，污染事件的持续出现引起了相关省市的政府部门对跨区域环境保护与环境治理的重视。地方政府之间典型的合作成果是2012年江苏宿迁、安徽宿州等8个地级市签订的《关于环境保护合作协议》，只不过协议中规定的上游提闸放水需提前通报、污染联合防治、影响评估、严禁泄污等条款没能得到严格执行。[①] 与此相比，2018年的污染事件引起了各方高度关注并成为推动淮河流域跨省生态补偿制度进一步完善的契机，其中的原因

① 最容易做到的“提前通报”约定上游也未能履行。根据《经济参考报》记者2018年9月26日的报道，安徽境内国控自动监测点监测数据显示，2018年8月18日—8月28日，水体中的溶解氧从正常值一直降至零点几。在此关键时期，下游没有收到任何信息。见沈汝发等：《洪泽湖“黑水”：跨境而来，责不过界？》，http：//env.people.com.cn/n1/2018/0926/c1010-30313120.html。

主要在于政治环境的变化。自2013年以来，中央政府逐步加大了污染治理与环境保护的力度。2015年，国务院出台了《水污染防治行动计划》，规定到2020年，全国七大重点流域水质总体优良率要达到70%以上，到2030年达到75%以上并且要总体消除黑臭水体。2017年，环境保护部开始在全国推行“绿水青山就是金山银山”实践创新基地建设，泗洪县是首批13个基地之一。2018年被确定为环保攻坚年，刚成立的生态环境部加强了对全国各地的环境督察，而安徽宿州市因为环境污染整治“避重就轻”、“不严不实”、弄虚作假而被生态环境部通报批评[①]。2018年11月，国务院开始对整个淮河流域的生态经济带进行发展规划，这是继1995年8月国务院专门为淮河治污而颁布我国历史上第一部流域性法规之后中央政府为推进淮河流域生态环境建设而做出的又一重大举措。在这样的政治背景下，淮河流域上下游省市之间具备了环境协同治理的合力：上游政府不希望经常陷入污染损害导致的跨区域纠纷，也不希望因为环境治理不力而被中央政府责备；下游政府不希望看到自己劳心劳力建设“绿水青山”的成果因为上游的泄污而付诸东流。2018年的特大水污染事件使原本已缓慢启动的跨区域污染治理进程突然变得非常紧迫，同时也暴露了原先协同治污过程中出现的各种问题。

① 详细情况参见生态环境部：《生态环境部通报4起中央环保督察整改不力问题》，http：//www.mee.gov.cn/gkml/sthjbgw/qt/201809/t20180918_606408.htm。

第三节　结论与讨论

学术界在灾害类型与社会脆弱性的关系问题上存在着“灾害相关性”与“灾害独立性”的争议（Huang，et al.，2013）。前者在灾害背景下讨论社会脆弱性，后者则剥离了特定灾害背景，单独考察社会系统特征。本书倾向于第一种视角，因为特定灾害的发生可以使原先社会系统的脆弱属性更加清晰地呈现出来。在污染事故的背景下，对S村的个案考察可以得出以下结论。

第一，污染扰动下的生计脆弱性可以通过暴露性、敏感性和适应性三个维度进行衡量。暴露性维度主要考察污染的发生史以及2018年洪泽湖黑水事件中污染的规模和程度；敏感性维度主要考察渔民在污染事件中的损失程度，其中涉及渔民对水产养殖生计策略的依赖程度、水产养殖投入成本以及在事故中的经济损失；适应性维度主要考察渔民应对污染扰动的能力以及污染之后的生计调整状况：污染应对主要依赖政府，这与目前政府主导型的环境治理模式相吻合；生计调整状况受渔民的生计资本、政府的生态补偿与移民安置政策、省际污染赔偿协商、泗洪县政府为平复民怨而对村民进行的扶助等多种因素复合影响。

第二，生计脆弱性是环境、经济、社会系统相互作用的合力导致的特定状态。在S村个案中，污染引发的生计脆弱性一方面来自环境系统的特征（台风带来的强降雨和洪水的扰动；洪泽湖位于淮河下游，作为淮河的泄洪走廊），另一方面源自社会系统内部的人文驱动（经济特征、社会特征、制度因素、文化因素等）。社会系统中的主要因素包括：①淮河流域跨行政区生态保护与环境治理的体制与机制缺陷。由于缺乏上下游省份环境共治机制（比如相对成熟的省际生态补偿机制），上游省市对污染防治没有引起足够重视，由此埋下了平时积累的污染物随洪水狂泻并且在下游产生环境事故的隐患。②泗洪县政府对“中国螃蟹之乡”的经营与推动造就了一个对村民而言具有极大诱惑力的市场。互联网的普及以及淘宝网在S村的延伸为村民参与螃蟹市场提供了更加便捷的路径（2017年，村民通过淘宝店销售的螃蟹价值达600多万元）。正是因为看到了市场的潜力并且已经从中获益，很多村民才不惜贷款扩大螃蟹养殖投资，由此将自己置于一旦遭遇污染，生计将受到致命打击的危险境地。③国家的生态保护政策以及江苏省环保厅的环境督查。2017年，原环保部等七部门在全国范围内联合组织开展了针对国家级自然保护区环保督查的“绿盾专项行动”。2006年即被国务院批复建立的洪泽湖湿地国家级自然保护区自然也在“绿盾”行动对象之列。在江苏省政府和环保厅的敦促之下，临淮镇政府编制了S村生态移民规划，计划在三年内（2018年6月—2021年5月）完成整村的生态移民安置工作。这些宏观层面的因素对S村村民的心态产生了极大的影响。很多人都想在上岸之前，利用自己暂时拥有的自然资本（即湖面水域）、人力资本（即鱼蟹养殖知识与技能）和金融资本（流动资金和银行贷款）做最后的博弈。这样的行动抉择间接影响了他们面对污染的生计敏感性。由此可见，在S村，大量污水团引发的生计脆弱性是自然因素、制度与政策因素、政治因素与地区发展规划、市场力量、技术因素，以及微观层面上多数村民的生计单一性特征等多因素共同作用下的结果。

第三，在生计脆弱性研究领域，很多学者关注到生计主体的风险感知与生计策略选择之间的关系，认为风险感知是生计资本之外影响生计脆弱性的又一重要因素（Yamazaki，2018；苏宝财等，2019）。渔民对以往污染事件的主观敏感程度会对生计脆弱性产生影响：对污染历史的主观敏感性越强，越会采取一些防御性措施，从而导致生计脆弱性的降低。在S村个案中，渔民对污染历史的主观感知不但没有降低生计脆弱性，反而导致了脆弱性的增加，因为以往的污染灾害应对经验对渔民的风险认知起到了负面强化的作用。

第四，2018年洪泽湖黑水污染引发的生计脆弱性放在整个淮河流域污染治理与生态保护的政治议程中考察才能更加清晰。作为这一议程的一部分，江苏省宿迁市需要推进境内3448条洪泽湖住家船整治工作，对上万船民上岸后的住房安置、兜底保障、转产就业等问题进行妥善解决。由于突发污染事故嵌在政府的生态保护、环境治理、脱贫攻坚等政治议程之中，因此，无论是在降低暴露性和敏感性方面，还是在提升适应性方面，政府都发挥着主导性的作用。这一事实能够解释为何S村村级政权在纾解污染扰动下的村民生计脆弱性方面所起的作用微乎其微。对于发展乡村旅游业、实现社区脱贫致富而言，村级政权可以大有作为，比如，村委会可以通过改善社区的旅游设施、美化旅游环境的方式增加旅游吸引力，或者凭借居于政府与村民之间的中介地位和对社区实情了如指掌，更好地在社区落实政府的旅游规划政策（Su，et al.，2016）；再如，村委会可以发挥村中能人的创新性和带动作用，鼓励村干部协助村民获取金融资本（如优惠贷款）和社会资本（如成立产业协会甚至创建本地市场），以此来推动乡村特色产业的形成与发展（Liu，et al.，2008）。与此相比，村级政权在面对跨境污染应对、污染损害赔偿、灾民安置与保障等亟须在较短时间内解决或者超越自身能力范围的问题时便显得束手无策。

第五章

社会脆弱性视角下的环境污染治理

在灾害管理研究领域，研究者一直强调灾难程度是灾害源的属性与特定社会系统的脆弱性状况相互作用的结果。随着社会脆弱性视角的日益彰显，人们的关注重心不再是对抗灾害源，而是如何尽量减少灾害的负面结果。环境污染与自然灾害源有所不同：环境污染可以消除，而自然灾害源不能消除。由此衍生出的推断是：既然环境污染可以消除，在灾害源上着力，就可以切断其与社会脆弱性的相互作用；既然自然灾害源无法消除，工作重心可以不用放在灾害源上，而是放在脆弱性上。换言之，环境污染的社会脆弱性治理需要在消除污染和降低社会脆弱性两个方面同时着力；而自然灾害的社会脆弱性治理中对抗灾害源居于次要地位。

从社会脆弱性视角考察环境污染治理问题可以有两种思路：一是暴露性-敏感性-适应性思路，讨论如何降低特定社会系统对于环境污染的暴露性和敏感性以及如何提升环境污染的应对能力。绝大多数评估及消减社会脆弱性的研究都沿用了这一思路。① 二是风险-灾害-危机思路，从整体性和过程性的角度，讨论从污染风险向灾害、危机转化的过程中，如何通过修复社会系统运行机制的缺陷来尽可能减少环境污染及其损害。本章结合这两种思路对环境污染治理问题做一分析，但同时强调风险与灾害、危机并非截然分开，而是有可能相互嵌入。突发事件的处理不当可能引发

① 比如，刘凯等人（2016）从敏感性-应对性层面评价黄河三角洲地区的社会脆弱性，指出应对性是社会脆弱性的主要影响因素。为了降低敏感性，可以采取的措施包括：①调整产业结构，从不可再生能源经济走向生态经济，弱化经济因素对社会系统的扰动；②保护生态环境，弱化自然系统对社会系统的扰动；③强化基础设施建设，增强社会系统应对扰动的整体适应能力。

新的风险从而使“风险-灾害-危机”呈现多重图景。以污水处理厂的出水超标为例，如果只是对排污企业进行强制处罚而不去深究出水超标的深层动因，有可能导致企业的强烈不公正感和对环境管理部门的愤恨，从而引发企业与政府之间的矛盾和冲突。这是目前生态环境部非常重视污水处理厂进水超标问题，并积极制定相关文件，厘清相关各方环保责任的重要原因。

第一节　暴露性治理：环境污染的防控

暴露性是特定社会–生态耦合系统遭受各种类型的污染扰动或冲击的程度。暴露性治理的核心目标是减少环境污染的发生以及降低民众暴露于环境污染的程度。

一、环境污染的源头治理

环境污染的源头治理是一项系统工程，涉及产业结构和布局的调整、“散乱污”企业的关停和重污染企业的转型升级、面源污染和生活污染的处理、跨区域污染防控的联动与协调等诸多领域。对于特定治理单元而言，为了实现防治目标，需要有整体防治规划和各类专项污染防治规划，同时制定或完善配套的制度与规则，并且在实施过程中不断创新机制。

（一）点源污染的防控

1. 结构层：调整经济和产业结构，克服结构性脆弱缺陷

经济系统的结构性脆弱性通常表现在对单一资源（如煤炭、石油、海洋、旅游资源等）的过度依赖，由此导致资源型产业和非资源型产业的结构不平衡。很多学者在城市尺度上讨论过资源依赖与社会脆弱性之间的关

联（王士君等，2010；李博等，2015；程钰等，2015；吴浩等，2019）。在现行经济发展格局下，如何统筹推进经济发展和生态保护？笔者搜集了媒体上报道过的8个典型案例对这一问题进行初步分析。

表5-1　产业或企业绿色转型的8个典型案例

案例所在地	治理前突出问题	整治时间	报道中提及的驱动因素	初期损失	主要治理措施	治理成效
江苏徐州贾汪区	产业结构单一，过于依赖煤炭；资源枯竭；采煤塌陷区数量众多	2012年*	2011年被列为第三批资源枯竭城市；2017年习近平到访；2019年江苏与生态环境部签署共建环境治理现代化试点省合作协议		①关停转移低产能、重污染企业；②构建智能制造等现代产业体系，优化产业结构；③区域空间规划：生态修复、绿化造林、乡村环境整治等	全国资源枯竭城市可持续发展示范区、国家级生态修复示范区等
河北邯郸市	钢铁企业能耗高，污染和产能过剩严重	2014年	国家发改委批复河北调整钢铁产业结构；河北做“2310”产业布局	钢铁行业不景气	退城进园、布局优化、产品与产业升级	建成自动化、智能化绿色钢铁企业
浙江杭州富阳区	传统造纸业产能不断扩大，“造纸之乡”大气、水污染问题严重	2015年	浙江省贯彻“八八战略”；2014年撤市设区；2017年造纸业行业改造省级试点		①淘汰落后产能企业，产业腾退转型，发展生态型、智能型、数字经济产业集群；②制度创新，首创乡镇生态环境质量报告制度；③生态修复、环境整治	2020年获评“国家生态文明建设示范区”

续表

案例所在地	治理前突出问题	整治时间	报道中提及的驱动因素	初期损失	主要治理措施	治理成效
湖北宜昌市	化工围江	2016年	2016年初习近平提出“长江大保护”；2018年4月习近平到访	2017年GDP增速仅2.4%	①关停：淘汰低产能、重污染企业； ②转产：转向非化工项目； ③升级：发展精细化工； ④循环：资源循环利用	建成绿色化工园区；建成沿江生态岸线；2018年和2019年GDP增速分别升至7.5%和8.1%
天津静海区	钢铁围城	2017年	2017年中央环保督察组的批评；一家民间环保组织对“渗坑”问题的曝光	钢铁企业退出使2020年工业总产值与税收分别减少367亿元和13亿元	①加大治理资金投入，整治“散乱污”企业和渗坑； ②传统产业转型、升级； ③发展现代产业体系； ④生态修复，划定57.83km²生态保护红线范围	建成生态工业示范区，形成再生资源、精深加工再制造、节能环保新能源三大支柱产业；建成健康产业创新区
湖南湘潭市	大气污染严重	2018年	省级环保督察问题反馈，要求整改		①项目投资与提质改造：烟气脱硫脱硝、富余煤气回收、煤场全封闭等； ②投资增加厂区绿地	2018年创销售收入和利润历史最优，国家第三批“绿色工厂”
山东潍坊坊子区	铸造企业高耗能、高污染	2018年			①关停“散乱污”企业，削减铸造企业数量； ②新建绿色智能铸造产业园区，打造高端行业服务平台； ③培育行业龙头，发挥绿色、智能发展引领作用	2020年，行业产值在半数以上企业停产整治情况下同比增长5.9%；形成铸造产业转型的“坊子模式”

续表

案例所在地	治理前突出问题	整治时间	报道中提及的驱动因素	初期损失	主要治理措施	治理成效
江苏常州高新区	化工围江	2020年	国家“长江大保护”战略；江苏省委省政府部署		①关停污染企业，拆除设备、腾空场地；②港口码头、区域功能、重点企业转型升级；③企业搬迁地生态复绿；④重建化工园区，改善环境基础设施，专业化监管	申创国家长江经济带绿色发展示范区

* 贾汪区最早的转型动力来自2001年的一场矿难。事故发生后，贾汪区对乡镇小煤矿的调整及其所带来的经济损失可参见郑文含（2019）的文章。

表5-1的内容体现出两个重要特征：第一，在产业结构调整和经济转型的道路上，各地所围绕的核心原则是“绿色、循环、低碳、高端”。比如：宜昌在淘汰低产能、重污染化工企业之后，新建绿色化工园区，发展精细化工项目，如乙二醇、精细磷、环保肥、有机硅、微电子新材料等，通过企业内小循环、区域内大循环的方式实现资源循环利用；天津静海在转型后聚焦于绿色生态产业链、新能源产业链、健康产业链、高端智能制造等。转型升级后的企业或者新兴产业企业比较重视环境保护和企业内部环境管理，如邯郸市的永洋特钢集团有限公司、天津欧派集成家居公司、潍坊市的雷沃重工阿波斯集团和裕川机械公司等都斥巨资进行环保投入。此外，案例中提及的多个企业都非常注重对厂区的绿化和美化。花园式工厂是他们的共同追求。第二，即使转型初期可能会有损失，但绿色转型给企业、区和城市带来了巨大的利益和更广阔的发展前途，无一例外。这种利益不仅表现为利润、产值、GDP的增加，而且表现在空间的美化、产业结构的优化、脆弱性的降低、社会声誉的提升，以及可持续性的增强。

学术界关于经济和产业结构转型的一个重要理论解释是所谓的“环境库兹涅茨曲线（EKC）”。围绕EKC展开的一些重要论述包括能源密集型产业向技术和知识密集型产业的自然演进、自然资源的市场价格机制的调节、公众对环境质量和绿色产品的追求带给政府和企业的压力、经济增长与政府环境政策之间的关系等（张学刚，2017：16–17）。

上表案例中的事实表明，企业绿色转型的动力部分来自产业内部（如徐州贾汪区的资源枯竭、邯郸钢铁产业的不景气等），但更重要的动力来自政治系统，尤其是中央政府的推动。这一点在各案例开始整治的时间以及主要驱动因素上反映得非常明显。政治环境的变化是最重要的原因，表现在十八大之后中央对“生态文明”的高度重视以及随后的一系列推动手段（包括修订环保法，实施中央环保督察等）。另外，一个重要制约因素是污染企业对地方经济发展和财税贡献较大，使地方政府在整治问题上往往进退两难。以天津静海为例，两家污染严重的钢铁企业“下游关联生产型企业约140家、商贸服务业企业约50家，两家钢铁企业关停后，关联企业生产成本增加2.4亿元，物流运输量减少近2000万吨”（郭文生、任效良，2021）。再以湖北宜昌为例，整治前，宜昌市化工产业在工业产值中占比近1/3，在全省化工产业中的占比也是近1/3（刘志伟等，2020）。面对这些数字，我们也就不难理解为何没有上层的推动，地方政府很难下定决心进行结构性变革了。自上而下的驱动特征不仅表现在产业／企业绿色转型方面，同样表现在污染整治方面。以湖南益阳市为例，益阳市成立以市委主要领导为组长的整治小组大力整治锑污染开始于2018年，背后的驱动力量是当年中央环保督察组的问题反馈和严肃批评。在中央部委的强烈关注下，益阳市大体从两个方面采取了整治措施：一是现状调查，精准查找污染源；二是针对两类污染源（涉锑企业+矿洞涌水）分别采取相应的对策（刘立平，2021）。

2. 制度层：完善污染治理各项制度，尤其要创新激励与惩罚双重实施机制。

（1）激励机制。激励机制的目的是引导所有被纳入监管的生产经营单位在自觉遵守环境法律的基础上，能进一步发挥环境保护的主动性和创造性。以“环境监督执法正面清单制”为例，[①] 与颜色管理制度（绿、蓝、黄、红、黑）相比，它进一步突出了正面引导和差别化管理原则。凡是进入正面清单的生产经营单位，可享受环保部门现场检查频次减少、大气管控豁免、财税、金融等9个方面的激励优惠，由此形成以正面清单标识为核心、以各项激励措施为手段的综合激励体系。

（2）监督与惩罚机制。监督方式大体遵循智能监督-人工监督、政府监督-社会监督的不同组合。为了克服执法力量不足的缺陷以及提高监督效率，环保部门目前普遍的做法是采用若干智能监督和管理技术，如：使用卫星遥感、无人机、走航监测车、水下机器人、暗管探测仪等进行污染源排查；在企业排污口安装自动监控设备，监控数据与环保部门的环境信息大数据平台相连。相比而言，社会监督领域有更广阔的机制创新空间。2020年受到生态环境部表扬的江苏省泰州市在其“健康长江泰州行动”中在所有入河排污口均设置标识牌并附二维码。公众若想了解排污口的检测数据及其他相关信息，只要扫描二维码即可，参与环境监督非常方便。类似的机制创新还有很多，比如：湖北十堰市从2018年开始将大气巡查工作交由第三方机构完成；新疆从2021年5月开始实施“社会监督员”制度，面向社会各界招募合格人士参与生态环保监督，充当环保顾问和官民环境桥梁。

激励机制与惩罚机制相辅相成。两者的构成以及相互关系见表5-2。

---

① 江苏2020年开始试点该项制度，详细情况参阅江苏省生态环境厅2021年6月28日发布的文件《江苏省率先全面推行常态化生态环境监督执法正面清单制度》，http://hbt.jiangsu.gov.cn/art/2021/6/28/art_1634_9862362.html。

表5-2　激励机制与惩罚机制的构成与关联

	激励机制	惩罚机制
行政+司法手段	减免现场检查，增加服务指导，轻微环境违法免于处罚	纳入重点监管对象，增加监管频次和力度；行政罚款、限制生产、追究刑事责任等
信用手段	提升信用类别或信用等级，纳入正面清单，给予政策优惠（如“错峰生产”）	降低信用类别或信用等级，纳入负面清单，取消政策优惠
金融手段	低碳环保、环境信息披露充分的企业更容易获得投融资基金和政府的金融支持	停止专项（如电价等）补助资金，压缩银行信贷，限制项目资金审批
税收手段	绿色企业享受绿色税收优惠（排污达标则增值税减免、即征即退）	限制或取消绿色税收优惠，追缴增值税退税款
合法性手段	颁发绿色荣誉称号；通过媒体宣传企业的绿色成就，增加企业的社会合法性	通过媒体通报批评，增加曝光度，信用等级向社会公开，降低企业的社会合法性

在生态环境保护日益受重视的背景下，行政手段日趋严厉。主要表现为：第一，由于新环保法规定了按日计罚和上不封顶的原则，对污染企业的行政罚款数量有可能在短期内迅速增加。典型事例如2019年轰动一时的河南孟州某污水处理公司事件。因企业拒不整改，短短两个月时间，环保部门对公司的罚款由80万元激增至4880万元。第二，环境执法检查力度加大，除了动用先进科技手段之外，一些地区还建立了跨部门联动机制，比如：四川成都在执法检查时实行监测、环保、公安三部门联动，分别负责采样检测、现场检查和取证，以及侦查与控制；同样，浙江湖州建立了环境治理司法协同机制，实行环保部门与公检法部门的联通联动。

激励和惩罚机制中所包含的诸种手段往往综合使用。信用等级或类别高的企业会被减少行政手段的使用，在税收和金融方面会得到优惠，通过宣传机制的作用也会获得更大的社会合法性。

3. 微观层：深化企业环境管理

政府通过制度的制定与实施进行排污治理尽管重要，但也有局限性。其一，制度的制定和颁布需要时间，正如生态环境部刘志全司长在介绍《排污许可管理条例》时所说：《条例》的出台经历了总结实践经验→借鉴国外经验→广泛听取意见→固化有效举措的过程。正是因为制度出台的相对滞后，它无法及时涵盖变动的现实。其二，政府环境监管力量有限，并且无法掌握充足的环境信息用于管理决策。其三，政府的环境管理常常得不到管理对象的配合，甚至遭遇人情、关系、礼物、跟踪、阻挠等各种对抗之策。在这种情况下，政府除了借社会之力参与环境治理之外，强化企业的环境治理主体责任便显得非常重要。深化企业环境管理一方面要完善制度的刚性约束，另一方面要让企业在制度框架下自行承担环境管理责任。按照时间的先后，这些责任可以分为四个阶段：①规划与开工建设前：环境影响评价；②开工建设时期：环保基础设施建设；③生产期间：环境管理岗位的设置和责任落实、环保设施的运行、自行环境监测与记录、台账管理与上报、环境信息披露、环境风险防控等；④产品消费之后：废弃物的回收和循环利用。

（二）面源污染的综合整治

迄今为止，我国面源污染问题仍然没有得到有效控制，这是2021年《农业面源污染治理与监督指导实施方案（试行）》出台的重要背景。表5-3列出了2017—2020年我国农业面源污染的一些统计数字。

表5-3　2017—2020年我国农业面源污染情况表

	2017年	2019年	2020年
化肥施用量（万吨）		5404	
化肥施用强度（千克/公顷）		326 *	
三大粮食作物化肥平均利用率			40.2%**
农药利用率			40.6%***

续表

		2017年	2019年	2020年
农药投入量（万吨）				139
农膜投入量/农膜残留量（万吨）				241 / 118
农业源COD	排放量（万吨）	1067.13		
	在水污染物排放总量中占比	49.8%		
农业源氨氮	排放量（万吨）	21.62		
	在水污染物排放总量中占比	22.4%		
农业源总氮	排放量（万吨）	141.49		
	在水污染物排放总量中占比	46.5%		
农业源总磷	排放量（万吨）	21.2		
	在水污染物排放总量中占比	67.2%		

注：*国际安全施用建议水平为225千克/公顷；**发达国家为50%~60%；***发达国家为50%~60%。资料来源：根据吴丰昌2021年、张福锁2021年文章整理得出。2017年更详细的污染信息可参阅《第二次全国污染源普查公报》。

按照污染来源和区域范围两个维度，面源污染大体可以分为农业-工业-生活污染、区域内-跨区域污染。其中，农业面源污染又可进一步分为种植业污染（化肥、农药的使用）和养殖业污染（包括畜禽养殖和水产养殖）。由于面源污染来源广、种类多、查找难，治理难度很大。针对面源污染问题，学界和政府官员主要提供了三种治理思路。

第一，技术视角。这一视角侧重于通过技术创新减少污染量，包括：创新化肥、农药、农膜等农业投入品绿化与减量技术；充分利用自动化、大数据、人工智能等手段强化新型农业投入品的精准使用技术；创新多污染物协同减排技术等。技术创新不仅限于投入品源头，而且需要向农业产业链全过程延伸，在资源投入→生产过程→农产品消费整个流程中精准查找环境污染环节和污染程度，设计一体化应对方案（张福锁，2021）。

第二，管理学视角。这一视角包括两大思路。一是管理和制度思路：查找管理和各项制度中存在的漏洞，针对这些漏洞提出相应对策。主要涉及污染负荷评估与控制单元识别、监测标准与监管能力提升、多元主体协同共治、治污绩效考核与评估等（洪亚雄，2021）。二是“适应性治理”思路：采纳“适应性治理”思维，提升治理质量。代表性研究是詹国辉等（2018）以区域（白洋淀水域）为空间尺度，认为农业面源污染的治理着力点应该放在法律保障、协调机制、公众参与、合作平台和多主体利益协调五个方面。

第三，社会学视角。农村面源污染的加剧是因为石油农业的发展带来了农村生产方式和生活方式的变迁，比如：化肥与农药的便利使用、畜禽养殖的规模化破坏了传统生产方式在种植业与养殖业之间建立起来的物质循环；单一水产养殖在获得短期高产的同时破坏了养殖及其水环境的可持续性；农村居民的集中居住和生活方式的城市化导致传统村落生活状态下废弃物利用循环的断裂。与生产与生活方式变迁相伴随的结果是农民的环境意识和环境行为的变化。其基本思路是：生产方式和生活方式变迁→农民环境行为和环境意识变迁（由亲近环境变为疏远环境）→面源污染。在这种情况下，面源污染问题的解决需要从根源着手。在生产方式领域，可以探讨如何充分利用传统生态智慧（种养结合、桑基鱼塘等）创新发展现代农业技术。在生活方式领域，需要根据村庄发展类型因地制宜地进行生活垃圾污染治理：鼓励普通自然村居民保持废弃物循环利用传统；加强对“中心村”农民废物资源化利用的引导和垃圾分类处置的规范引导；探索旅游村对相对单一的废弃物进行资源化利用的合适路径（陈阿江、罗亚娟等，2020）。

（三）跨区域污染的协调共治

跨区域污染的协调共治问题在21世纪初期就已经凸显，并且曾引发过严重的社会冲突，比如前文提及的江苏苏州与浙江嘉兴之间的环境冲突。

另一个产生了轰动性效应的事件是2005年湖南、贵州、重庆三省市交界处因锰矿污染而引发的清水江流域几十个行政村的村干部集体辞职。2010年以后，跨区域污染协调共治问题逐渐引起了各地政府的重视，并且在早期实践经验总结的基础上取得越来越多的成效。

大体以2018年为界，跨区域污染治理历程可以分为两个阶段。2018年以前处于试点和经验积累阶段。在财政部和原环保部的推动下，2012年，浙皖两省在新安江流域首次试行跨省生态补偿。大体同时，其他地区也在摸索合适的跨区域联合治理办法，比如，签订跨区域环境保护框架协议（淮河流域），或者尝试建立跨省生态补偿机制（赤水河流域）。由于新安江流域的试点刚刚开始（试点期限是3年／轮×两轮），成效和经验尚未成型，因此，这个时期的成效不明显。2014年，修订后的新环保法为跨行政区域的环境联合治理提供了法律基础。在新安江试点的影响下，很多地区也开始了同类操作。比如：2016年，河北与天津就引滦入津上下游横向生态补偿问题签订了第一轮合作协议；2017年，浙江金华在市范围内试行流域生态补偿机制。在大气污染联合治理方面，2011—2014年连续几年的严重雾霾天气使国人认识到大气污染治理的重要性。跨区域的成果有京津冀大气污染防治协作小组的建立等，省域范围内的努力如2015—2017年内蒙古自治区的乌海市与周边城市组建了协同治理大气污染的机构，签订了联防联控合作框架协议。

2018年以后处于成功经验普及以及治理机制的进一步完善阶段。新安江流域两轮试点到期，结果证明成效显著，因此，越来越多的地区开始了跨流域生态补偿工作。2018年，长江流域的云贵川三省为保护赤水河签署了跨流域生态补偿协议。在淮河流域，2018年8月的洪泽湖“黑水”事件使跨区域污染协调防治问题进一步凸显，直接推动了政府采取更具实质性的行动。2020年1月，生态环境部和水利部联合印发了《关于建立跨省流域上下游突发水污染事件联防联控机制的指导意见》。2020年5月，两个部门签署了针对淮河流域突发水污染事件的跨省联防联控协作文件，将《指导意见》具体落实。与此同时，在黄河流域，中央出台《支持引导黄河全流域建立横向生态补偿机制试点实施方案》。一年后，河南、山东两省签订了为期两年的“黄河流域首份省际横向生态补偿协议”，按照省界国控断面水质类别和变化状况，安排了1亿元最高补偿资金规模（曾鸣等，2021）。此外，一些省份也在省域范围内推进污染跨界联动和协调，比如，2021年1月，陕西省针对突发环境事件中涉水事件占比很高的省情，出台了《跨界流域上下游突发水污染事件联防联控工作实施意见》，完善了跨市沟通协调、信息共享和联动处置机制，进一步明确了责任主体界定方法与矛盾化解的措施。[①]

跨区域污染协调共治机制的进一步完善有四个方面的重要内容：第一，改革治理体制。在环境污染成因与对策的讨论中，一个广受诟病的问题是所谓“体制性困境”，即本应负责环境监管职责的环保机构因隶属于地方政府而无法有效发挥作用。跨区域环境治理更需要解决体制问题。事实证明，在跨区域大环保方面做得比较好的地区（如长三角、京津冀、淮河流域等），都建立了区域一体化的治理机构（或准一体化机构，比如“协同防治小组”）；[②] 在大环保方面相对落后的地区（如蒙宁陕晋交界处的“煤炭黄金区”，王珊，2020），受本位主义、邻避心

① 详细报道见陕西省生态环境厅官方微博，https：//weibo.com/ttarticle/p/show?id=2309404598023186416353。

② 在长三角，浙江嘉善县、上海青浦区和苏州吴江区为了联合推进“长三角生态绿色一体化”，在示范区内建立了联合环境执法和一体化环境监管体系；在京津冀，2018年7月，原先的京津冀及周边地区大气污染防治协作小组改名为“领导小组”，由国务院而非北京市牵头，在小组成员单位中增加公安部，反映了跨区域污染防治体制的升级；在淮河流域，2019年5月，生态环境部组建了“淮河流域生态环境监督管理局”，负责整个流域范围内的环境规划编制、环评会商机制创建、环境监管与执法、重大突发水污染事件的应急指导与矛盾调处等。

理等因素的影响，一体化的治理体制都不完善。第二，完善协调共治的技术基础和信息联通。目前，有些城市已经实现了辖区范围内环境监测的智能化以及环境信息的跨部门联通共享，比如，浙江义乌已建成“大气治理数字化智慧平台”，且平台信息对接建设、政法、交通、综治等多部门信息系统，实现了大气污染协同防治。这样的技术监测和信息联通需要在跨区域范围内进一步推广。第三，明确界定区域内各个地区和相关部门的职责，包括风险预防阶段各方的工作职责、危机处理阶段各方的工作分工，以及出现负面结果时各方需要承担的责任，只有这样，才能避免工作上的相互推诿以及出现纠纷时的相互指责。第四，及时查找联动与协调过程中存在的漏洞并尽快加以弥补。以京津冀地区的大气污染防治环评会商为例，该项制度在实施过程中存在很多问题，诸如产业重新布局时的“邻避”现象严重、各省市所做的区域空间环评不协调、环评会商形式单一、会商出现争议时缺乏仲裁机制、会商结果的执行缺乏监督机制等（耿海清、李博，2021）。只有尽快解决这些问题，才能使跨区域环评会商制度更加完善。

（四）完善环境社会参与机制

环境污染加剧的一个重要诱因是政府–逐利者–社会力量的失衡，因此，遏制污染恶化的有效手段就是通过强化环境社会参与来恢复三者的平衡。从20世纪90年代中期以来，中央政府通过政策驱动逐步推进环境社会参与：从鼓励成立环境NGO，到颁布《环境影响评价公众参与暂行办法》（2006年）、《环境信息公开办法（试行）》（2007年），再到2014年修订的《环境保护法》设专章规定信息公开和公众参与，以及出台《关于推进环境保护公众参与的指导意见》（2014年）等，环境公众参与的制度空间日益扩大。

1. 公众通过制度化路径参与污染治理的功能

在个体层面上，当前的功能集中于环境举报和信息提供。个人通过线上线下各种环境信访通道提供污染信息、反映环境问题，为政府解决相关问题提供行动依据。中央环保督察过程中很大一部分信息来源（甚至地方上应对督察的具体方法，如利用微信群锁定督查组车辆位置等）是群众举报提供的线索；生态环境部的许多重大行动中也有群众参与的影子，比如，从2018年开始对长江经济带固体废物倾倒的整治、2021年对长江非法采砂问题的整治以及对黄河流域固体废物倾倒的整治等。在这些行动中，除了卫星遥感等科技手段之外，群众提供的信息和服务对环保部门完成行动目标也有很大帮助。为了鼓励公众参与环境监督，2020年4月，生态环境部颁发了生态环境违法行为（沿江偷排、跨区域倾泻危险废物等）举报奖励制度的实施指导意见。根据生态环境部的统计，奖励制度实施之后，当年全国各地奖励案件和奖励金额同比分别增加了44%和100%。①

相比而言，组织层面上的环境社会参与所发挥的功能较多，包括环境监督、调查研究、协助企业绿色改造、沟通平台搭建、环境教育、组织志愿活动、公益诉讼等。这里的组织除了环境NGO之外，也包括企业和其他群团（如共青团、妇联等）。民间环保组织的作用尤其重要。以江苏苏州的“绿色江南”为例，自2012年成立起至2021年6月，“绿色江南”履行着对企业的环境监督和举报、环境问题调研、环境决策咨询、环境教育等多项环境功能，围绕“信息公开”“绿色供应链”等五个门类公开发布了数十篇调研报告。2021年，“绿色江南”与环保部门合作，对江苏14个化工园区进行实地环境调研，查找环境管理漏洞，协助化工企业提升环境风险管控水平。表5-4列出了“绿色江南”2012年成立以来的主要工作领域和工作成果。

① 生态环境部通报的10起实施举报奖励制度典型案例详细情况可参见《中国环境报》2021年5月26日02版。

表5-4 “绿色江南”主要工作领域及成果（2012—2020年）

年份\成果	在线环境监督	污染源调研	绿色供应链	绿色证券、绿色税收、环境公益诉讼	构建蔚蓝生态链
2020	对全国13 567家重控污染源持续监督，向环保部门监督提示5004家次；11次依申请公开	开展100多次工业污染源实地调研	参与绿色选择联盟（GCA）审核22次，推动长三角品牌供应链绿色管理；与DELL联办绿色供应链论坛	发布2期绿色证券研究报告，提醒上市公司注意因环境信息披露问题造成的股市风险；发布3期绿色税收报告	推动215家企业通过蔚蓝地图关注自身环境表现，对在线超标及时做出公开说明，构建多方信息共享和相互信任
2019	对全国13 567家重控污染源持续监督，向环保部门监督提示5064家次；11次依申请公开；污染源监管信息公开指数（PITI）评价	开展100多次工业污染源实地调研，发布行业调研报告	参与GCA审核42次；合作承办供应商环境培训研讨会，优化绿色供应链	参与3起环境公益诉讼	举办两次公益沙龙，搭建多方沟通桥梁；开展企业环境培训；发起绿色企业伙伴计划，推动54家企业就环境数据异常主动说明原因92次
2018	对全国13 567家重控污染源在线监测数据进行监督，举报1579家超标企业；PITI评价	开展150多次工业污染源实地调研，递交42份调研报告	参与GCA审核43次；发布圣象、小米等品牌企业调研报告，推动企业整改供应链中的环境问题	发起2起环境公益诉讼	举办1次圆桌会议，参与2次环境培训，开展5次环保公益沙龙，构建多方合作发展模式
2017	以微博方式与各地环保系统政务微博合作，监督国控污染企业6402家，举报921家；合作撰写《华东地区国控污染源信息公开报告》；75次依申请公开；PITI评价	开展115次工业污染源实地调研，递交26份调研报告	参加绿色供应链论坛；参与GCA审核10次		举办2次圆桌会议、3次环保公益沙龙、3次环保专题培训，搭建多方沟通平台

续表

成果 年份	在线环境监督	污染源调研	绿色供应链	绿色证券、绿色税收、环境公益诉讼	构建蔚蓝生态链
2012—2016	依托各地在线数据监测平台和蔚蓝地图APP，监督华东4740家国控污染源企业，举报852家；数十次依申请信息公开；参与城市PITI评价	以太湖流域为重点开展环境项目；污染现场调研，调研报告发布	推动多个品牌整改供应链中的环境问题；发布绿色供应链调研报告，促使多个品牌加入供应链体系	共同发布2期绿色证券报告（2014年）	推动多次圆桌会议，搭建企业-政府-社区居民协商平台

资料来源："绿色江南"年度工作报告。报告详细内容见https：//www.pecc.cc/section/8。

从表5-4的内容来看，民间环保组织的环境参与空间要比零散的个体参与广阔得多。"绿色江南"能取得较大社会反响的主要原因可以从三个方面加以提炼。

第一，借力：通过加入民间环保组织网络扩大行动空间，提升参与能力。"绿色江南"与多个环境组织有合作关系，比如：与公众环境研究中心（IPE）和自然之友合作，共同发布过多个行业污染调研报告；与IPE合作进行污染源监管信息公开指数评价；与中国政法大学环境资源法研究和服务中心、中华环保联合会等环保组织合作共同发起环境公益诉讼。此外，环保沙龙、环境培训等事务得到了外部专家等的支持；在资金上得到过SEE基金会等多个基金组织的资助。

第二，专业：工作成果因较强的专业性得到了企业和政府的认可。专业性首先表现在其利用先进技术监控污染源。没有各地的在线数据监测平台和蔚蓝地图APP，"绿色江南"不可能实现对全国范围内上万家企业的污染状况进行监督。其次表现在其各类调研报告事实清晰、建议合理，容易被采纳。没有专业性，无论是调研过程还是调研成果都会缺乏科学依据。再次表现在其对行业动态的准确把握和不断探索新的领域，比如持续关注PITI并且适时修改评价指数，把国家推进碳中和战略和保护长江的精神贯彻到调研建议中，业务范围逐渐向绿色供应链、绿色证券、绿色税收等领域拓展等。

第三，合作：与企业和政府部门进行合作而非对抗。针对企业的举报不是要与企业对抗，而是促使企业履行环境主体责任，在实现社会公益的同时提升企业的品质。“绿色江南”宣称“在监督中服务，在服务中监督”，因此，它的很多举措对企业而言有益无害，比如：帮助企业查找环境风险管理漏洞，防止重大环境事故发生；协助企业发现产品供应链各个环节中出现的环境问题，提升品牌形象；提醒上市企业做好环境信息披露，以免环境风险转化为金融风险；等等。对于政府而言，“绿色江南”对污染源的监督与举报有益补充了环保部门的环境监管；绿色税收帮助税务部门识别企业环境表现，规范绿色税收措施①；公益沙龙、环境培训等帮助政府扩大了环境宣传。

2. 完善环境公众参与的路径

从参与方式看，环境社会参与除了包括个人零散参与和组织参与之外，还可以分为主动参与和被动参与。按照这两个维度的交叉分类可以对环境社会参与做些分析：①个人被动参与。第一种类型是被安排，个人缺乏参与积极性。积极性的缺失可能由两种情况导致：一是与切身利益关系不大。环保意识不强的社区居民参与垃圾分类属于此类。二是虽关乎切身利益，但认为参与没有效果。环境影响评价过程如果不规范可能产生此类现象。被动参与第二种类型是被逼迫，主要出现在环境权益受到侵害且无法获得补偿时，个体投身于各种环境抗争。②个人主动参与。这里也有两种情形：一是由社会责任感和价值观所驱动，环境保护意识较强；二是制

① 典型表现是2020年发布的《长三角污水处理厂绿色税收观察报告》，指出了金风科技等污水处理企业被环保部门处罚但继续享受绿色税收优惠的情况。

度引导和激励，与环保意识强弱没有必然关联。③环保组织被动参与：环保组织仅仅是政府为了装饰门面的工具，在人事、资源与活动安排等方面完全受制于政府。④环保组织主动参与：政府为环保组织参与环境治理提供了一定的制度空间，使之能利用这一空间积极履行环保责任，实现社会利益与自身成长的统一。

环境社会参与虽有很多主体（公众、专家学者、企业、民间环保机构、社区、媒体等），但在操作层面上无非就是以个体和组织两种形式将行动落实。因此，完善环境社会参与机制要思考的问题是如何激发个体和环保组织主动参与环境治理的积极性，让参与者愿意参与、能够参与并且看到效果。

第一，“愿意参与”。在这一维度，可以按照韦伯关于行动的理想类型划分从四个方面采取措施：一是利益诱导，参加环保有好处；二是价值观引领，通过环境教育使环保理念深入人心；三是榜样带动，使环保行为成为一种习惯；四是情感共鸣，通过大量宣传和实实在在的环保成效唤起民众对环保的情感认同。

第二，“能够参与”。在这一维度，可以从“参与能力”和“参与机制”两个方面着手，主要依据是生态环境部环境与经济政策研究中心2021年关于公民生态环境行为的调查结果（钱勇，2021）。[①] 环境问题的专业性和环境保护的技术性使得很多人缺乏环境参与的能力，比如，并非所有人都能看懂环保部门网站上公布的环境信息，并非所有人都能运用环保政务微博和12369网络举报平台与政府部门进行沟通，也并非所有人对各级政府颁布的环境法律法规都非常熟悉，因此，深化环境参与必须提升公众的“参与能力”。除此以外，“参与机制”的完善也很重要。公众环

① 其中提及有超过一半的受访者在回答阻碍自身参与环保志愿服务的最主要原因时选择“不知道如何参与”；此外，“缺乏必要的培训保障”也是一个重要的阻碍因素。

境参与平台大体分线下和线上两种。线下参与机制可分为体制性参与和志愿参与。体制性参与指赋予参与主体（河湖长、林长、海/湾长或类似新疆地区环保部门招募的“生态环保社会监督员”等）一定的体制内身份。由于具备了体制内身份和权力，参与者会有很强的责任感和义务感。志愿参与机制是通过组织化和项目化的形式动员和整合多元参与主体加入环境保护行列。线下参与的另一种形式是听证会、公证会等。由于参与各方的信息、权力、资源不对等，必须对参与主体选择、参与程序、参与平台进行规范化，参与过程要接受社会监督和反馈。线上参与的优点是非常便利，同时又可以避开线下参与中的一些问题，因此深受政府重视。从生态环境部就《排污许可管理条例》答记者问的情况看，在保障公众参与环境治理的制度设计上，目前还是强化线上参与，其中最重要的举措是加强两个平台（全国排污许可证管理信息平台、全国信用信息共享平台）建设，要求排污单位的环境信息、环保部门监管信息都要上网，方便公众查询和监督。

第三，“参与效果”。在这一维度，可以从三个方向努力：一是做好环境公众参与成效的宣传报道；二是对在环境参与中做出重要贡献的个人和组织进行物质或精神奖励；三是将政府与社会互动结果（比如对群众反映的合理问题的回复率和解决状况）纳入相关部门的政绩考核。

二、环境污染事件的应急处置

从源头上减量是污染暴露性治理的根本举措。另一方面，在环境污染仍然不可避免，污染事件还在不断发生的情况下，快速而恰当的事故应急处置对于降低污染暴露程度同样非常重要。以2021年1月嘉陵江铊污染为例，如果污染团没有得到及时拦截和处理，势必会有更多人群、更大区域暴露在铊污染之下。[①]由此推断，污染事件的应急处置是污染暴露性治理的第二个重要维度。这一部分结合具体案例讨论如何通过有效的应急处置减少各类生态环境事故所带来的污染暴露性。

（一）缜密的应急预案

在国家层面上，中国最早在2005年颁布突发环境事件应急预案。经过10年的实践经验积累，到了2014年底对原版应急预案进行了修订。对这两个应急预案进行对比可以发现10年间的变动状况。

表5-5 《国家突发环境事件应急预案》两个版本的比较

	2005年版	2014年版
编制依据	《环境保护法》《突发公共事件总体应急预案》《海洋环境保护法》《安全生产法》	删除《海洋环境保护法》和《安全生产法》，代之以《突发事件应对法》和《放射性污染防治法》
组织机构	国家层面：国务院领导，部际联席会议协调，各专业部门参与	国家层面：国家环境应急指挥部下设7个工作组；必要时向国务院或生态环境部申请成立跨区域协调组织
预防预警	①环保、海洋和交通部门的环境信息监测；②污染源调查、应急科研、管理软件研发；③四色预警及措施；④预警支持系统（如各类应急资料库）建设	①强调风险信息的监测与研判；②强调生产经营单位的环境责任；③更加细化预警信息发布后的具体行动措施
信息报告	①报告时间规定为事件发生后1小时内，报告对象是各级政府；②将报告类型划分为三种：初报、续报、处理结果报告	①事件发生后立即报告，报告对象是环保部门、相关部门、可能的受害者；环保部门核实后再向有关部门报告；②对跨省报告和上报国务院的具体情况做了进一步规定
应急响应	①分级响应：I级由环保部负责；②环境应急指挥部负责指挥、协调、安全防护；③环保总局负责环境应急监测；④部际联席会议负责信息发布	①分级响应：I级、II级由省级政府负责，III级、IV级分别由市、县级负责；②对响应措施做了更细致的规定，内容涉及污染处置、人员安置、医学救援、市场监控、应急监测、舆论发布、社会维稳、国际通报等

① 此次污染所影响的人群数量和造成的直接经济损失可参阅生态环境部2021年7月17日发布的该事件调查报告。

续表

	2005年版	2014年版
应急保障	①资金、装备和通信；②人力资源；③技术；④宣传、培训与演练；⑤应急能力评价	①强调事故责任单位的经费承担；②强调环境应急专家库的建设和作用；③强调应急物资来源的多样化；④强调智能化技术研发；⑤增加交通运输保障，删除了与现场应急关联不大的宣传／演练／能力评估内容
后期处置	仅提及组织专家进行灾害评估，建立社会保险机制	①增加了向社会公布污染损害评估和事件调查报告的规定；②增加了关于抚恤和环境修复的内容

从表5-5的内容看，与第一个预案相比，2014年的应急预案更加完善。表现在：第一，2014年预案特别强调智能化、大数据等现代科技在环境事故应急处置中的作用，这与10年间中国加强应急支持系统建设有很大关系。第二，2014年预案的组织体系更加合理。2005年预案规定：部际联席会议负责协调各参与部门应急处置；各部门负责本部门事宜，需要其他部门增援可向部际联席会议发出请求。这样的应急运行机制增加了联系环节，有可能造成应急处置的时间延误。2014年预案将各部门分别纳入7个工作组中，由应急指挥部统一指挥和调度，无疑减少了联系环节，提高了应急效率。第三，2014年预案对应急响应措施的规定更加全面。与10年前的预案相比，新预案增加了医学救援、市场监管和社会维稳等内容。这种变动考虑更为全面，与现实状况也更加贴近。以2020年发生的黑龙江省鹿鸣矿业事件为例，事件的应急处置涉及技术处理，如漏水点封堵、向污染水体投放絮凝剂以沉降水体污染物；涉及事发地及下游点位地表水环境质量的持续监测以及监测结果在环保部门的官网、微信公众号等媒体平台上的及时发布；也涉及稳定民心问题：在受污染影响的地区，居民必定产生恐慌心理，导致疯抢超市矿泉水和各类食品；污染影响水源供应，必须启动城市供水安全应急预案，保障民众日常生活用水；此外，民众正常生产

生活被污染扰乱，必定心怀不满甚至是愤怒，对此，政府在应急过程中必须一方面控制污染，另一方面维持市场稳定、平息社会不满、对事故进行调查并且公布调查结果，给民众一个合理的解释。第四，2014年预案有更强的多元治理的特点，比如强调事故单位的治理责任，强调应急物资来源的社会化等。这一特点在2020年伊春鹿鸣事件的应急处置过程中得到了明显验证。第五，新预案更加注重信息的公开和透明，一方面回应了民众信息来源的多样化以及政府无法再单独垄断事故信息的现实，另一方面也为了满足民众日益强烈的信息安全需求。

由两个应急预案的比较可以看出，基于突发环境事件应急管理的实践经验，应急预案需要与时俱进、不断修订。由于环境事故的级别不同，环境污染的类型不同，有危险化学品对大气、水和土壤造成的污染，有重金属环境污染，有海洋溢油，也有尾矿库泄漏和核辐射事故等，因此，不同空间尺度需要结合具体情境设计可操作性强的环境应急总体预案和专项预案，以便在事故发生时能够从容应对。

（二）完善的应急准备

1. 加强环境突发事件的应急演练

缜密的预案设计是环境突发事件应急的第一步，在此基础上需要定期开展应急演练，在演练中发现问题和积累应急经验。具体而言，应急演练可以揭示污染事件应急处置过程中诸多环节是否存在问题：其一，应急预案的内容是否合理、实用？应急管理是否已经形成常态机制，甚至在重特大事件发生后“常态”与“非常态”的转换机制？其二，在应急管理中，政府各个部门的响应是否迅速而及时，横向职能部门之间是否存在各自为政、沟通不畅、协调不足的问题？如果污染事件涉及跨区域问题，各行政区域之间的协调与联动是否顺畅？其三，在应急保障方面，人员、物资、技术等各方面的准备是否充分，是否建有综合应急物资储备库，如何进一步优化？其四，应急管理的过程是否完整，有没有出现因为忽略了某个方面的工作（如社会稳定或信息公开）而降低了管理效果？其五，应急管理手段和技术是否与时俱进，比如是否建成应急管理平台软件，是否可以利用大数据平台进行决策辅助、信息整合和动态指挥等？

2. 加强环境突发事件应急保障建设

环境突发事件的应急处置需要有充足的人员、技术和物资保障。在目前已发生的一些重大或特大环境突发事件中，应急储备物资不足、技术设备和人员配备不足的问题时常凸显，比如：2005年11月松花江水污染事件中，哈尔滨市只能提供净化污染带所需1400吨活性炭的一半数量，同时在饮用水资源储备、环境监测所需人员与技术设备方面都有很大欠缺（陶鹏、童星，2018：125）；2020年3月黑龙江省伊春鹿鸣矿业尾矿库泄漏事故中，黑龙江本省缺乏足够的聚合硫酸铁絮凝剂投放到污染水体，最终由参与应急处置的生态环境部从河南、山东和辽宁三省紧急调度大量药剂，才使应急物资紧张状况得以缓解（李玲玉，2020）；同样，在2021年1月嘉陵江铊污染事件中，甘陕川三省相关市县普遍缺乏对重金属进行检测的仪器以及对重金属监测数据进行快速分析的专业人员，这是该事件中信息报送滞后的重要原因之一（生态环境部，2021）。

在特殊的环境事故中，地方政府对于某种特定应急物资的储备可能有限，若要满足应急需求，必须进行跨区域物资调配。生态环境部在鹿鸣事故中的成功经验在于：第一，平时要建立各类应急物资信息库。正是通过信息库和网络平台搜索，生态环境部才能迅速获得全国范围内絮凝剂库存和产能分布表，而后迅速组织调运事宜。第二，应急时期要有跨区域急需物资调度能力。横向的物资协调与调度时间较长且不能确保成功，只有建立贯通上下的纵向应急管理部门并且赋予其相应的应急管理权力才能确保应急物资调度效率。在伊春事故中，自上而下的运作机制是生态环境部→生态环境厅（向省政府汇报）→相关企业。絮凝剂的紧急筹措工作被看成是一项“政治任务”，因此获得了地方政府的高度配合。第三，应急物资的紧急筹措和运输离不开企业和社会力量的参与。单纯依靠政府力量无法完成向事故现场迅速运送大量应急物资的任务，必须激发和调动企业与公众的社会责任感。政府负责控制、协调、调度，具体的生产、搬运、物流工作还需要企业和社会力量完成。因此，在应急物资准备工作中可以加入企业与社会力量激励机制。

（三）灵活而迅速的应急协调

环境突发事件的处置过程涉及信息报告、物资与人员调配、污染物处置、舆论应对与公共秩序维护等多个环节，因此，事件的快速响应和有效应对离不开不同部门之间、不同地区之间的相互协调。应急协调机制的完善可从四个方面着手：第一，在体制上建立能够驱动各个部门或者各个地区立即投入行动的机构。如果仅仅依靠横向平级协调，协调时间较长，并且无法保证协调效果。第二，对突发事件中各个部门、各个地区所要承担的职责做出明确规定，既使得相关各方明确知晓事故应急中自己要承担的任务，也为事后的褒奖或责任追究提供依据。第三，加强应急支持系统建设。应急协调既要解决相关各方想不想的问题，也要解决能不能的问题。比如，预案规定环保部门在应急处置中负责环境监测，提供并上报准确的环境信息，但是，如果环境监测技术手段落后，就不能迅速提供准确的环境信息以供决策。同样，如果交通基础设施不完善，就不能保证应急物资及时运往事故现场；信息共享系统不完善，就不能很快获悉应急物资的分布和盈亏状况。第四，加强平时的应急演练。参与应急的各方只有在实战演练中才能更加熟悉自己的职责分工，也只有经过不断的实战磨合才能逐步优化协调机制。

第二节　敏感性治理：污染损害的削减

如前所述，敏感性是指特定系统在面临一种或多种扰动时潜在的易损特性。环境污染引发的敏感性与暴露性有时很难分清，比如：污染物排放量的增加会导致生态环境系统的敏感性指数上升（程钰等，2015）；单位生产总值废水排放量是影响黄河三角洲地区敏感性的三大主要因素之一（刘凯等，2016）。在这些研究结论里，作为扰动源的污染、暴露性、敏感性三者相互缠绕。本节从敏感性概念的核心（即系统易损特性）出发将敏感性治理与暴露性治理区分开来。暴露性治理针对的是污染：通过源头控制减少乃至消除污染；通过快速应急尽力缩小污染的覆盖面和影响范围。敏感性治理针对的是社会系统：通过提升社会信任度减缓环境污染对社会结构的冲击；通过完善污染救助体系减轻环境污染对弱势群体的伤害。本节主要思路是在考察污染对社会系统已经造成的损害基础上讨论如何减少这些损害，不去讨论"什么样的社会更容易受到污染损害"这一逆向命题，因为后者的涉及面过于宽泛，至少涉及发展理念（重"金山银山"，轻"绿水青山"）、结构（产业结构、资源结构、权力结构、阶层结构、人口结构），乃至国际发展体系中的地位等诸多问题。

一、社会信任的修复

信任与环境污染的关系可以分解为两个方面。从信任对污染的影响看，低度信任的社会更容易产生环境污染。低度信任首先表现为人们守法意识的淡薄。法律本身是社会系统为了减少交易成本和提高交易效率而制定的互动规则，要求人们在彼此遵从法律的基础上建立社会信任关系。在污染语境中，违反法律、破坏信任的事情屡屡发生，即使在中央环保督察的强力高压下，还是可以在媒体上经常看到与非法排污相关的报道，诸如环评过程形式化、生产记录和环境监测数据造假、信息披露不足、污染处理设施空转、想方设法应对督察、被环保处罚仍然享受绿色税收等。国务院对一些重特大环境事故的调查总结中也常常提及政府官员和事故企业故意违反环境法律规定的内容。违法行为破坏了社会成员之间的信任关系，甚至会让人们认为法律形同虚设或可区别对待。

低度信任其次表现在人与人之间缺乏足够的信任度。在中国社会，礼物、人情和关系使特殊主义取代了普遍主义，这是信任度降低的一个重要原因。在污染情境中，造成人与人之间信任度降低的另一个重要原因是：与污染相关的利益各方权力和资源的不平等使他们不能在平等的基础上对话。信任隐含着对他人的责任和承诺；没有承诺，信任就会消失。低度信任状态使人们在行动时更多地考虑自己而不是对他人的影响。中国人际关系的“差序格局”特征在某种程度上与低度信任特征具有相似性，因为中国人不太相信与核心的“己”距离较远的“外人”。当人们更多地从自己立场出发对待污染问题时，不太会去考虑污染的外部性问题，由此使污染的控制缺少了内在的约束力。

从环境污染对信任的影响看，污染对社会系统的一个重要损害是破坏了社会系统的信任结构，至少增加了社会系统的不信任程度。改革开放以来中国的环境污染历程表明，污染对社会信任关系的破坏表现在以下三个方面：①民众（尤其是污染受害者）与污染企业、地方政府之间信任的断裂。企业在生产经营过程中为了最大化追逐利润将污染成本转移给公众；地方政府出于自身利益在招商引资、产业规划与布局、环境监管等方面乱作为或不作为，没有切实履行公众利益保护者的责任。当受害者通过制度化途径进行环境维权时，利益纠缠的政企集团要么傲慢忽视、置若罔闻，要么糊弄欺骗（比如我调研过的邳州铅中毒事件中，企业安排中毒儿童去医院检查，暗中却指使医院在血铅检测中造假），要么敷衍塞责甚至暴力打压，由此导致污染受害者对政企集团信任的丧失和不同程度的妖魔化。同样，在各类邻避冲突中，由于政府与民众的沟通不到位、刚性维稳，甚至在项目实施上造假[①]或者出尔反尔[②]，民众对政府的不信任也非常普遍。②地区之间的相互猜忌与不信任。这种不信任在跨区域污染中表现得最为明显。比如，在蒙宁陕晋交界处的“煤炭黄金区”，各省都把高污染企业布局在省际交界处，导致污染物扎堆排放（王珊，2020）。这种既为保持本省税源又想消耗他省环境容量的自利举措必定加剧各省之间的不信任感。同样的情况出现在京津冀及周边省份。③民众之间的相互矛盾与敌意。除了工业企业因生产造成污染之外，农业领域的畜禽和水产养殖，城市生活中的油烟排放、强光、噪声等都会构成污染源。一旦这些污染的制造者没有能够处理好污染受害者的抗议，矛盾就会油然而生。

在环境治理过程中，针对污染问题造成的信任结构受损，可以围绕上述三类诱因进行信任修复。

首先，修复民众与政企之间的信任关系。就企业而言，需要主动承担

---

① 比如，2009—2011年发生的秦皇岛市反对垃圾焚烧项目的邻避冲突中，村民意外发现，由环评单位做出并由环保部门批准的项目环评报告存在造假问题。

② 比如，2011年大连市政府在公开允诺PX项目停工后又允许偷偷复工。

环境治理主体责任，通过绿色转型不断提升企业形象。另外，企业需要放低姿态，主动建构与周边居民的友好关系。我曾举壳牌炼油公司在阿根廷的火焰镇（Flammable）的做法为例说明过这个问题：公司为火焰镇居民提供工作；提供输送管道等建筑材料；出资建造社区健康中心并在中心配备了7名医生、2名护士、1名全天候保安和一辆救护车。此外，公司还定期为当地学校捐款以及提供其他资助服务，如为贫困妈妈提供食物，为学校提供计算机、窗户、绘画颜料、暖气，为当地学校中的毕业班学生提供年终旅行的机会，为学校的各种球队提供绘有壳牌标语的球衣，儿童节到来时为在校的孩子提供玩具等。正是这些友好姿态使企业与周围民众能和平共处长达70多年（Auyero and Swistun，2008：364）。

一个值得探讨的问题是：企业肯定知道睦邻友好的重要性，在何种情境下会采纳或者拒绝这一策略？换言之，在何种条件下才能使“脱嵌”的市场重新“嵌入”社会？从目前的政治与社会环境看，企业可以通过三种方式建构睦邻关系。一是所谓的“环保回馈”（樊良树，2013），即在企业或各类邻避设施周围尽可能建造公众可免费使用的绿色公共空间。二是在企业环境管理中吸纳公众参与，比如：选聘周边群众担任企业环保督导顾问；选聘居民代表组建环保监督小组；在企业周边安装监测仪器，向群众公开环境监测信息；等等。三是“福利回馈”与加强互动，包括提供就业岗位、改善居民住房条件、为居民提供免费义诊和健康培训、为居民发放助学金、与居民进行节日联谊、组建服务社区的志愿服务团队等。一些成功的例子，如位于安徽淮南市的德邦化工有限公司曾作为典型被媒体报道过（雷英杰，2020）。

就政府而言，修复被损害的社会信任可以从三个方面着手：①增加信息供给。郑也夫曾提及，当年西班牙人通过神秘化和减少信息供给的方式破坏了那不勒斯社会的信任关系。因此，足够的信息量是赢得信任的必要条件。在以往的环境抗争和各类邻避冲突中，一个重要的诱因是政府对信息的封锁造成民众被愚弄和被忽视的感觉。据此，在规划和建设项目环评的所有环节增加信息供给，与民众进行充分信息沟通可以提升民众对于政府的信任度。②畅通环境信访渠道，提升环境问题的办结率。当通过正常信访渠道反映的环境问题迟迟得不到回复和解决时，民众必定会丧失对政府的信任。不断优化信访制度，帮助民众迅速解决他们关心的环境问题是提升政府信任度的重要路径。③切实履行环境监管职能，维护公众环境利益。政府之所以会失去民众的信任，一个重要原因是政府没有处理好政府、企业、社会三者之间的平衡。如果过于偏向企业，会导致社会力量过于弱小（用锰三角一带村民的话说叫作“筷子划不动船”），使民众质疑政府是否真的代表公共利益。因此，政府获取民众信任的第三个重要路径是严格依法行事，创新各种机制使环境法律和环境制度真正落到实处。比如：规范环评程序，民主协商环评公证会或听证会而不是自行随意安排议程，以免给公众留下他们被操弄和工具化的感觉；推进和完善企业环境信息公开制度，引入社会力量参与对企业的严格监管等。

其次，修复地区之间受损的信任关系。从目前跨区域污染治理和生态环境保护的实践来看，因污染问题导致的地区之间的矛盾和信任破裂可以通过三种路径解决。第一，体制改革。成立跨区域的协调小组，共同确定区域内污染治理和环境保护目标和具体的实施机制。第二，责任落实。明确区域内行动各方的主体责任和相应的奖惩方式。第三，组建联合工作网络。2017年以来，苏州和嘉兴两市围绕水环境保护目标组建的跨省河长网络群的实践表明，昔日为污染问题一度动武的“冤家”完全可以变成今日的“亲家”。

再次，民众之间因污染问题产生的信任问题可以通过两种路径修复。第一，法律路径。迫使污染制造者（如烧烤店经营者等）遵守相关环保规定，同时保证污染受害者在法律框架内环境维权的成功率，由此逐步培养双方基于法律的相互信任。第二，调解路径。强化社区、民间环保组织、社会名流等进行污染纠纷协调的作用，赋予这些中介力量特定的调解身份与合法性地位，通过中介力量的斡旋建构双方的相互信任。

二、污染介质的治理与救助体系的完善

除了信任结构受损之外，社会系统在环境污染扰动下的第二个易损特性表现为生命与健康的易受伤害。国内媒体和学者对于污染引发的健康问题的关注在2010年前后10年较为集中。有代表性的例子包括：霍岱珊、卢广等环保人士和记者对污染损害健康的摄影展示，2006至2011年期间全国各地血铅超标或中毒事件的频频曝光，《凤凰周刊》等媒体和自然之友等环保组织对于“癌症村”的关注，2013年中国“癌症村”地图在网上的流传，孙月飞（2009）和陈阿江等（2013）学者对于中国癌症村的研究或调查等。此时的学术界虽也有学者（如周纪昌，2009）呼吁要尽快建立环境污染的社会救助机制，但这一建议并未得到足够重视和有效落实。如今，重提这一建议的人已很少，学术界对这一问题的关注也不多（以“污染救助”为关键词在“中国知网”上搜索，所得文章数量极少），其原因可能与两个因素有关：第一，经济结构的转型和政治环境的变化。前文已提及，2020年前后，在上层推动下，很多地区经历了产业结构的调整。高耗能、高污染企业和产能不高的“散乱污”企业被强制淘汰，绿色、高端、智能产业逐渐崛起，第三产业在GDP中的比重逐渐提升；政治环境方面，2012年之后，随着“生态文明建设”目标的提出、“金山银山”理论在全国范围内的推广、中央环保体制的改革和环保督察机制的实施、脱贫攻坚和乡村振兴战略的推进，以及中央领导人对污染攻坚和群众环境利益的反

复强调，[①] 各级政府解决环境问题的力度空前提升，再加上环境意识日益增强的民众利用各种信访通道反映环境问题，中国农村地区已不太可能出现农民因长年遭受污染之困而罹患重症的情况。“癌症村”是中国特定阶段的发展之痛，是一代人为工业化和经济增长所付出的牺牲。第二，随着农村社会保障体系，尤其是医疗保障体系的完善，民众受到污染引发的健康损害，可以在农村社保体系中得到部分救助。以我在苏北H县A村调查过的一个案例为例，案主于2020年6月底在H县人民医院门诊检查，高度怀疑是前列腺肿瘤，于是7月初转诊于南京东部战区总医院，接受各项检查以明确病情。因此次就诊主要系异地门诊就医，可报销费用仅占其中一项（住院检查）费用的27%。8月初，案主就诊于南京一民医院。因H县医院拒绝办理转院手续，按照自主选择报备处理，此次住院治疗费用报销了35%左右。同年12月，案主再次前往南京东部战区总医院进行住院手术治疗，最终报销额度占总费用的55%（高于预期的40%比例，患者自己猜测可能与此次治疗总费用较高有关）。针对术后的药物治疗，案主在H县办理了“门特”，在当地医院按需按次购药，每次可报销80%。全年报销额度为8000元。

环境污染引发的健康敏感性治理可以从三个方面着手。

首先，对遭受污染的环境介质进行修复治理。健康受损是经由环境介质，尤其是被污染的土壤和地下水（地下水与健康之间的因果关联在2004年发布的《全国重点地方病防治规划（2004—2010）》中有具体反映）。因此，健康敏感性治理的第一步是对仍然处于被污染状态的环境介质进行修复。在三大环境介质中，土壤（包括地下水）污染治理最为艰难，对人

① 典型例子：2016年末，习近平在《在中央财经领导小组第十四次会议上的讲话》中，回答“人民群众关心的问题是什么”时，首先列举的是一系列与环境相关的问题：“食品安不安全、暖气热不热、雾霾能不能少一点、河湖能不能清一点、垃圾焚烧能不能不有损健康……”

体的健康伤害也最为普遍。“淮河卫士”霍岱珊曾指出，淮河流域癌症村的产生多是因为土壤和地下水被重金属和有毒化学物质所污染。前文已提及中国目前土壤污染现状。与土壤污染相比，地下水污染犹过之。根据2011年发布的《全国地下水污染防治规划（2011—2020）》数据，2009年对北京等8个省级地域641眼井的地下水质分析显示，水质IV类—V类的比例达到73.8%。由于地下水自净过程非常漫长，治理技术又十分有限，因此，地下水污染的修复治理面临更多挑战。①

中国对土壤污染的治理开始于2014年。治理动力来自两个方面，一是2013年的镉米危机，二是首个全国土壤污染调查报告的公布。总体而言，几年来的土壤污染治理虽取得了一些成效，但仍有很大的局限性。除了技术因素之外，另一个可能的原因在于没有充分调研当地的环境实践特点和民众的环境治理意愿，没有充分吸纳社会参与。以湖南重金属污染耕地治理为例，2014年4月，农业部和财政部选择湖南湘乡市推行国家级耕地修复试点工作。在示范片区，降低土壤和稻米中镉含量的一个重要举措是采用所谓的“VIP+n”组合技术。VIP指“镉低积累水稻品种（variety）、合理灌溉（irrigation）、施用石灰等调节土壤酸度（pH）”；n指一些辅助措施，比如使用有机肥和土壤调理剂等。根据《南方周末》2016年7月的报道，三年试点工作之所以成效不佳，一是只考虑技术问题（技术是否合理，比如撒石灰是否有效尚存争议），二是没有考虑到农民和基层的主动性和积极性，按照作者的话讲叫作“农民难接受，基层有怨言”（谭畅、王倩，2016）。这一结果值得反思：在土壤治理过程中如何才能将社会理

---

① 根据生态环境部南京环境科学研究所龙涛的报告，“十三五”期间，中国虽然在土壤立法、土壤污染现状和地下水污染现状调查、地下水监测站点建设等方面取得一定成就，但依然存在“家底”尚未摸清、治理手段和思路有限、管理能力不足、专业化程度不高等诸多问题。详见环评互联网微信公众号：《我国“十四五”土壤与地下水污染防治工作展望》，2021年7月23日。

性更好地融入科技理性？

中国台湾人类学家刘绍华曾提及在2001—2006年间，英国政府国际发展部门与中国政府合作，在中国西南地区开展“中英项目”活动。“中英项目”有一项重要任务，即让当地居民不要把艾滋病污名化。负责疾病治理的国家代理人在介入之后发现，当地人并不歧视艾滋病，他们的到来却使当地人对艾滋病越来越恐惧。为什么一心想要对抗艾滋污名的“中英项目”最后却使艾滋病污名化了？其中的一个主要原因就是这些代理人不愿下沉到基层社区，花费时间和精力去了解当地的社会关系网络和文化网络，比如，项目的执行者没有去探究当地人不歧视艾滋病的文化原因，没有去了解当地居民关于疾病和死亡的本土知识（刘绍华，2016）。同艾滋病治理一样，切实可行的环境治理方案也需要扎实的调研（包括污染现状调研、市场调研和民情调研）。陈阿江、罗亚娟等人对太湖与巢湖流域农村面源污染的研究提供了一个很好的范例。他们在提出农村生活垃圾应对策略时并非采取一刀切的方法，而是基于村庄的实际发展格局、村民的社会关系和环境行为特点，以及村民的接纳程度，按照普通村-“中心村”-旅游村的类型划分，实施不同的垃圾处理策略（陈阿江、罗亚娟，2020：223-253）。

其次，环境危险品和污染健康损害信息库建设。削减污染损害必须弄清各类风险源的污染信息，包括：危险化学品的种类、规模、行业、排放数量与管理状况、地域分布、环境危害性等；污染地块数量与类别、土壤背景含量、土壤污染所涉重点行业企业、土壤修复市场状况；地下水污染的风险源、地下水污染现状等。拥有了动态更新的信息库，才能基于对信息的仔细研判，有针对性地制定目标和提炼治理策略。

再次，完善污染受害者救助制度。在当前环境污染恶化趋势得到强力扭转，因污染造成的健康损害日益减少的情况下，是否有必要单独设立污染损害社会救助基金？笔者认为，与其专门构建该项基金的筹措、管理等运行机制，不如考虑如何将污染受害者的社会救助整合到现有的社会保障体系中，将污染受害者作为一类特殊的救助群体。具体做法是：构建污染受害群体的动态数据系统，基于系统信息为这一群体提供两种类型的社会救助。一是一般性救助：凡因污致贫的家庭都可获得生活救助和专项救助（住房、教育等）。二是特定救助，包括：①提高医疗救助的比例。污染受害者除了享有正常的医疗救助之外，因其健康伤害是由公害导致，必须增加医疗救助额度。增加的救助金来自对企业征收的环境税、对违法排污企业的行政罚款以及强制有可能造成环境和健康损害的企业缴纳的环境责任险。在具体操作时按照指定条件（如暴露于特定污染、罹患了疑似由特定污染类型导致的疾病等）对污染受害者给予相应救助。②为需要法律援助的污染受害者提供环境诉讼的司法救助。③链接慈善资源，建立慈善机构对污染受害者的救助机制，尤其引导社会工作者和志愿者对污染受害者提供心理辅导、教育扶持、政策讲解、资源链接以及其他各类社会服务。总之，完善污染受害者救助制度的总体思路是：污染受害群体与其他弱势群体共享的救助部分由政府承担；针对环境污染损害类型的特定救助通过引入市场力量（比如环境污染责任保险）和社会力量（慈善组织、社会捐赠、社会工作与志愿服务等）予以解决。

第三节　适应性治理：脆弱性的降低与韧性的提升

“适应”原本是生物学、生态学、资源管理学等学科中广泛讨论的概念，涉及物种与环境之间的关系、生态系统演变的复杂性等内容。由于脆弱性范式和韧性范式中都包含适应性的内容，因此，适应性与脆弱性、韧性的关系同样是学术界讨论的重心之一。

卡特等人（Cutter，et al.，2008）曾对全球环境变化视角和灾害视角下的韧性研究文献进行过梳理，将其中涉及的有关三个概念关系的观点做了如图5-1的归纳。从图中可以看出，不同学者对于适应能力与韧性之间关系的认识并不一致，甚至截然相反，但在脆弱性包含适应能力的认识上是一致的。从语义上来讲，“社会脆弱性”概念与“无能”（inability）、“受害”、“被动”、“消极反应”、“缺乏能动性”等词语相关联，容易使人聚焦于“问题”，因此，如果在社会脆弱性框架中考察“适应性”或“适应能力”，重心应该落在社会系统的被动应对特征上，即维持原系统的运行或者恢复到原先状态的能力。在这里，“适应能力”仅仅是一个既定状态，以此可以反推（社会）脆弱性状况，即适应能力越弱，社会脆弱性越强，反之亦然。另一方面，“适应性”又有未来取向性质，即遭受扰动的系统主动应对、加强学习、改变和创新体制与机制等，以此获得更强的环境适应能力。适应性概念中的这一主动色彩与韧性框架相吻合，因此，适应性应该是同时与脆弱性和韧性部分重叠的概念。它的被动特征与主动特征兼具也是韧性研究中所谓的“结果取向”与“过程取向”的主要分歧所在，因为“结果论”通常在脆弱性框架下考察适应能力，而“过程论”通常在韧性框架下考察适应能力。

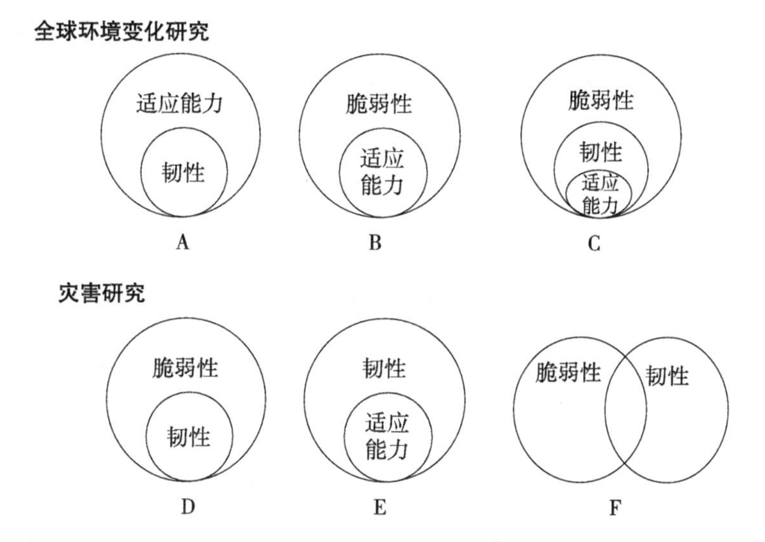

图5-1　脆弱性、韧性与适应性之间的关系（Cutter，et al.，2008：600）

为了避免概念使用的混乱，一种可能的解决办法如博克曼等人所言，将“适应”（adaptation）和“应对”（coping）区分开来（Birkmann，et al.，2013：196）。[①] 在脆弱性框架中不要使用“适应性”概念，而用“应对”取而代之，强调系统“此时此地”对特定灾害风险所拥有的回应能力；在韧性框架中统一使用“适应”概念，强调系统对灾害风险的回应

① 我赞同博克曼等人赋予“适应性”概念以更深刻的社会-生态关系调整的内涵，但不赞同他们将“韧性”解释为和“应对能力”一样，仅仅指系统在压力下维持现状的能力（Birkmann，et al.，2013：201）。

能力的动态变化过程，尤其强调通过主动学习、调整等过程实现能力的提升。

循着博克曼的思路，适应性的概念构成可以从两个维度进行界定。一是时间维度：适应性有前瞻和后视双重视角。前瞻视角强调如何加强系统的韧性，预防未来可能出现的灾难风险；后视视角强调在灾难已经出现的情况下，系统如何解决问题，尽量降低灾难的负面影响。二是受灾主体的能动性维度：适应性分为被动适应和主动适应。被动适应与脆弱性维度相应，强调脆弱性群体自己无力改变不利的社会与经济条件，必须引入外部资源以提升他们应对扰动的能力；主动适应与韧性维度相应，强调受灾主体的主动性、灵活性和创新性。

表5-6　适应性的构成维度

	后视	前瞻
被动	依赖外部力量介入，减少灾难负面后果	依赖外部力量介入，提升系统韧性，预防灾难风险
主动	主动采取措施，修补系统缺陷，应对灾难后果	创新适应机制，灵活应对系统内外环境变迁；加强系统学习，适时进行制度调整

对适应性的上述维度划分与气候变迁适应性研究中的一些观点是一致的。比如，傅塞尔与克莱恩在他们的“适应性政策评估”模型（图5-2）中便将适应性分解为“实施”（implementation）和“促进”（facilitation）。“实施”指应对灾害负面后果，主要措施包括降低暴露程度或敏感性，去除经济与社会系统中不利于适应现状的因素；“促进”指提升适应能力，具体措施包括：科学研究（弄清脆弱性的生成原因和演变规律，以便于有针对性地开展减缓行动）、信息供给与宣传教育（目的是为相关群体提供更丰富的信息，提升其防患意识）、制度调整（建立健全相关政策与制度，为适应能力提升提供制度基础）、社会网络构建（提升

脆弱性群体的组织化程度和社会联结度，为个体提升适应能力提供社会支持）等（Füssel and Klein，2006）。总体而言，模型中的“实施”着眼于现实应对，“促进”则着眼于未来逆境应对能力的提升。

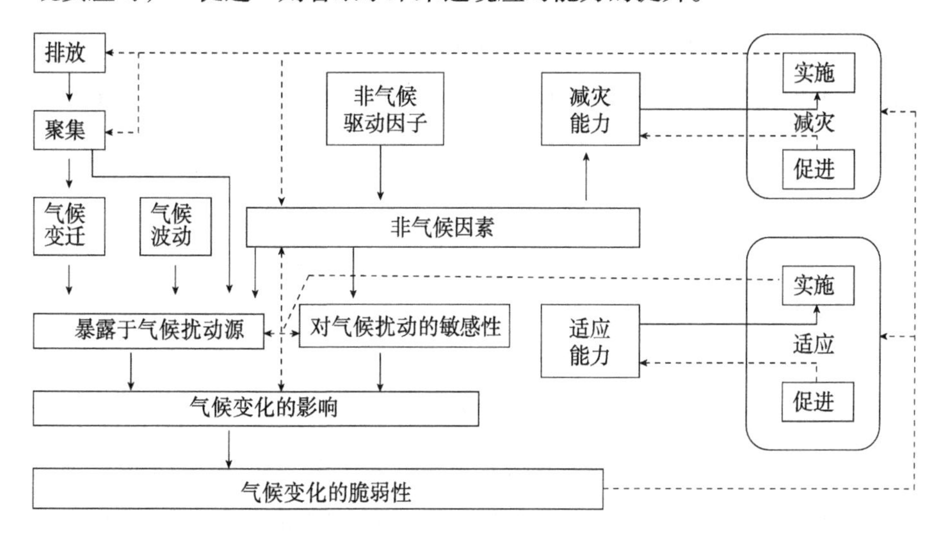

图5-2　适应性政策评估模型（Füssel and Klein，2006）

根据表5-6的分类，笔者将适应性的主要内涵总结为三个方面：第一，消除系统的被动依赖，加强系统的能动性。第二，提升系统的灵活性和创新性。为了应对环境系统中的特殊性、不确定性和意外结果，必须灵活运用应对策略，同时不断创新应对机制。第三，强化系统的学习能力，并且能将学习结果及时转化为制度建设。另外，由于系统内外环境的不断变动，必须根据系统内部构成要素以及系统与环境的互动结果适时调整制度内容，增强系统的适应性。以内蒙古草原地区的资源管理政策为例，畜草双承包责任制、禁牧休牧政策、禁养山羊政策等不但没有给牧民减灾带来帮助，反而消解了牧民传统的风险应对策略，增加了牧民的社会脆弱性（张倩，2011）。因此，若要提升牧民的灾害适应能力，必须根据政策的实施结果和自然系统的反馈结果对环境政策进行适时调整。本节对环境污染的适应性治理的分析框架主要根据上述概念界定。

一、环境污染治理的主体能动性建构

环境污染治理涉及多元主体。不同主体需要运用不同的方式激发其能动性，比如：绿色政绩考核对于政府比较重要；税收、金融和信用手段对于企业比较重要；赋予合法性对于民间环保组织比较重要；志愿激励对于公众比较重要。概言之，主体能动性建构涉及三大因素：①提供制度空间；②创建驱动机制；③培育主体精神。

（一）提供制度空间

制度空间的产生通常有两种方式：一是由上级政府尤其是中央政府自上而下提供，比如，国务院颁布了《大气污染防治行动计划》，规定在区域范围内要建立“防治协作机制”。在这种制度空间内，京津冀或者长三角地区发挥主体能动性，探索推进环评会商、实现信息联通的具体实施机制。二是局部地区在先行实践的基础上自下而上推动，而后再由上级政府推广，典型代表是20世纪80年代初期中国农村联产承包责任制的出台。没有制度空间，虽不会完全消除，但至少会限制主体能动性建构。

2019年3月，江苏省生态环境厅在例行新闻发布会上对生态环境部与江苏省共同签署的《共建生态环境治理体系和治理能力现代化试点省合作框架协议》进行了解读。笔者注意到这样两个细节：一是部省共建试点省的建议最初是在2018年10月由江苏省生态环境厅主要领导向上级领导提出来的。二是部省共建的建议背后的制度依据主要有三个，即中央和省委①关于全面加强生态环境保护坚决打好污染防治攻坚战的意见，②关于生态文明体制改革的文件，③关于生态环境机构改革的文件。[①]这是政府部门发挥主体能动性的一个典型例证。主体发挥能动性的重要动因是上级政

---

① 新闻发布会的详细内容见江苏省生态环境厅网页，http：//hbt.jiangsu.gov.cn/art/2019/3/21/art_76430_8840082.html，发布时间：2019年3月21日。

府提供了制度空间。

对于其他行动主体而言，制度空间同样重要。政府大力推进生态文明建设、推动绿色产业转型规划等为企业发挥污染治理主体作用提供了制度空间；政府颁布的《关于推进环境保护公众参与的指导意见》《关于推动生态环境志愿服务发展的指导意见》等也为公众在环境治理中发挥主体作用提供了制度空间。

（二）创建驱动机制

在特定的制度空间里，行动主体可以发挥能动性，也可以消极无为，因此，制度空间只是为主体能动性的发挥提供了可能性，要想让可能性成为现实，还需要一定的驱动机制。此类机制大体可以分为三种：一是压迫机制。当行动主体处于某种压力或胁迫之下时（比如企业被强迫公开环境信息或者可能被纳入失信企业行列，企业或政府因为污染问题面临公众抗议和社会冲突，群体之间竞争激烈等）不得不发挥能动性以应对压力。二是效率机制。当能动性的发挥能够给行动者带来效率和利益时，行动者的积极性就会增加。比如，排污权交易制度使得污染排放低的企业能够通过市场交易获得利益，由此推动企业尽量降低污染。三是信誉与合法性机制。当能动性的发挥能够给行动者带来社会声誉和公众的认可时，行动者的积极性也会增加。环境免检、绿色企业、环境标志、正面清单、环保年度人物、环保奖项等都是这种机制的具体实施方式。

（三）培育主体精神

主体能动性发挥的驱动力也可能来自个体内在的精神品质。2003年，中央电视台《新闻调查》栏目记者在福建省屏南县溪坪村做污染采访时，曾向当地诊所乡村医生张长建问了这样一个问题："你为什么想到要给我们写信？"得到的回答是："村民的生病率非常高，诊所每年的营业额都在增长。作为一名医生，我对这种情况感到非常担心。"放弃不断增加的收入，立志改变村里的污染现状，这是公民主体精神的体现。同样的状况体现在“淮河卫士”创办者霍岱珊身上。没有强烈的公民主体精神和社会责任感，他绝不会辞去公职，耗费20万元积蓄，毕生致力于淮河的生态环境保护。

二、环境污染治理机制的灵活创新

机制的灵活创新包含两种情况：一是遵照制度的规定，在实施方式上进行创新。比如，排污许可制是一项极重要的环境管理制度。为了更好地贯彻这项制度，可以在排污许可证发放、污染源监管与惩罚、企业环境信用评价、信用信息共享、评价结果运用等方面进行机制创新。二是不遵照制度规定，而是根据情境的变化和现实特殊性灵活调整。典型例子是：2005年8月，“卡特里娜”飓风袭击美国新奥尔良城时，还没到月末领取薪水、社会保障金和福利基金的时间，因此，很多人缺乏疏散和撤离的资金和能力，导致这些人在灾害面前的社会脆弱性增加（Laska and Morrow, 2006）。在制定疏散计划时完全可以事先对这些人群进行补助。新奥尔良案例提供的启示是：制度的执行需要根据情境的特殊性予以灵活调整，不能教条主义。

从政府-市场-社会三维角度出发，环境污染治理机制可以分为三个层面，即政府层面的管理机制、市场层面的交易机制和社会层面的参与机制。从各地的环境治理实践状况来看，三个层面的机制创新具有以下特点。

在政府层面上：①注重各级领导的责任落实和绿色绩效考核。由于领导层对环境治理的高度重视，因此会在体制、管理方式和提升治理效果方面加强创新力度。比如，为了深入推进河湖长制，很多地区在协同共治组织机制方面做了创新，有的增加公检法力量，形成“河湖长+检察长”、“河湖长+警长”或者“河湖长+公检法”协作机制（如安徽安庆、江苏宿迁等地），有的在河湖长组织体系中增加“河湖长助理”和“技术助理”（如江苏高邮），还有的增加“排长”和“民间河长”，分别负责排污口监管和代表群众监督（如安徽合肥）。同样，在环境督察、环境监管、环境执法等方面，各地为了取得更好的效果，都结合本地实情构建自己的务实机制。②注重党建与环境治理的结合。党建对于环境治理的重要性在于能够解决党员的思想意识问题。如果党员污染治理和环境保护意识不强、政治站位不高，环境治理成效就会受限。党建通过加强生态文明思想的学习可以提升党员的责任感和使命感，在环境治理中通过不断创新工作机制体现党员的先进性。江苏仪征市青山镇在农村环境综合整治中创新实施“党建+环境治理”的模式，组建了村干部和党员领头、保洁员和小组长参与的工作队伍，便是一个很好的例子。③注重管理功能与服务功能的结合。与单纯的环境管理相比，管理与服务的结合更能获得企业的认可。笔者梳理了一下环保部门的服务内容，主要包括：帮助企业进行“环保健康体检”并提供整改建议（如浙江丽水）；在污染企业和第三方环保服务机构之间牵线搭桥，帮助企业进行污染治理（如广西、上海）；搭建民间环保机构与污染企业的对话平台，帮助企业环境管理和绿色转型（如江苏苏州）；对企业进行环境法律与政策培训，聘请第三方专业组织为企业提供环保精准帮扶，要求第三方机构长周期驻点服务、侧重解决问题而非仅仅查找问题（如山东济南）。这些管理机制的变化反映出近年来政府环境管理职能的转变。

在市场层面上：环境治理机制的创新主要考虑如何充分调动市场力量实现环境管理目标。环境市场交易可分为排污企业之间的排污权交易和企业与第三方机构之间的环保服务交易。市场交易机制的创新可以大大提升环境治理效果。以上海市规范第三方环保服务为例，除了出台相关管理文件之外，上海市生态环境局通过两种方式创新优价服务机制，一是在组织上组建环保科技企业协会，二是在技术上筹建环保服务采购平台，以上下游企业在线集聚为基础实现资源的优化配置（蔡新华、丁波，2020）。

在社会层面上：环境治理机制创新主要体现为通过何种方式动员、组织、培训、激励公众参与环境治理。目前，中国公众的环保参与逐渐走向组织化，包括形式上的组织化（即以民间环保组织的形式参与，通常得到环保部门的支持）和行动上的组织化（参与者没有成立环保组织，而是由行政力量安排参与环保）。举一些例子对此加以说明。①在环保全民参与方面影响较大的“嘉兴模式”，其背后的组织力量是“嘉兴市环保联合会”，而“嘉兴市环保联合会”是在嘉兴市环保局的指导下成立的。2020年4月，嘉兴市推动民众参与环境治理的又一举措（组建1000多人的“民间河长”和“民间闻臭师”）背后的推动力量是嘉兴市生态环境局和嘉兴市生态创建办。嘉兴市环保联合会则在政府、企业、参与民众之间起连接桥梁的作用。②三江源地区摸索出的“生态保护协会制度”除了具有组织化特点之外，还有社区化的特点，因为在协会成员中有当地几十个行政村的村干部。“生态保护协会”背后的推动力量是三江源国家公园管理局和三江源生态保护基金会。一些企业（如联合利华·沁园）参与了乡村社区的部分环保行动。③山东淄博为凝聚治污合力而建立的“全员环保”工作机制具有更强的行政主导色彩，主要表现在其两套环保体制革新上：一是建立党委政府领导→市直部门行业监管→区县属地管理→镇（街道）网格监管统筹→企业清洁生产→志愿者环保宣传的自上而下责任体系；二是建立生态环境委员会（主要领导挂帅）→专业委员会（市级领导牵头，相关部门配合）的领导体系（刘巨贵等，2021）。与此相似的举措是新疆实施的生态环保社会监督员制度，完全是政府牵头，没有环保组织的推动。在环境教育和环保参与激励方面，各地也多有机制创新，比如，宁夏为推进环境公众教育而推出常态化开放环保设施的机制。

三、环境污染治理中的学习与制度调整

环境污染、环境冲突、环境生态事故等都可以被纳入“环境灾难”的范畴，因为它们程度不同地给社会系统带来了损害。适应性强的社会系统会在“环境灾难”中不断学习，及时查找出系统运行中存在的各种问题，以避免同类灾害的再次发生。

在韧性研究领域，已有学者围绕社会学习与韧性提升问题，运用定性系统评价方法对现有研究成果做了分析。主要结论是社会学习通过五种机制对城市灾害韧性产生了重要影响。这五种机制分别是改善管理能力、转变认知、提升自组织能力、增强道德意识与公民责任、促进公开交流与协商（Zhang，et al.，2020）。各因素之间的相互关系如图5-3所示。在思考环境治理中的学习和制度调整问题时，这一模型可以用作参照。

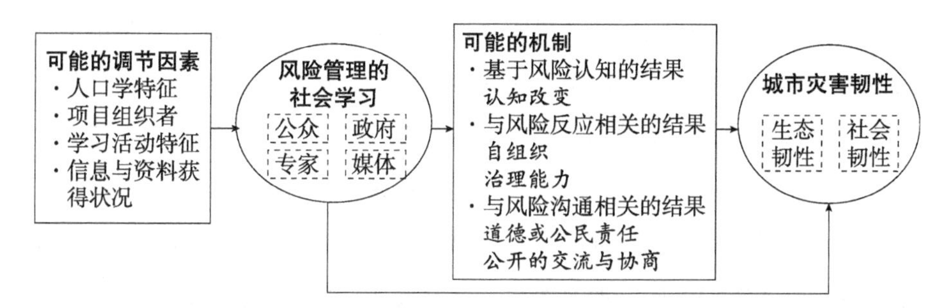

图5-3　社会学习影响城市灾害韧性的逻辑模型

（Zhang，et al.，2020：119）

（一）环境污染治理中的学习

从学习主体看，环境污染中的学习者首先是污染受害者。在利益或者健康受到侵害之后，污染受害者若要与侵权者交涉，[①]必须要通过一个

① 由于认知的不足或者找不到明确的污染源，没有直接的交涉不代表没有学习的行动，比如，2018年洪泽湖水污染事件中，临淮镇受害渔民曾自行驱车往上游安徽境内追溯污染源，此举的目的很明显是想要得到一个合理的解释。

学习的过程来获得交涉缘由和证据。这个过程通常开始于对生活异常的警觉，比如庄稼奇怪减产、畜禽莫名死亡、病患快速增多等。寻求解释和求证的过程就是学习的过程。以2008年江苏邳州铅中毒事件为例，受害村民起初根本不知道什么是铅中毒。维权精英带着生病的孩子寻医问药时偶然得知孩子体内铅含量超标，由此联想到与村庄仅隔百米的生产铅酸蓄电池的企业可能是污染源。健康与污染之间关联的意识觉醒开启了村民学习的进程。在随后与企业和政府部门不断交涉的过程中，村民主动学习的内容包括三种类型：①有关企业的生产及其对环境造成的影响。污染源的锁定使村民加强了对污染企业的关注和多方了解。这类知识的学习可以区分出两种情况。一是自学。受制于文化程度和技术设备，村民大多情况下只能获得一些粗浅的了解，或者通过一些直观证据（比如拍摄黑烟排放、植物枯死的照片或视频等）论证污染事实及其与各种损害之间的关联。二是获得了专业人士、科研院所或者民间环保组织的外力支援。在外来帮助下，村民对企业生产的环境影响会有更深刻的认知，但通常达不到美国部分社区民众能从事的“大众流行病学”研究（Brown，1992）的水平。②有关疾病的知识和其他类似地区的处理经验。在邳州事件中，村民通过网络搜索，知晓了铅中毒的各种症状、甘肃徽县水阳乡村民的铅中毒经历、治疗铅中毒最好的医院（西安西京医院、北京朝阳医院等）。③维权和上访过程中所需要的法律知识和维权经验。这些知识的获得使受害者维权和抗争过程具有更多的理性色彩。

媒体在环境污染中的学习主要表现为对污染事实的真相进行探知的过程。为了对污染的事实进行客观的报道，媒体记者通常要通过现场观察以及与污染事件各方进行交流的方式来尽力求得真相。以黔湘渝三省市交界处的“锰三角”污染为例，自2005年媒体对当地的污染状况曝光之后，在中央干预下，“锰三角”地区开启了污染整治的进程。十多年过去了，整治结果如何？2019年3月，《法制日报》记者通过实地调研揭示了污染整治虽然成效显著但“仍有死角”的事实，其中包括部分停产企业仍在违法生产，部分生产企业的环评报告找不到审批主体，千万吨锰渣未获处理，多处锰渣库渗漏污染水体等（郄建荣，2019）。在获取资料和撰写文稿的过程中，记者采访过村民、矿工、从县环保局到省环保厅多个环保部门的官员。报道的过程就是一个比较完整的学习过程。[①] 媒体的学习还表现在媒体之间对同类新闻的相互转载。比如，《法制日报》的报道后来被“腾讯网”“中国新闻网”等多家媒体转载。其他媒体虽然是为了避免因遗漏重要信息而降低阅听受众的数量，但转载的过程也是媒体之间相互学习的过程，同时也极大地增加了公众获取信息并从中学习的机会。

公众在污染治理中的学习受媒体影响较大，因为公众关于污染事实以及政府治污态度的信息来源主要是媒体。此外，民间环保组织和环保志愿者对于公众污染知识结构和污染认知的改变也有重要作用。典型代表是“淮河卫士”创办者霍岱珊在全国多个城市举办的淮河生态图片展和发表的公开演说，深刻揭露了淮河流域严重污染的事实，极大唤醒了公众的环保意识。

专家的学习涉及对污染和环境灾难进行科学研究的过程，以此寻找环境问题演变的客观规律，供政府决策参考。以生态环境事故应急处置为例，每经历一次突发污染事件，政府都会对处置过程进行分析和经验总结，甚至要借助于环境监测大数据平台对整个应急过程（从预警、信息通报，到响应、协调和善后处置）进行反复推演，从中寻找应急规律。比如，甘肃政府在环境突发事件应急中的学习（所谓“以案促建”）包括：①在广泛调研和制度研判的基础上制定专项学习方案，并且自上而下做学习活动推广；②选择典型案例或者搜集所有案例，对其中涉及的共性问题

---

① 这篇报道中没有涉及学习的另外两个重要路径，一是文献查阅，二是在媒体储存的专家库中寻找合适的专家对事件进行解读。

进行提炼，然后在系统内进行培训（张兴林，2021）。政府的学习有三个重要特点：一是与专家的学习常常交叉融合，因为有的政府官员本身就是专家或者通过到高校镀金的方式力图成为专家，即使不是，也会广泛听取专家意见。二是政府需要承担环境污染治理的责任，需要调集各类资源、吸纳各类主体参与治理过程，同时还要对环境政策和制度进行建构、重构或者完善，因此学习的内容和学习方式会更加全面、务实（典型表现：政府会举行各种突发环境事件应急演练）。三是政府之间会互相学习，一个典型表现是各地环保部门会从实用性角度彼此学习，在环境监管技术、环境政策或环境治理机制等方面相互模仿。

总之，“治理”强调多元主体参与；治理的过程也是各类参与主体的认知水平和治理能力提升的过程。若要使治理的过程不断优化，参与者需要针对治理效果和治理情境的变动不断地学习和调整。

（二）环境污染治理中的制度调整

同其他社会问题一样，环境污染和环境生态事故的发生可以揭示社会系统运行过程中存在的各种问题。适应性强的社会系统能够通过不断的制度调整来尽量修复系统运行漏洞。环境污染的发生有的是结构层面的问题导致的，比如产业结构（重化工业在GDP中占比过高）、资源结构（过于依赖单一资源）、空间结构（工业布局集中连片导致污染集聚）、利益结构（利益集团牺牲环境追求利益的行动不能得到限制）等；有的是体制层面的问题导致的，比如深受诟病的所谓“体制性困境”（即环保部门受制于同级政府因而环保职能履行受限），污染治理和环境保护被看成只是环保部门的任务导致环保部门牵头但其他部门不配合，缺乏一个统一领导机构导致地区之间协调不畅和地方保护主义严重等；有的是制度缺失或缺陷导致的，比如2005年之前，中国没有国家层面的《突发环境事件应急预案》，2005年11月松花江水污染事件的发生及初期应对不力与此有很大关联，环境信访制度存在的缺陷是很多环境纠纷转为暴力冲突的重要原因。

重特大环境生态灾难的发生通常会催生一些制度调整或者新的环境法律的诞生。表5-7列出了2015年以来发生的一些重要的环境突发事件案例对此略做说明。之所以选择2015年作为时间节点，一是因为此前发生的环境生态灾难所引发的学习和制度调整已有学者进行了整理和归纳（陶鹏、童星，2018），二是因为2015年的《国家突发环境事件应急预案》对事故调查及调查报告公布做了明确规定，很多案例的总结和反思文本在政府网站上可得。

表5-7　2015年以来发生的若干环境生态灾难所催生的制度调整

年份	环境生态事故	制度调整
2015	天津港爆炸事件	港口管理体制改革；危化产品管理制度改革，包括规划管理、安全管理、风险管理、应急管理、信息化管理、中介机构管理等
2018	泾川县柴油罐车泄漏	地方政府应急预案管理；基层政府应急环境监测模式与监测能力；应急联动
2018	洪泽湖水污染	淮河流域跨区域水污染治理体制调整；跨省联动水污染应对机制完善
2019	响水化工厂爆炸事件	危化企业安全生产管理制度；危险废物监管制度；化工园区管理制度
2020	贵州遵义柴油泄漏	多重扰动（自然灾害+生产安全事故+环境污染）下环境突发事件应急管理；管道企业环境风险管理；跨省重大水污染事件联动机制
2020	伊春鹿鸣尾矿库钼泄漏	尾矿库管理制度改革，包括工程质量管理、重点设施管理、风险管理、监理责任管理、应急预案管理、应急保障能力等
2017 2021	嘉陵江铊污染	重点区域铊污染防控；铊排放新标准；涉铊企业监管与整治；应急联动机制完善

资料来源：天津港与响水事件见国务院事故调查组对两次事故的调查报告，洪泽湖水污染事件来自媒体报道，其他事件参见生态环境部网站。

表5-7表明，每一次重大环境突发事件的发生都会促使政府对社会系统运行漏洞进行核查与修补，问题的关键还是在于制度的具体落实，否

则，经验总结会形同虚设。如果江苏省和盐城市能够吸取天津港爆炸事故的经验，加强对危险化学品安全管理的话，那么，响水事件也许就不会发生。

在进行制度调整时有很多问题可以进一步思考。第一，政府在制度调整中扮演何种角色？不同角色会带来不同的政策效果。荀丽丽、包智明（2007）在内蒙古的研究指出，地方政府将“代理型政权经营者”与“谋利型政权经营者”集于一身使“政府动员型环境政策”实践逐渐偏离了原先的生态保护目标。第二，制度的调整是否与本土知识和实践经验相吻合？有时候，制度调整不但没有减小反而增加了特定地区的社会脆弱性。比如：用武断而简单的政策和制度将脆弱性特点强加于传统草原畜牧业，是蒙古高原和青藏高原的草原生态系统遭到破坏的重要原因（海山等，2009）；同样，产权制度调整（草场划分到户）和市场经济的引入对于蒙古牧民而言，不仅增加了他们的风险暴露程度，而且使原先低成本灾害应对策略失效，由此降低了灾害应对能力（张倩，2011）。第三，调整后的制度是否与其他制度相互衔接？涂尔干所说的“失范”除了指新旧规范衔接不到位造成的规范真空之外，也可以指衔接不好造成规范之间的功能冲突。由于制度之间的衔接出现问题会造成社会系统运行的混乱，因此，在做制度调整时需要尽量做到制度的整合，在此基础上逐渐形成一套相互关联的制度体系，这是中央各部门在颁布一些新制度时都强调制度衔接的重要原因。比如：2009年民政部等四部门颁发的《关于进一步完善城乡医疗救助制度的意见》强调，新制度在具体实施时要与此前的新型农村合作医疗制度、城镇职工和居民基本医疗保险制度相衔接；同样，2021年1月出台的《排污许可管理条例》强调要与此前的环境影响评价、污染物排放标准、污染排放总量控制等环境管理制度相衔接。第四，由于制度调整涉及新旧制度的转换和更替，在此过程中有可能出现管理漏洞，而这些漏洞有可能是一些重大风险的来源，需要引起足够重视。以2021年6月发生的迈阿密公寓楼坍塌事故为例，导致事故发生的一个重要原因是1992年安德鲁飓风之后佛罗里达州调整建筑行业规范时忽略了时间差：收紧的建筑规范和质检流程只适用于1994年之后的建筑物，对于此前的建筑物没有在制度上做出规定，使危楼错失了检查、整改契机。[①]

① 详细报道参见澎湃新闻网2021年7月2日特稿：《迈阿密公寓垮塌事件：一枚40年前的“定时炸弹”？》，https：//www.thepaper.cn/newsDetail_forward_13393720。

第四节　结论与讨论

环境污染的治理虽然越来越呈现出整合的趋势，但碎片化特征还是非常明显。学术界关注的议题主要包括：①如何治理各种被污染的环境介质，打好蓝天、碧水和净土保卫战；②如何解决特定空间范围（点源、面源、跨区域）的污染问题；③如何解决环境污染引发的社会冲突或环境抗争；④如何通过环境制度、政策和法律工具不断完善治理方式，比如强化监督管理、运用市场调节、吸纳公共参与、扶持民间环保组织等；⑤如何从动态变化过程角度分析生态环境事故从风险向危机演变的机制等。围绕这些议题的研究成果很好地揭示了环境污染治理的整体性和多面向特征，但迄今为止，它们似乎还没有被纳入一个整体框架中加以考察。本书尝试从社会脆弱性视角（暴露性-敏感性-适应性）与过程视角（风险-危机）两个维度对上述内容进行整合。

暴露性治理的重心在于环境污染，目标是减少污染的发生以及降低民众暴露于环境污染的程度。在风险阶段，暴露性治理侧重于在点源、面源和跨区域三种空间尺度内实现污染的源头减量。点源污染风险管控的主要方式有：促使产业结构的绿色转型（在中央政府自上而下强力推动下实现）；通过激励和惩罚两种制度下的多种复合手段引导企业减少排污；强化企业内部的环境管理。面源污染风险管控有三种思路：一是技术思路，推动农业投入品的绿化与减量、农业投入品的精准使用、多污染物协同减排、农业产业链全过程污染监控等多种新技术的运用；二是管理思路，完善面源污染各项管理制度；三是社会学思路，寻找面源污染的深层致因（如农民环境行为和环境意识的改变、生产方式和生活方式的变化等），在此基础上提炼出因地制宜的解决方案。跨区域污染风险管控可以从协调共治的体制调整、技术手段的智能化与环境信息的跨区域联通、区域和部门间明确的职责分工，以及联控联防机制的动态完善四个方面着手。三种空间尺度的暴露性治理都离不开公众的参与。完善环境社会参与需要从"愿意参与"、"能够参与"和"参与效果"三个维度着手，尤其要不断创新线上和线下公众环保参与机制。在危机阶段，暴露性治理侧重于通过快速的应急响应尽量压缩污染的影响范围，最小化污染的负面后果。这一目标的实现离不开缜密的应急预案、完善的应急准备，以及灵活而迅速的应急响应与协调。

敏感性治理的重心在于社会系统，目标是修复因污染而遭受损害的社会系统。在结构层面上，敏感性治理主要表现为解决环境冲突造成的社会动荡，以及修复民众与政企之间、地区之间，以及民众之间因污染而被破坏的信任结构；在人的层面上，敏感性治理表现为通过修复治理受到污染的环境介质、摸清各类污染源的风险信息，以及完善污染救助体系减少污染对弱势群体的伤害。

适应性治理的概念框架虽起源于环境资源管理领域，但与此前的脆弱性研究和韧性研究分不开。作为适应性治理概念框架的最早提出者，迪茨等人（Dietz，T.，Ostrom，E. and Stern，P. C.）是环境科学家，对生态学领域的研究动态必定非常熟悉。在他们提出这一概念框架的前一年（即2002年），甘德森与霍林（Gunderson，L. H. and Holling，C. S.）编著出版了关于"扰沌"的重要著作。此外，迪茨等人针对公共资源管理困境提出的"适应性治理"框架中许多核心概念（如复杂性、冗余、边做边学、变迁、稳健等）与韧性框架是一致的。[1] 脆弱性、韧性和适应性三者的关联可以概括为手段和目标之间的关系：通过增强适应性来降低脆弱性和提升系统韧性。由于适应性连接着脆弱性和韧性，因此适应性治理中既有脆弱性意域中的复原、反应性和抵制要素，也有韧性意域中的能动性、灵活性、创新性、应对能力、学习能力和制度调整等要素。在污染治理情境中，适应性治理包括污染治理主体的能动性建构、污染治理机制的灵活创新，以及污染治理中的学习和制度调整。

上述三个维度的关系可以用图5-4做一表示。由图可见，环境污染的治理是一项整体性工程。整体性质主要体现在以下方面：第一，污染的生成以及环境突发事件的出现往往是环境与社会系统中的多种因素复合作用的结果。比如2007年太湖蓝藻的出现涉及自然因素（太湖水流环境和水域形状、水位、气温、风向等）和人为因素（围湖造田、工业化与城市化使入湖污染物剧增、污水处理设施欠缺、环境立法滞后、跨区域环境管理体制不完善等）的耦合嵌套。2018年的洪泽湖水污染事件同样如此，其出现与气候、暴雨、洪泽湖作为“泄洪走廊”的地理位置、上游的工业发展与污染防治状况、渔民的生产与生活方式、区域间协调联动不足等诸多生态–社会因素相关。再以2020年7月贵州遵义的漏油事件为例，根据生态环境部公布的调查报告，事故与强降雨、地形地貌、岩土结构、山体滑坡等环境因素，石化产业发展、安全管理漏洞、事故信息研判和先期处置失当、地方政府的履职不及时和应急能力欠缺、政企联动和上下游联动不充分等社会系统因素有关，是自然和社会多种因素整合互动的结果。第二，从治理手段上看，适应性的重要构成要素（主体能动性建构、学习能力提

---

① 迪茨等人的文章最初在2003年发表于《科学》（*Science*）杂志，后收录于Marzluff，J. M. 等人编著的《都市生态学》一书（*Urban Ecology：An International Perspective on the Interaction Between Humans and Nature*，Springer，2008，pp. 611–622）。

升、机制创新、制度调整等）渗透到污染的源头治理、应急管理以及损害修复的各个层面。第三，从治理主体上看，解决环境污染的暴露性和敏感性问题离不开多主体的协同与治理资源的整合。从这个意义上讲，环境污染治理的整体性特征体现在它是一种纳入多个相关利益主体的“包容性治理”①。

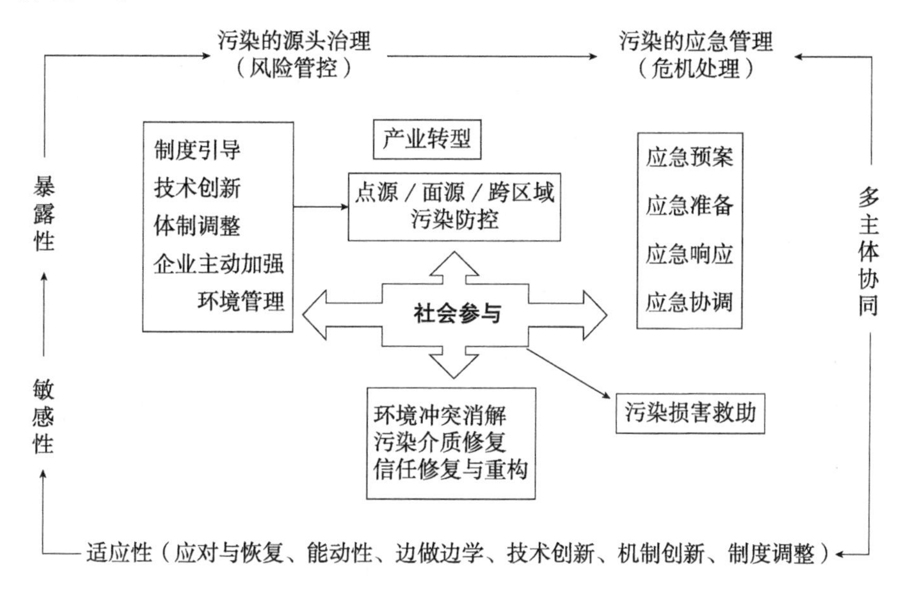

图5-4　社会脆弱性视角下的环境污染治理思路

环境污染治理的社会脆弱性框架中有一些问题需要进一步讨论。第一，该框架吸纳了“适应性治理”的核心内容，强调多个治理主体通过学习、调整、创新不断适应变动的环境。这些积极适应的内容使得该框架已经部分超越了“脆弱性”的范畴而具有了“韧性”的特征。第二，既然环境污染治理是一项整体工程，就需要克服当前治理中的一些碎片化缺陷。接下来的任务就是要在具体空间范围内反思现行治理框架内存在哪些碎片

① 所谓“包容性治理”即指通过吸纳多元主体有效参与社会治理，在互动过程中增进各主体之间的理解与共识，实现不同利益主体的社会融合（徐倩，2015）。

化特征，诸如法律的碎片化（相关法律规定散乱且不够明晰）、管理部门的碎片化（多头管理、区域之间责任不清）、治理主体的碎片化（各治理主体各行其是，缺乏合作平台）或者治理手段的碎片化（技术、税收、金融、信用等手段没有相互衔接）。推进这些碎片化维度走向整合的动力机制是什么？第三，如果聚焦于适应性政策，环境治理（包括污染治理）的公共政策如何才能避免美国学者詹姆斯·斯科特所说的“简单化”政策逻辑？如何评估适应性政策的实施效果？学术界对于第一个问题的回答是：充分考虑政策实施过程的复杂性和地方特性，尊重和利用地方习惯和实践知识（张倩，2011）。至于第二个问题，葛斯曼与辛克尔以新制度主义为理论视角，建构了一个包含三重标准的适应性政策效果评估框架：①整合（适应性政策中是否加入了特定风险因素的考量）；②一致性（政策目标与目标实现机制是否匹配，主要考察是否有充足的相关经费和人员、政策所确定的具体措施是否存在缺陷）；③遵从（人们是否会按政策规定行动：根据理性选择理论视角，当不遵守规范所要付出的成本大于收益时，人们就会被迫遵守规范；根据社会学视角，如果群体成员内化了规范背后的价值观念，也会主动遵守规范）（Gussmann and Hinkel，2021）。第四，适应性治理特别强调信息传递、公共物品供给和社会资本对于提升适应能力的重要性。在针对诸如气候变化社会脆弱性的适应性治理中，社会资本的差异会导致社会脆弱性的不同。在环境污染的适应性治理中，社会资本是不是如同蒙古牧民应对极端天气引发的自然灾害那样重要呢（张倩、艾丽坤，2018）？

参考文献

一、著作

Alexander, D., 2000. *Confronting catastrophe: New perspectives on natural disasters*, New York: Oxford University Press.

Alexander, D., 2002. *Principles of Emergency Planning and Management*, Edinburgh: Dunedin Academic Press Ltd.

Anderson, M., Woodrow, P., 1989. *Rising from the Ashes: Development Strategies in Times of Disasters*, Boulder: Westview Press.

Bankoff, G. et al. (eds.), 2004. *Mapping Vulnerability: Disaster, Development and People*, London: Earthscan.

Bankoff, G. 2009. Cultures of Disaster, Cultures of Coping, in Mauch, C. and Pfister, C. (eds.), *Natural Disasters, Cultural Responses*, Lexington Books. pp. 265–284.

Berkes, F., and Folke, C., 1998. *Linking social and ecological systems: Management practices and social mechanisms for building resilience*, Cambridge: Cambridge University Press.

Berkes, F., Colding, J. & Folke, C., 2003. *Navigating Social-Ecological Systems: Building Resilience for Complexity and Change*, Cambridge: Cambridge University Press.

Birkmann, J., 2006. Measuring vulnerability to promote disaster-resilient societies: Conceptual frameworks and definitions. in Birkmann, J. (ed.). *Measuring Vulnerability to Natural Hazards: Towards Disaster Resilient Societies*, Tokyo: United Nations University Press, pp. 9–54.

Bullard, R. D., 1990. *Dumping in Dixie: Race, Class, and Environmental Quality*. Boulder, CO: Westview Press.

Burton, I., Kates, R. W., White, G. F., 1978. *The environment as hazard*, New York: Guilford Press.

Dercon, S., 2001, *Assessing Vulnerability. Jesus College and CSAE, Department of Economics*, London: Oxford University.

Dwyer, A., et al., 2004. *Quantifying Social Vulnerability: A methodology for identifying those at risk to natural hazards*, Canberra: Geoscience Australia Record.

Dyer, C. L., 2002. Punctuated Entropy as Culture-Induced Change: The Case of the Exxon Valdez Oil Spill, in Hoffman, S. M. and Oliver-Smith, A. (eds.). *Catastrophe and Culture: The Anthropology of Disaster*. Santa Fe: School of American Research Press, pp. 159–185.

Fordham, M., et al., 2013. Understanding Social Vulnerability, in Thomas, D. S. K., et al. (eds.). *Social Vulnerability to Disasters* (2nd Edition), Boca Raton: CRC Press, pp.1–29.

Ho, M. S. and Nielsen, C. P. (eds.). *Clearing the Air: The Health and Economic Damage of Air Pollution in China*. Cambridge, MA: The MIT Press.

Holling, C. S., 1996. Engineering Resilience Versus Ecological Resilience, in Schulze, P. C. (ed.), *Engineering Within Ecological Constraints*.Washington, DC: National Academy Press, pp. 31–44.

Kasperson, J. X. et al., 2005. Vulnerability to global environmental change, in Kasperson, J. X., Kasperson, R. E. (eds.), *Social Contours of Risk*, Vol. II, Earthscan, London.

Moseley, M. E., 2002. Modeling Protracted Drought, Collateral Natural Disaster, and Human Responses in the Andes, in Hoffman, S. M. and Oliver-Smith, A. (eds.). *Catastrophe and Culture: The Anthropology of Disaster*. Santa Fe: School of American Research Press, pp. 187–212.

Mukherjee, N., et al., 2019. Climate Change–Induced Loss and Damage of Freshwater Resources in Bangladesh, in Huq, S. et al. (eds.). *Confronting Climate Change in Bangladesh*. Springer, pp. 23–37.

Najam, Adil. 2004, The environmental challenge to human security in South Asia, in Thakur, R. and Wiggen, O. (eds.). *South Asia in the world: Problem solving perspectives on security, sustainable development, and good governance*, United Nations University Press, pp. 225–247.

Pelling, M. (ed.), 2003. *Natural Disasters and Development in a Globalizing World*, Routledge.

Ranci, C., (ed.), 2010. *Social Vulnerability in Europe: The New Configuration of Social Risk*, Palgrave Macmillan, 2010.

Scoones, I., 1998. *Sustainable Rural Livelihoods: A Framework for Analysis, IDS Working Paper 72*, Brighton, UK: Institute of Development Studies.

Susman, P., O' Keefe, P. and Wisner, B., 1983. Global disasters, a radical interpretation, in Hewitt, K. (ed.). *Interpretations of calamity*, Winchester: Allen & Unwin Inc.

Wisner, B., 2003. Disaster Risk Reduction in Megacities: Making the Most of Human and Social Capital. In Kreimer, A., et al. (eds.). *Building safer cities*, Washington, DC: The World Bank, pp. 181–196.

Wisner, B., P. Blaikie, P., Cannon T. and Davis, I., 2004. *At Risk: Natural hazards, people's vulnerability and disasters* (2nd edition), London and New York: Routledge.

Holdaway，J.:《中国的环境与健康：一个新兴的跨学科研究领域》，载于Jennifer Holdaway等主编：《环境与健康：跨学科视角》，社会科学文献出版社，2010年。

Walker and Salt著，彭少麟等译：《弹性思维：不断变化的世界中社会–生态系统的可持续性》，高等教育出版社，2010年。

（美）彼得·索尔谢姆：《发明污染：工业革命以来的煤、烟与文化》，启蒙编译所译，上海社会科学院出版社，2016年。

陈阿江等：《"癌症村"调查》，中国社会科学出版社，2013年。

陈阿江、罗亚娟等：《面源污染的社会成因及其应对——太湖流域、巢湖流域农村地区的经验研究》，中国社会科学出版社，2020年。

葛怡等：《中国空气污染的社会脆弱性评估：概念模型、指标体系与影响因素》，《风险灾害危机研究》（第六辑），社会科学文献出版社，2018年。

郭振仁等：《突发性环境污染事故防范与应急》，中国环境科学出版社，2009年。

黄绍文等：《云南哈尼族传统生态文化研究》，中国社会科学出版社，2013年。

蒋高明：《中国生态环境危急》，海南出版社，2011年。

刘绍华：《我的凉山兄弟》，中央编译出版社，2015年。

（日）鸟越皓之：《环境社会学——站在生活者的角度思考》，宋金文译，中国环境科学出版社，2009年。

环境保护部环境应急指挥领导小组办公室编：《突发环境事件典型案例选编》（第二辑），中国环境出版社，2015年。

陶鹏：《基于脆弱性视角的灾害管理整合研究》，社会科学文献出版社，2013年。

陶鹏、童星主编：《风险灾害危机案例集：环境生态灾难》，社会科学文献出版社，2018年。

王五一等：《中国的环境变化健康风险管理对策》，载于Jennifer Holdaway等主编：《环境与健康：跨学科视角》，社会科学文献出版社，2010年。

王晓毅等：《气候变化与社会适应：基于内蒙古草原牧区的研究》，社会科学文献出版社，2014年。

向华丽：《外力冲击、社会脆弱性与人口迁移》，中国社会科学出版社，2018年。

（法）伊曼纽埃尔·L. 拉迪里：《历史学家的思想和方法》，杨豫等译，上海人民出版社，2002年。

张学刚：《我国环境污染成因及治理对策研究：基于“政府–市场”的视角》，经济科学出版社，2017年。

二、期刊论文

Adger, W. N., 2000. Social and ecological resilience: Are they related? *Progress in Human Geography* 24 (3): 347–364.

Adger, W. N., 2006. Vulnerability. *Global Environmental Change* 16: 268–281.

Aksha, S. K., et al., 2019. An Analysis of Social Vulnerability to Natural Hazards in Nepal Using a Modified Social Vulnerability Index. *International Journal of Disaster Risk Science* 10: 103–116.

Asteria, D., et al., 2014. Model of Environmental Communication with Gender Perspective in Resolving Environmental Conflict in Urban Area. *Procedia*

Environmental Sciences 20: 553–562.

Auyero, J. and Swistun, D., 2008. The Social Production of Toxic Uncertainty, *American Sociological Review* 73 (3): 357–379.

Birkmann, J., et al., 2013. Framing vulnerability, risk and societal responses: The MOVE framework. *Natural Hazards* 67: 193–211.

Bjarnadottir, S., et al., 2011. Social vulnerability index for coastal communities at risk to hurricane hazard and a changing climate, *Natural Hazard*s 59 (2): 1055–1075.

Bohle, H–G., 2005. Social or Anti–social Capital? The Concept of Social Capital in Geographical Vulnerability Research, *Geographische Zeitschrift* 93 (2): 65–81.

Borden, K. A., et al., 2007. Vulnerability of US cities to environmental hazards. *Journal of Homeland Security and Emergency Management* 4 (2): 1–21.

Boruff, B. J., et al., 2005. Erosion Hazard Vulnerability of US Coastal Counties, *Journal of Coastal Research* 21 (5): 932–942.

Boruff, B. J. and Cutter, S. L., 2007. The Environmental Vulnerability of Caribbean Island Nations, *The Geographical Review* 97 (1): 24–45.

Bradley, D. and Grainger, A., 2004. Social Resilience as a Controlling Influence on Desertification in Senegal. *Land Degradation and Development* 15 (5): 451–470.

Brand, F. S., Jax, K., 2007. Focusing the meaning (s) of resilience: Resilience as a descriptive concept and a boundary object. *Ecology and Society* 12 (1), http: //www.ecologyandsociety.org/vul12/iss1/art23/.

Brown, P., 1992. Popular epidemiology and toxic waste contamination: Lay and professional ways of knowing, *Journal of Health and Social Behavior* 33 (3): 267–281.

Cao, G. Z. et al., 2018. Environmental incidents in China: Lessons from 2006 to 2015. *Science of the Total Environment* 633: 1165–1172.

Carreño, M. –L. et al., 2007. Urban Seismic Risk Evaluation: A Holistic Approach. *Natural Hazards* 40: 137–172.

Chen, W. F., et al., 2013. Measuring Social Vulnerability to Natural Hazards in the Yangtze River Delta Region, China. *Int. J. Disaster Risk Sci* 4 (4): 169–181.

Cutter, S. L., 1996. Vulnerability to environmental hazards. *Progress in Human Geography* 20 (4): 529–539.

Cutter, S. L., 2003. The vulnerability of science and the science of vulnerability. *Annals of the Association of American Geographers*, 93 (1): 1–12.

Cutter, S. L., Boruff, B. J. and Shirley, W. L., 2003. Social Vulnerability to Environmental Hazards. *Social Science Quarterly*, 84 (2): 242–261.

Cutter, S. L. and Finch, C., 2008. Temporal and spatial changes in social vulnerability to natural hazards. *PNAS* 105 (7): 2301–2306.

Cutter, S. L. et al., 2008. A place–based model for understanding community resilience to natural disasters. *Global Environmental Change* 18: 598–606.

Cutter, S. L., Mitchell, J. T. and Scott, M. S., 2000. Revealing the Vulnerability of People and Places: A Case Study of Georgetown County, South Carolina. *Annals of the Association of American Geographers* 90 (4): 713–737.

Cutter, S. L. and Solecki, W. D. 1989. The national pattern of airborne toxic releases. *The Professional Geographer* 41: 149–161.

Darkow, P. M., 2018. Beyond "bouncing back": Towards an integral, capability–based understanding of organizational resilience. *Journal of Contingencies and Crisis Management*, 27 (2): 145–156.

Depietri, Y. et al., 2013. Social vulnerability assessment of the Cologne urban area (Germany) to heat waves: Links to ecosystem services. *International Journal of Disaster Risk Reduction* 6: 98–117.

DFID. 1999. DFID sustainable livelihoods guidance sheet.https: //www.ennonline.net/dfidsustainableliving.

Eblin, S. G., et al., 2019. Mapping Groundwater Vulnerability to Pollution in the Region of Adiaké, Southeast Coastal of Côte D'ivoire: A comparative Study of 3 Methods. *International Journal of Conservation Science* 10 (3): 493–506.

Emrich, C. T. and Cutter, S. L., 2011. Social Vulnerability to Climate–Sensitive Hazards in the Southern United States. *Weather, Climate and Society* 3: 193–208.

Endfield, G. H., et al., 2004. Conflict and Cooperation: Water, Floods, and Social Response in Colonial Guanajuato, Mexico. *Environmental History* 9 (2): 221–247.

Engle, N. L., 2011. Adaptive capacity and its assessment. *Global Environmental Change* 21: 647–656.

Fekete, A., 2009. Validation of a social vulnerability index in context to river–floods in Germany. *Nat. Hazards Earth Syst. Sci.* 9: 393–403.

Few, R. and Pham Gia Tran, 2010. Climatic hazards, health risk and response in Vietnam: Case studies on social dimensions of vulnerability, *Global Environmental Change* 20: 529–538.

Füssel, Hans–Martin, 2006. Vulnerability: A generally applicable conceptual framework for climate change research. *Global Environmental Change* 17: 155–167.

Füssel, Hans–Martin and Klein, R. J. T., 2006. Climate Change Vulnerability Assessments: An Evolution of Conceptual Thinking. *Climatic Change* 75: 301–329.

Fu, X., Peng, Z., 2019. Assessing the sea–level rise vulnerability in coastal communities: A case study in the Tampa Bay Region, US. *Cities* 88: 144–154.

Gaillard, Jean–Christophe, et al., 2007. "Natural" disaster? A retrospect into the causes of the late–2004 typhoon disaster in Eastern Luzon, Philippines. *Environmental Hazards* 7 (4): 257–270.

Ge, Y., et al., 2013. Assessment of social vulnerability to natural hazards in the Yangtze River Delta, China. *Stoch Environ Res Risk Assess* 27: 1899–1908.

Ge, Y., et al., 2017. Mapping Social Vulnerability to Air Pollution: A Case Study of the Yangtze River Delta Region, China. *Sustainability* 9 (1): 109.

Gitterman, A. and Germain, C. B., 1976. Social Work Practice: A Life Model. *Social Service Review* 50 (4): 601–610.

Gussmann, G., Hinkel, J., 2021. A framework for assessing the potential effectiveness of adaptation policies: Coastal risks and sea–level rise in the Maldives. *Environmental Science and Policy* 115: 35–42.

Hahn, M.B., et al., 2009. The Livelihood Vulnerability Index: A pragmatic approach to assessing risks from climate variability and change—A case study in Mozambique. *Global Environmental Change* 19: 74–88.

Halvorson, S. J., 2004. Women's management of the household health environment: Responding to childhood diarrhea in the Northern Areas, Pakistan. *Health & Place* 10: 43–58.

Hewitt, K., 1995. Excluded Perspectives in the Social Construction of Disaster. *International Journal of Mass Emergencies and Disasters*13 (3): 317–339.

Holand, I. S., et al., 2011. Social vulnerability assessment for Norway: A quantitative approach. *Norwegian Journal of Geography* 65: 1–17.

Holand, I. S., and Lujala, P., 2013. Replicating and adapting an index of social vulnerability to a new context: A comparison study for Norway. *Professional Geographer* 65 (2): 312–328.

Holling, C. S., 1973. Resilience and stability of ecological systems. *Annual Review of Ecology and Systematics* 4: 1–23.

Huang, Jianping, et al., 2020. Global desertification vulnerability to climate change and human activities, *Land Degradation and Development* 31 (11): 1380–

1391.

Huang, Jianyi, etc., 2013. Methodology for the assessment and classification of regional vulnerability to natural hazards in China: The application of a DEA model, Nat. Hazards, Vol. 65: 115–134.

Huang, Yunfeng, et al., 2012. Comparing vulnerability of coastal communities to land use change: Analytical framework and a case study in China. *Environmental Science & Policy* 23: 133–143.

Hummell, B. M. de L., et al., 2016. Social Vulnerability to Natural Hazards in Brazil. *International Journalof Disaster Risk Science* 7: 111–122.

Kelly, P. M. & Adger, W. N., 2000. Theory and practice in assessing vulnerability to climate change and facilitating adaptation, *Climatic Change* 47: 325–352.

Krishnamurthy, P., et al., 2011. Mainstreaming local perceptions of hurricane risk into policymaking: A case study of community GIS in Mexico. *Global Environmental Change* 21: 143–153.

Lambin, E. F., et al., 2001. The causes of land–use and land–cover change: Moving beyond the myths. *Global Environmental Change* 11: 261–269.

Laska, S., Morrow, B. H., 2006. Social vulnerabilities and Hurricane Katrina: An unnatural disaster in New Orleans. *Marine Technology Society Journal* 40 (4): 16–26.

Lasso, A. and Dahles, H., 2018. Are Tourism Livelihoods Sustainable? Tourism Development and Economic Transformation on Komodo Island, Indonesia. *Asia Pacific Journal of Tourism Research* 23 (5): 473–485.

Letsie, M. M., and Grab, S. W., 2015. Assessment of Social Vulnerability to Natural Hazards in the Mountain Kingdom of Lesotho. *Mountain Research and Development* 35 (2): 115–125.

Lindsay, J. R., 2003. The Determinants of Disaster Vulnerability: Achieving

Sustainable Mitigation through Population Health, *Natural Hazards* 28: 291–304.

Liu, C., et al., 2008. Farmers' coping response to the low flow flows in the lower Yellow River: A case study of temporal dimensions of vulnerability. *Global Environmental Change* 18: 543–553.

Mafi–Gholami, D., et al., 2020. Vulnerability of coastal communities to climate change: Thirty–year trend analysis and prospective prediction for the coastal regions of the Persian Gulf and Gulf of Oman. *Science of the Total Environment* 741: 1–12.

Mallick, B., et al., 2011. Social vulnerability analysis for sustainable disaster mitigation planning in coastal Bangladesh. *Disaster Prevention and Management* 20 (3): 220–237.

McEntire, D. A., 2001. Triggering agents, vulnerabilities and disaster reduction: Towards a holistic paradigm. *Disaster Prevention and Management* 10 (3): 189–196.

Miller, F., et al., 2010. Resilience and vulnerability: Complementary or conflicting concepts? Ecology and Society 15 (3): [online]. http: //www.ecologyandsociety.org/vol15/iss3/art11/.

Moser, C. O. N., 1998. The Asset Vulnerability Framework: Reassessing Urban Poverty Reduction Strategies. *World Development* 26 (1): 1–19.

Mustafa, D., 1998. Structural Causes of Vulnerability to Flood Hazard in Pakistan. *Economic Geography* 74 (3): 289–305.

Novek, J., 1995. Environmental impact assessment and sustainable development: Case studies of environmental conflict. *Society & Natural Resource: An International Journal* 8 (2): 145–159.

O' Brien, K., et al., 2004. Mapping vulnerability to multiple stressors: Climate change and globalization in India. *Global Environmental Change* 14: 303–313.

O' Brien, K., et al., 2007. Why Different Interpretations of Vulnerability Matter in Climate Change Discourses. *Climate Policy* 7 (1): 73–88.

O' Keefe, P., et al., 1976. Taking the Naturalness out of Natural Disasters. *Nature* 260: 566–567.

O' Lenick, C. R., et al., 2019, Urban heat and air pollution: A framework for integrating population vulnerability and indoor exposure in health risk analyses. *Science of the Total Environment* 660: 715–723.

Pandey, R. & Jha, S. 2012. Climate vulnerability index–measure of climate change vulnerability to communities: A case of rural Lower Himalaya, India, *Mitig Adapt Strateg Glob Change*, 17 (5): 487–506.

Paul, C. J., et al., Social capital, trust, and adaptation to climate change: Evidence from rural Ethiopia. *Global Environmental Change* 36: 124–138.

Pham Thi Bich Ngoc, 2014. Mechanism of Social Vulnerability to Industrial Pollution in Peri–Urban Danang City, Vietnam. *International Journal of Environmental Science and Development* 5 (1): 37–44.

Piya, L., et al., 2016. Vulnerability of Chepang households to climate change and extremes in the Mid–Hills of Nepal. *Clinatic Change*, 135: 521–537.

Platt, R. H., 1995. Lifelines: An Emergency Management Priority for the United States in the 1990s. *Disasters* 15 (2): 172–176.

Qu, J. H., et al., Characteristic variation and original analysis of emergent water source pollution accidents in China between 1985 and 2013. *Environ. Sci. Pollut. Res.* 23: 1–11.

Ramon Faustino M. Sales Jr., 2009. Vulnerability and adaptation of coastal communities to climate variability and sea–level rise: Their implications for integrated coastal management in Cavite City, Philippines. *Ocean & Coastal Management* 52: 395–404.

Reed, M. S., et al., 2013. Combining Analytical Frameworks to Assess Livelihood Vulnerability to Climate Change and Analyse Adaptation Options. *Ecological Economics* 94: 66–77.

Schmidtlein, M. C., et al., 2008. A Sensitivity Analysis of the Social Vulnerability Index. *Risk Analysis*, 28 (4): 1099–1114.

Schmidtz, D. 2000. Natural Enemies: An Anatomy of Environmental Conflict. *Environmental Ethics* 22 (4): 397–408.

Schnaiberg, A. 1975. Social Syntheses of the Societal–Environment Dialectic: The Role of Distributional Impacts. *Social Science Quarterly*, 56 (1): 5–20.

Shameem, M. I. Md., et al., 2014. Vulnerability of Rural Livelihoods to Multiple Stressors: A Case Study from the Southwest Coastal Region of Bangladesh. *Ocean & Coastal Management* 102: 79–87.

Siagian, T. H., et al., 2014. Social vulnerability to natural hazards in Indonesia: Driving factors and policy implications. *Natural Hazards* 70: 1603–1617.

Smoyer, K. E., 1998. Putting risk in its place: methodological considerations for investigating extreme event health risk. *Social Science and Medicine* 47 (11), 1809–1824.

Su, M. M. et al., 2016. Island Livelihoods: Tourism and fishing at Long Island, Shandong Province, China. *Ocean & Coastal Management* 122: 20–29.

Su, S. L. et al., 2015. Categorizing social vulnerability patterns in Chinese coastal cities. *Ocean & Coastal Management* 116: 1–8.

Tan, S., and Tan, Z., 2017. Grassland Tenure, Livelihood Assets and Pastoralists' Resilience: Evidence and Empirical Analyses from Western China. *Economic and Political Studies*, 12 (1): 1–20.

Tao, T. C. H. and Wall, G., 2009. Tourism As a Sustainable Livelihood Strategy. *Tourism Management* 30: 90–98.

Tobin, G. A., 1999. Sustainability and Community Resilience: The Holy Grail of Hazards Planning. *Environmental Hazards* 1: 13–25.

Tran P., et al., 2009. GIS and local knowledge in disaster management: A case study of flood risk mapping in Viet Nam. *Disasters* 33 (1): 152–169.

Turner II, B. L. and Kasperson, R. E., et al., 2003. A framework for vulnerability analysis insustainability science. *PNAS*100 (14): 8074–8079.

Turner II, B. L. and Matson, P. A., et al., 2003. Illustrating the coupled human–environment system for vulnerability analysis: Three case studies. *PNAS* 100 (14): 8080–8085.

Watts, M. J. and Bohle, H. J. 1993. The space of vulnerability: The causal structure of hunger and famine. *Progress in Human Geography* 17 (1): 43–67.

Wisner, B., 1993. Disaster vulnerability: Scale, power, and daily life. *Geojournal* 30 (2): 127–140.

Wood, N. J., et al., 2010. Community variations in social vulnerability to Cascadia–related tsunamis in the U. S. Pacific Northwest. *Nat Hazards* 52: 369–389.

Xu, J., et al., 2021. Spatial–temporal distribution and evolutionary characteristics of water environment sudden pollution incidents in China from 2006 to 2018. *Science of the Total Environment* 801: 149677.

Xu, J. P. et al., 2016. Natural disasters and social conflict: A systematic literature review. *International Journal of Disaster Risk Reduction* 17: 38–48.

Yamazaki, S., et al., 2018. Productivity, Social Capital and Perceived Environmental Threats in Small–Island Fisheries: Insights from Indonesia. *Ecological Economics* 152: 62–75.

Zhang, Qingxia, et al., 2020. How does social learning facilitate urban disaster resilience? A systematic review. *Environmental Hazards* 19 (1): 107–129.

Zhou, Y., et al., 2014. Local Spatial and Temporal Factors Influencing Population and Societal Vulnerability to Natural Disasters. *Risk Analysis* 34 (4): 614-639.

Zou, L. L. and Wei, Y. M., 2010. Driving factors for social vulnerability to coastal hazards in Southeast Asia: Results from the meta-analysis. *Natural Hazards* 54: 901-929.

Martha G. Roberts、杨国安：《可持续发展研究方法国际进展——脆弱性分析方法与可持续生计方法比较》，《地理科学进展》2003年第1期。

艾恒雨、刘同威：《2000—2011年国内重大突发性水污染事件统计分析》，《安全与环境学报》2013年第4期。

蔡晶晶、吴希：《乡村旅游对农户生计脆弱性影响评价——基于社会-生态耦合分析视角》，《农业现代化研究》2018年第4期。

陈阿江：《水域污染的社会学解释——东村个案研究》，《南京师大学报（社会科学版）》2000年第1期。

陈栋栋：《洪泽湖螃蟹死亡之谜》，《中国经济周刊》2018年第38期。

陈萍、陈晓玲：《全球环境变化下人-环境耦合系统的脆弱性研究综述》，《地理科学进展》2010年第4期。

陈松涛：《革新开放以来越南环境冲突及其管控》，《云大地区研究》2020年第2期。

陈占江、包智明：《制度变迁、利益分化与农民环境抗争——以湖南省X市Z地区为个案》，《中央民族大学学报（哲学社会科学版）》2013年第4期。

程钰等：《资源衰退型城市人地系统脆弱性评估——以山东枣庄市为例》，《经济地理》2015年第3期。

丁镭等：《1995—2012年中国突发性环境污染事件时空演化特征及影

响因素》，《地理科学进展》2015年第6期。

丁文强等：《可持续生计视角下中国北方草原区牧户脆弱性评价研究》，《草业学报》2017年第8期。

杜本峰、李巍巍：《农村计划生育家庭生计资本与脆弱性分析》，《人口与发展》2015年第4期。

樊良树：《环保回馈："邻避行动"化解之道》，《中南林业科技大学学报（社科版）》2013年第1期。

方创琳、王岩：《中国城市脆弱性的综合测度与空间分异特征》，《地理学报》2015年第2期。

方修琦、殷培红：《弹性、脆弱性和适应——IHDP三个核心概念综述》，《地理科学进展》2007年第5期。

封铁英等：《企业资本结构及其影响因素的关系研究——多元线性回归模型与神经网络模型的比较与应用》，《系统工程》2005年第1期。

高新宇：《邻避运动中虚拟抗争空间的生产与行动——以B市蓝地社区为例》，《南京工业大学学报（社会科学版）》2017年第4期。

——：《"政治过程"视域下邻避运动的发生逻辑及治理策略——基于双案例的比较研究》，《学海》2019年第3期。

葛绪广、王国祥：《洪泽湖面临的生态环境问题及其成因》，《人民长江》2008年第1期。

龚艳冰等：《云南省农业旱灾社会脆弱性评价研究》，《水资源与水工程学报》2017年第6期。

郭秀丽等：《典型沙漠化地区农户生计资本对生计策略的影响——以内蒙古自治区杭锦旗为例》，《生态学报》2017年第20期。

郭玉华、杨琳琳：《跨界水污染合作治理机制中的障碍剖析——以嘉兴、苏州两次跨行政区水污染事件为例》，《环境保护》2009年第6期。

海山等：《内蒙古草原畜牧业在自然灾害中的"脆弱性"问题研

究——以内蒙古锡林郭勒盟牧区为例》，《灾害学》2009年第2期。

韩文文等：《不同地貌背景下民族村农户生计脆弱性及其影响因子》，《应用生态学报》2016年第4期。

何仁伟等：《中国农户可持续生计研究进展及趋向》，《地理科学进展》2013年第4期。

——：《贫困山区农户人力资本对生计策略的影响研究——以四川省凉山彝族自治州为例》，《地理科学进展》2019年第9期。

黄泰霖：《系统韧性概念回顾与灾防策略之省思》，《灾害防救电子报》2012年11月，第088期。

黄晓军等：《社会脆弱性概念、分析框架与评价方法》，《地理科学进展》2014年第11期。

——：《快速空间扩张下西安市边缘区社会脆弱性多尺度评估》，《地理学报》2018年第6期。

焦若水：《生活世界视角下社会工作本土化研究》，《广西民族大学学报（哲学社会科学版）》2018年第2期。

景军：《认知与自觉：一个西北乡村的环境抗争》，《中国农业大学学报（社会科学版）》2009年第4期。

李伯华等：《社会关系网络变迁对农户贫困脆弱性的影响：以湖北省长岗村为例的实证研究》，《农村经济》2011年第3期。

李博等：《基于集对分析的大连市人海经济系统脆弱性测度》，《地理研究》2015年第5期。

李彩瑛等：《青藏高原“一江两河”地区农牧民家庭生计脆弱性评估》，《山地学报》2018年第6期。

李鹤等：《脆弱性的概念及其评价方法》，《地理科学进展》2008年第2期。

李鹤、张平宇：《全球变化背景下脆弱性研究进展与应用展望》，

《地理科学进展》2011年第7期。

李静等：《我国突发性环境污染事故时空格局及影响研究》，《环境科学》2008年第9期。

李立娜等：《典型山区农户生计脆弱性及其空间差异——以四川凉山彝族自治州为例》，《山地学报》2018年第36卷第5期。

励汀郁、谭淑豪：《制度变迁背景下牧户的生计脆弱性——基于“脆弱性-恢复力”分析框架》，《中国农村观察》2018年第3期。

李旭等：《国内突发环境事件特征分析》，《环境工程技术学报》2021年第2期。

李勇进、陈文江：《从生计脆弱性到生计恢复力的转化——以民勤绿洲为例》，《鄱阳湖学刊》2015年第4期。

李玉山、陆远权：《产业扶贫政策能降低脱贫农户生计脆弱性吗？》，《财政研究》2020年第5期。

梁欣：《空气污染对区域性人口健康的影响：基于脆弱性的视角》，《中国经贸导刊》2019年第6期。

林冠慧、张长义：《巨大灾害后的脆弱性：台湾集集地震后中部地区土地利用与覆盖变迁》，《地球科学进展》2006年第2期。

刘超、李清：《环境冲突政治风险的生成机理与防控策略》，《吉首大学学报（社会科学版）》2021年第2期。

刘凯等：《黄河三角洲地区社会脆弱性评价与影响因素》，《经济地理》2016年第7期。

刘柯：《基于主成分分析的BP神经网络在城市建成区面积预测中的应用——以北京市为例》，《地理科学进展》2007年第6期。

刘伟等：《陕南易地扶贫搬迁农户生计脆弱性研究》，《资源科学》2018年第10期。

刘小茜等：《人地耦合系统脆弱性研究进展》，《地球科学进展》

2009年第8期。

罗承平、薛纪瑜：《中国北方农牧交错带生态环境脆弱性及其成因分析》，《干旱区资源与环境》1995年第1期。

罗康隆、杨曾辉：《生计资源配置与生态环境保护——以贵州黎平黄岗侗族社区为例》，《民族研究》2011年第5期。

马冬梅、陈大春：《基于欧式贴近度的模糊物元模型在水资源脆弱性评价中的应用》，《南水北调与水利科技》2015年第5期。

马婷等：《生态退化下三峡库区贫困农户生计脆弱性评价——以重庆市奉节县为例》，《西南大学学报（自然科学版）》2019年第4期。

曼耶纳、西亚姆巴巴拉·伯纳德：《韧性概念的重新审视》，张益章、刘海龙译，《国际城市规划》，2015年第2期。

蒙吉军等：《农牧户可持续生计资产与生计策略的关系研究——以鄂尔多斯市乌审旗为例》，《北京大学学报（自然科学版）》2013年第2期。

秦小东等：《沙漠化地区乡村社区生态移民影响因子与预测模型研究——以民勤县湖区为例》，《西北人口》2007年第2期。

权瑞松等：《基于情景模拟的上海中心城区建筑暴雨内涝暴露性评价》，《地理科学》2011年第2期。

任威等：《典型喀斯特峡谷石漠化地区农户生计资本和策略响应》，《生态经济》2019年第4期。

荣婷、谢耘耕：《环境群体性事件的发生、传播与应对——基于2003—2014年150起中国重大环境群体事件的实证分析》，《新闻记者》2015年第6期。

石钰等：《基于农户视角的洪灾社会脆弱度及影响因素——以安康市4个滨河村庄为例》，《地理科学进展》2017年第11期。

宋连久等：《藏北草原牧民可持续生计分析——以班戈县为例》，《草地学报》2015年第6期。

苏宝财等：《茶农生计资本、风险感知及其生计策略关系分析》，《林业经济问题》2019年第5期。

苏磊、付少平：《农户生计方式对农村生态的影响及其协调策略——以陕北黄土高原为个案》，《湖南农业大学学报（社会科学版）》2011年第3期。

苏美蕊等：《干旱影响生计脆弱性中的中介和调节效应》，《中国农业资源与区划》2019年第1期。

孙晶等：《社会-生态系统恢复力研究综述》，《生态学报》2007年第12期。

唐波等：《基于CiteSpace国内脆弱性的知识图谱和研究进展》，《生态经济》2018年第5期。

唐国建：《可持续生计视阈下自然资本的变动对渔民生计策略的影响——以福建小链岛为例》，《中国矿业大学学报（社会科学版）》2019年第1期。

唐林楠等：《基于BP模型和Ward法的北京市平谷区乡村地域功能评价与分区》，《地理科学》2016年第10期。

陶鹏、童星：《灾害社会学：基于脆弱性视角的整合范式》，《南京社会科学》2011年第11期。

滕五晓等：《城市社区暴雨脆弱性评估研究——以上海市杨浦区为例》，《广州大学学报（社会科学版）》2018年第2期。

田静宜、王新军：《基于熵权模糊物元模型的干旱区水资源承载力研究——以甘肃民勤县为例》，《复旦学报（自然科学版）》2013年第1期。

田志华、田艳芳：《环境污染与环境冲突——基于省际空间面板数据的研究》，《科学决策》2014年第6期。

童磊：《生计脆弱性概念、分析框架与评价方法》，《地球科学进展》2020年第2期。

童星：《从科层制管理走向网络型治理——社会治理创新的关键路径》，《学术月刊》2016年第2期。

——：《应急管理案例研究中的“过程-结构分析”》，《学海》2017年第3期。

——：《“四险通评”与“一专多能”》，《甘肃社会科学》2021年第4期。

童星、张海波：《基于中国问题的灾害管理分析框架》，《中国社会科学》2010年第1期。

童星、张乐：《重大邻避设施决策风险评价的关系谱系与价值演进》，《河海大学学报（哲学社会科学版）》2016年第3期。

万里洋、吴和成：《城市空气污染脆弱性评价模型及实证研究》，《控制与决策》2020年第1期。

王成超：《农户生计行为变迁的生态效应——基于社区增权理论的案例研究》，《中国农学通报》2010年第18期。

王成超、杨玉盛：《基于农户生计演化的山地生态恢复研究综述》，《自然资源学报》2011年第2期。

王士君等：《石油城市经济系统脆弱性发生过程、机理及程度研究：以大庆市为例》，《经济地理》2010年第3期。

王晓莉等：《中国环境污染与食品安全问题的时空聚集性研究——突发环境事件与食源性疾病的交互》，《中国人口·资源与环境》2015年第12期。

王岩等：《城市脆弱性研究评述与展望》，《地理科学进展》2013年第5期。

王妍、唐滢：《从环境冲突迈向环境治理——近10年来中国环境社会科学的研究转向分析》，《南京工业大学学报（社会科学版）》2020年第6期。

汪霞、汪磊：《西南喀斯特地区农业旱灾脆弱性评价——以贵州省为例》，《广东农业科学》2014年第22期。

王玉明：《暴力环境群体性事件的成因分析——基于对十起典型环境冲突事件的研究》，《四川行政学院学报》2012年第3期。

吴畅等：《长江中下游地区自然灾害社会脆弱性及其影响因素研究》，《测绘与空间地理信息》2018年第3期。

吴浩等：《东北三省资源型收缩城市经济效率与生计脆弱性的时空分异与协调演化特征》，《地理科学》2019年第12期。

吴孔森等：《干旱环境胁迫下民勤绿洲农户生计脆弱性与适应模式》，《经济地理》2019年第12期。

吴卫红等：《溢油事故对沿海城市旅游业影响的研究：以2010年大连新港“7·16”溢油事故为例》，《生态经济》2012年第2期。

吴雄周：《产业扶贫农户生计协同响应机制的解构及实践》，《甘肃社会科学》2019年第4期。

西明·达武迪：《韧性规划：纽带概念抑或末路穷途》，曹康、王金金、陶舒晨译，《国际城市规划》2015年第2期。

肖筱瑜：《2012—2017年国内重大突发环境事件统计分析》，《广州化工》2018年第15期。

谢家智等a：《农业旱灾风险管理脆弱性评价及驱动因素分析》，《西南大学学报（社会科学版）》2017年第3期。

——b：《基于随机权神经网络的地震灾害经济损失评估与预测》，《灾害学》2017年第1期。

谢旭轩等：《退耕还林对农户可持续生计的影响》，《北京大学学报（自然科学版）》2010年第3期。

徐广才等：《生态脆弱性及其研究进展》，《生态学报》2009年第5期。

徐倩：《包容性治理：社会治理的新思路》，《江苏社会科学》2015年第4期。

许燕、施国庆：《失海渔民的生计脆弱性分析》，《中国渔业经济》2017年第2期。

薛晨浩等：《TOPSIS视角下西北生态移民社区自然灾害社会脆弱性评价——以宁夏为例》，《开发研究》2016年第2期。

荀丽丽、包智明：《政府动员型环境政策及其地方实践——关于内蒙古S旗生态移民的社会学分析》，《中国社会科学》2007年第5期。

阎建忠等：《大渡河上游不同地带居民对环境退化的响应》，《地理学报》2006年第2期。

——：《青藏高原东部样带农牧民生计的多样化》，《地理学报》2009年第2期。

——：《不同生计类型农户的土地利用：三峡库区典型村的实证研究》，《地理学报》2010年第11期。

——：《青藏高原东部样带农牧民生计脆弱性评估》，《地理科学》2011年第7期。

严燕、刘祖云：《风险社会理论范式下中国"环境冲突"问题及其协同治理》，《南京师大学报（社会科学版）》2014年第3期。

杨飞等：《脆弱性研究进展：从理论研究到综合实践》，《生态学报》2019年第2期。

杨慧：《社会脆弱性分析：灾难社会工作的重要面向》，《西南民族大学学报（人文社会科学版）》2015年第5期。

杨洁等：《中国1991—2010年环境污染事故频数动态变化因素分解》，《中国环境科学》2013年第5期。

杨云等：《决策树模型ID3算法在突发公共卫生事件风险评估中的应用》，《中国预防医学杂志》2015年第1期。

尹景伟、刘春山：《洪泽湖1991—2005年发生的水污染情况分析及对策探讨》，《江苏水利》2009年第8期。

詹国辉等：《农业面源污染的适应性治理：国际经验、限度与路径选择》，《河北经贸大学学报》2018年第2期。

张春丽等：《湿地退耕还湿与替代生计选择的农民响应研究——以三江自然保护区为例》，《自然资源学报》2008年第4期。

张芳芳、赵雪雁：《我国农户生计转型的生态效应研究综述》，《生态学报》2015年第10期。

张丽琼等：《强震对农户生计脆弱性影响分析——以甘肃岷县漳县6.6级地震为例》，《灾害学》2020年第4期。

张乐、童星：《价值、理性与权力："邻避式抗争"的实践逻辑——基于一个核电站备选厂址的案例分析》，《上海行政学院学报》2014年第1期。

——：《"邻避"冲突中的社会学习——基于7个PX项目的案例比较》，《学术界》2016年第8期。

——：《环境冲突治理中的结构固化与功能障碍》，《学术界》2019年第5期。

张明、谢家智：《巨灾社会脆弱性动态特征及驱动因素考察》，《统计与决策》2017年第20期。

张倩：《牧民应对气候变化的社会脆弱性——以内蒙古荒漠草原的一个嘎查为例》，《社会学研究》2011年第6期。

张倩、艾丽坤：《适应性治理与气候变化：内蒙古草原案例分析与对策探讨》，《气候变化研究进展》2018年第4期。

张钦等：《高寒生态脆弱区气候变化对农户生计的脆弱性影响评价——以甘南高原为例》，《生态学杂志》2016年第3期。

张群：《牧区工矿业开发对牧户生计的影响分析——基于内蒙古B嘎

查的考察》，《中国农村经济》2016年第7期。

张素娟、卢阳旭：《提升城市灾害应对能力　降低社区社会脆弱性》，《中国减灾》2016年7月上。

张绪清：《环境冲突与利益表达——乌蒙山矿区农民“日常抵抗”问题探析》，《贵州师范大学学报（社会科学版）》2016年第2期。

张永领、游温娇：《基于TOPSIS的城市自然灾害社会脆弱性评价研究——以上海市为例》，《灾害学》2014年第1期。

张玉林、顾金土：《环境污染背景下的“三农问题”》，《战略与管理》2003年第3期。

赵文娟等：《元江干热河谷地区生计资本对农户生计策略选择的影响——以新平县为例》，《中国人口·资源与环境》2015年第11期增刊。

赵雪雁：《甘南牧区人文因素对环境的影响》，《地理学报》2010年第11期。

——：《不同生计方式农户的环境影响——以甘南高原为例》，《地理科学》2013年第5期。

——：《多重压力下重点生态功能区农户的生计脆弱性——以甘南黄河水源补给区为例》，《生态学报》2020年第20期。

郑文含：《绿色发展：资源枯竭型城市转型路径探索——基于徐州市贾汪区的实证》，《现代城市研究》2019年第4期。

周纪昌：《构建我国农村流域水污染受害者社会救助机制》，《生态经济》2009年第12期。

周利敏：《从自然脆弱性到社会脆弱性：灾害研究的范式转型》，《思想战线》2012年第2期。

——：《社会脆弱性：灾害社会学研究的新范式》，《南京师大学报（社会科学版）》2012年第4期。

——：《从社会脆弱性到社会生态韧性：灾害社会科学研究的范式转

型》，《思想战线》2015年第6期。

邹海霞、刘东浩：《工程项目嵌入区农户生计脆弱性及其消解对策》，《广西民族大学学报（哲学社会科学版）》2015年第4期。

三、学位论文、报纸及其他

Fekete, von A. 2010. *Assessment of Social Vulnerability for River-Floods in Germany*. PhD Thesis, Bonn: United Nations University.

Nikolic, I. 2018. *Vulnerability Assessment of Rural Livelihoods under Multiple Stressors: The Case Study of Bosnia and Herzegovina*. Master's Thesis, Norwegian University of Life Sciences.

IPCC, 2014. *Climate Change 2014*: *Impacts, Adaptation, and Vulnerability*. Part A: Global and Sectoral Aspects. Contribution of Working Group II to the Fifth Assessment Report of the Intergovernmental Panel on Climate Change, Field, C. B. (eds.), Cambridge and New York: Cambridge University Press.

IPCC第五次评估报告第二工作组报告：《气候变化2014：影响、适应和脆弱性：决策者摘要》。

鲍俊哲：《中国气温和空气污染时空分布特征及其对人群健康影响与脆弱性评价研究》，武汉大学2016年博士学位论文。

蔡新华、丁波：《上海第三方环保服务逐步规范》，《中国环境报》2020年7月2日，07版。

陈茜：《多维度视角下我国环境群体性事件演化规律与应对策略研究——基于18个案例的分析》，重庆大学2016年硕士学位论文。

耿海清、李博：《京津冀及周边地区应建立健全多层次环评会商制度》，《中国环境报》2021年5月31日，03版。

郭文生、任效良：《静海坚定走好绿色发展之路》，《中国环境报》

2021年5月6日，06版。

淮安市人民政府、宿迁市人民政府：《洪泽湖生态环境保护规划文本》，2016年。

洪亚雄：《以钉钉子精神推进农业面源污染防治》，《中国环境报》2021年4月8日，03版。

雷英杰：《扛起企业环境社会责任　打造绿色安全德邦》，《中国环境报》2020年1月21日，07版。

李玲玉：《来自生态环境部的三封感谢信》，《中国环境报》2020年4月20日，01版。

刘巨贵等：《淄博“全员环保”守护碧水蓝天》，《中国环境报》2021年5月13日，06版。

刘立平：《益阳精准治污　斩断锑污染浊流》，《中国环境报》2021年1月5日，05版。

刘志伟等：《唱响绿色长江之歌》，《科技日报》2020年9月25日，01+03版。

梁欣：《湖北省大气污染人群健康脆弱性评价研究》，中南财经政法大学2017年硕士学位论文。

钱勇：《关于开展生态环境志愿服务工作的几点思考》，《中国环境报》2021年6月8日，03版。

生态环境部：《嘉陵江“1・20”甘陕川交界断面铊浓度异常事件调查报告》，http: //www.mee.gov.cn/ywgz/hjyj/yjxy/202107/t20210716_847470.shtml，发布时间2021年7月16日。

宿迁市环保局：《对市政协五届二次会议第077号提案的答复》，http: //www.suqian.gov.cn/cnsq/zxyabl/201809/a8d10232d6ba40b0b383ff9d9d0a35c8.shtml。

孙月飞：《中国癌症村的地理分布研究》，华中师范大学2009年硕士论文。

谭畅、王倩：《湖南试验田再“续命”》，《南方周末》2016年7月21日，D21–22版。

郄建荣：《锰三角环境污染整治仍有死角》，《法制日报》2019年3月29日，07版。

王海宝：《泗洪县临淮镇S村生态移民安置规划》（初步成果），未出版，2018年。

王珊：《煤炭黄金区如何走出污染困境》，《中国环境报》2020年6月16日，05版。

王圣志等：《一个村庄的复活与一条大河的“返清”》，《新华每日电讯》2019年5月10日，09版。

吴丰昌：《加强农业面源污染防治　推动水环境质量改善》，《中国环境报》2021年4月2日，03版。

曾鸣等：《豫鲁签订黄河流域首份省际横向生态补偿协议》，《河南日报》2021年5月8日，01版。

张福锁：《加强农业面源污染防治　推进农业绿色发展》，《中国环境报》2021年3月31日，03版。

张丽璇：《牧区社区脆弱性和社会工作介入探析——以内蒙古四子王旗格日勒图雅嘎查为例》，内蒙古大学2017年硕士学位论文。

张晓燕：《冲突转化视角下的中国环境冲突治理》，南开大学2014年博士学位论文。

张兴林：《甘肃“以案促建”多方位提升环境应急能力》，《中国环境报》2021年5月31日，08版。

后　记

最初介入环境污染引发的社会脆弱性研究时的情境颇似宋代词人李清照所说的“兴尽晚回舟，误入藕花深处”。在脆弱性的研究文献里满眼望去，一片陌生的绿色，其中所涉及的环境科学、生态学、地理科学、灾害学、社会统计学、疾病与健康科学、管理学等多种理工科和社会科学的知识使我意识到这一研究任务更需要一个跨学科团队的合作才能更好地完成。在研究过程中，陌生的知识与方法常常给我带来挫折感和沮丧，但与此同时，这些新颖的知识也激发了我对未知领域产生探索的冲动，有时候在费力弄明白了一些知识点之后也感到非常愉悦。此外，阅读和思考的过程使我也收获了一些很有意义的研究主题，其中包括：敏捷治理与韧性管理、国家安全视角下的韧性研究、适应性的分析框架与评价方法、适应性治理与社区突发公共卫生事件防控、可持续生计与生态环境的关系、长江退捕渔民的生计重构与可持续发展、环境污染引发的社会脆弱性在资本主义国家早期的表现以及解决措施①、社会脆弱性视角下自然灾害引发的健

---

① 这个问题是在阅读一些历史文献时想到的，主要包括美国学者彼得·索尔谢姆（2016）关于19世纪英国人的污染认知研究，以及英国杜伦大学学者Christopher M. Gerrard和David N. Petley对于传统社会的风险研究。两位英国学者提出，在中世纪后期（1000—1550年）的欧洲社会，人们面临严重的环境灾害时并非茫然无助，恰恰相反，很多地区在减灾、提升适应能力、保护自身免受灾害伤害等方面发展出了一套复杂且颇为现代的应对措施。详见A risk society? Environmental hazards，risk and resilience in the later Middle Ages in Europe，*Nat Hazards*（2013）69：1051-1079。

康风险、在健康风险防范方面国外环境立法与制定环境政策的经验等。

社会脆弱性视角因为强调特定系统在灾害面前的被动和无能状态而颇受批评，尽管如此，这一视角至今仍然有极大的研究意义。其一，社会脆弱性强调社会系统因素对灾害结果的调节作用。因为社会系统的高度异质性（包括构成要素的异质性、运行机制的异质性、历史背景的异质性等），所以，社会脆弱性不会随着社会的发展而消失，反而有可能随着社会发达程度的提高而增加。典型证据是，同传统社会相比，现代社会所面临的风险源大大增加。另外，人口和财富日益向沿海地区①和城市的聚集极大地增加了由气候变迁所引发的灾害的暴露程度，而很多研究（如Depietri，et al.，2013）表明，暴露性对社会脆弱性整体的贡献度很大。其二，社会脆弱性视角立足于社会底层，关注脆弱性在不同人群（尤其是社会弱势群体）中的分布状况。这种自下而上的减灾实践既与中央"以民为本"的执政理念更加贴近，也更能精准地定位救灾资源的使用、发现救灾管理中的漏洞，从而更有效地提升救灾效果。

随着中国经济的转型和生态文明建设的发展，中国的环境质量快速好转。从生态环境部公布的统计数字来看，突发环境事件数量在2013年达至峰值之后逐年下降；较大环境事件数量在2014年达到最高值（16起）之后也在逐步下降，且与2008年和2009年的最高值（41起）相比要少很多。根据2020年《中国生态环境状况公报》披露的信息，全国地级及以上城市优良天数比例、城市建成区黑臭水体消除比例、地表水优良水质断面比例、受污染耕地安全利用率等指标任务全部完成甚至超额完成。在全国环境总形势持续向好的同时，各个省份也不断有环境质量改善的捷报传出，如2021年1月，广东宣布全省2020年空气质量优良天数达标率为95.5%，

① 比如，从1980年到2003年，美国沿海市县居住人口增加了3300万，达到了1.53亿人，占美国总人口的53%。随着时间的推移，沿海居住人口还将继续增加（转自Bjarnadottir，et al.，2011：1056）。

PM2.5低至22μg/m^3，创有监测数据以来历史最好成绩；四川省宣布，全省水环境质量在2020年创“十三五”以来最好水平，岷江流域首次实现全面达标；陕西省也宣布，2020年是实行国家新标准以来大气环境质量最好的年份，渭河入黄河断面水质达到近20年来最好水平。[①] 在这样的背景下，作为扰动源之一的环境污染对社会系统的冲击逐渐降低。然而，同社会脆弱性视角的研究意义没有丧失一样，环境污染的研究意义也没有丧失。且不说各类环境污染问题仍然存在，就算完全消失，作为一个历史研究主题也很有意义，至少可以从一个侧面透视吉登斯所说的“现代性的后果”。

环境污染与社会脆弱性的关联问题非常复杂，本书只是做了初步探讨。未来的相关研究可以朝以下几个领域进一步拓展和深化。

第一，按照原因和空间尺度对不同的污染类型案例进行分类，详细考察这些案例的内容，在此基础上寻找污染引发的社会脆弱性的类型与作用机制。不同环境介质（空气、水、土壤）的污染所引发的暴露性、敏感性和适应性存在差异，需要用不同的指标体系进行测量，同时揭示导致社会脆弱性的具体构成要素；同样，宏观与中观尺度（国家、区域）的环境污染所引发的社会脆弱性与微观尺度（如村庄、家庭）的状况也必定各有不同。将不同的污染案例进行交叉分类与比较能更好地揭示污染扰动下社会脆弱性的多样性特征与生成机制。

第二，与上述比较研究的思路一致，可以将污染扰动下的社会脆弱性与其他扰动源对社会系统的冲击进行比较，由此强调环境污染作为一个特殊的人为扰动，如何一方面凸显了社会系统原先因建设不足而存在的脆弱性，另一方面又直接造成了社会系统新的脆弱性。此外，可以在更宽泛的主题下讨论环境与社会脆弱性的关联，比如全球气候变迁、环境条件的历

---

① 相关报道见《中国环境报》2021年1月19日02版、1月28日02版、4月28日03版。全国其他省份在“十三五”期间的治污成果总结可参阅《中国环境报》2021年1月21日的“攻坚战报”专栏。

史变动、各类灾害或环境因素的叠加等对脆弱人群的影响。研究主题的拓展更接近中央提出的未来若干年深化生态文明建设、争取碳达峰和碳中和的新目标。

第三，考察协调环境与社会的本土知识和传统经验。早在1994年联合国召集的日本横滨国际会议上，许多代表即已认识到在理解与应对社会脆弱性问题时需要重视普通民众的本土经验知识。很多传统社区在与环境长期共处的过程中发展出自身的应对环境风险的方法，比如，墨西哥湾沿岸居民通过种植最耐风雨的甘蔗以及混合种植来最大限度地降低频繁发生的飓风与洪水所带来的经济损失；在房屋与河岸之间放置一些石块，利用石块在洪水冲击下发出的撞击声作为夜间预警信号等（Krishnamurthy, et al.，2011）。班考夫对菲律宾人所受到的灾害及灾害应对历史的研究表明，地震、台风、山洪、火山爆发等灾难多发地带的自然条件既为菲律宾人带来了一套相应的灾难文化[①]，同时也使菲律宾民众形成了一套独特的灾难应对方式，比如，社区民众建立了各种正式和非正式的社团，使受难者能够获得救济与相互扶持（Bankoff，2009）。由此可见，一个群体所生活的环境中出现的自然风险与灾难一定会在该群体的文化中得到反映；另一方面，面对自然风险和灾难的威胁，群体一定会发展出相应的适应策略和应对方式。通过考察群体的文化特征可以透视自然环境与社会系统之间的相互作用。在中国各地传统文化中也有应对环境和生态问题的丰富智慧，比如：内蒙古牧民在与环境"不确定性"长期共存的过程中积累了以"流动性"为核心的游牧生态知识（王晓毅等，2014），而工矿业开发对这种共生关系的剥离是导致传统牧业生计脆弱性生成的一个重要驱动因素

① 表现在：建筑层面的木／竹制结构；农业领域更注重多样化种植、土地的碎片化使用等能够降低损失风险和防止饥荒的实践取向；不断迁移和重新安置定居点的生活方式；民族性格方面独特的命运观、幽默感和对待苦难的乐观主义精神；价值观方面注重互助、共拒困境的团结与整体意识。

（张群，2016）；云南哈尼族在长期实践中形成稻禽鱼共生、生物多样性极其丰富的梯田农耕生态文化（黄绍文等，2013）；太湖流域居民在历史上曾广泛采用桑基鱼塘生产模式（陈阿江、罗亚娟等，2020）。有学者呼吁，“传统的就是落后的”这样的刻板印象需要摒弃（海山等，2009）。优秀的传统实践尽管在很大程度上遭到了发展主义的破坏，但解决发展的环境困境的一些良方也许就存在于这些传统实践中。

第四，将脆弱性作为环境社会工作的一个重要议题。长期以来，社会工作者一直沿袭着类似传统社会学中的“人类中心主义”思路，其理论依据（社会生态系统理论）中虽然含有“生态”二字，但仍然是在社会系统内部寻求问题的原因和解决问题的路径，并没有去考察与人类福祉密切相关的环境问题。此外，从社会脆弱性视角对社会工作进行探讨的成果也很少，仅有的研究主要涉及两个方面的内容：第一，灾害社会工作的社会脆弱性分析框架，在价值与伦理、理论与视角、介入方法的基本架构下，从灾前、灾中、灾后三个时间维度分析个人、社区、制度三个层面的四大资本（自然资本、经济资本、社会资本、文化资本）状况（杨慧，2015）。第二，从“社区脆弱性”的维度和表现（灾害频发、经济减缓、互助削弱、文化变异）出发，讨论社会工作干预的面向和路径（张丽璇，2017）。

在降低社会脆弱性的工作中，环境社会工作者可以吸收韧性研究中的一些思路，尤其是借鉴针对社区韧性提升而建构的分析框架。比如，拉蒙针对气候变化及其引发的海平面升高、热带风暴、海水渗透等问题，以菲律宾甲米地市（Cavite City）11个沿海村落为研究对象，在梳理了社区脆弱性现状并对未来趋势进行推演的基础上，建构了一个纳入适应性策略的海岸综合管理规划框架（Ramon，2009）；更宏观一些的框架如卡特等人建构的“地区灾害韧性”模型（disaster resilience of place，DROP，Cutter，et al.，2008）。这些分析框架对于环境社会工作具有很强的指导意义。从这些框架出发，环境社会工作可以有多个着力点，在此仅列举两个相关点加以说明：1. 推进环境教育、提升居民的环境认知和社区灾害管理能力。运用指数法研究社会脆弱性的文献大多会提及“受教育程度”是社会脆弱性的一个重要影响因素。但是，对于受教育程度通过何种方式影响了社会脆弱性的问题，学术界讨论得并不多。德国学者马里克等人注意到了文化程度与思想观念之间的关联：有过高中及以上教育经历的人会事先采取一些防范措施应对热带风暴的袭击，而文盲者对灾后外来物资救助有一种“路径依赖”，由此造成他们在灾难面前更加脆弱（Mallick，2011）。由此看来，普及环境灾害知识，提升社区居民的环境认知，改变一些居民消极“等、靠”的思想观念，可以作为环境社会工作的重要介入维度。针对国外灾害管理的研究文献中还提到了社区能力提升的问题。社区通过寻找智力外源，与高校或各类研究机构建立合作关系，提升自己的科研能力和知识层次。比如，美国加州的一些社区在对海平面上升引发的脆弱性进行评估时采用了美国地质调查局开发的“南加州海岸风暴建模系统”，对沿海地区的洪灾前景进行模拟，以便更好地理解海平面上升、风暴与海岸演变的综合影响（Fu and Peng，2019）。在社区推进环境教育、培养居民的环境意识、提升社区的环境管理水平时，社会工作者不是仅仅依靠自身的力量，而是要充分发挥资源链接的功能，不断地“培力”和“借力”。可能的行动路径包括：①建构环境教育三大资源库，即专家资源库（寻求专业帮助）、课程资源库（建设多彩课程）和项目资源库（积累活动策划素材），以便在需要时方便地调用。②培育和发展环保志愿组织。2021年6月，生态环境部与中央文明办印发的《关于推动生态环境志愿服务发展的指导意见》为环境社会工作提供了更大的制度空间。《意见》特别强调志愿组织、志愿项目和多主体协同。环境社会工作者可以在党政部门开展工作，协助其在环境志愿服务中发挥引领作用；还可以通过企业社会工作协同企业做好环境志愿服务项目的策划和志愿服务组织培育工作。2. 提升弱势群体的环境信息获取能力和设施落后社区的环境灾害应对条件。能否获得有关灾害的各种有效信息对于风险管理和减少灾害负面结果具有重要影响。马里克指出，对于像孟加拉国这样的贫穷国家而言，社会下层因为无力购买收音机或电视机，信息来源主要依靠口耳相传，由此造成的信息闭塞或滞后使他们在灾害面前表现出较大的脆弱性。另外，在强热带风暴“锡德”袭击下，大部分研究对象之所以没有去更安全的避难中心，一个重要的原因是道路条件很糟糕，导致穷人无法轻易克服居住点到避难点之间的空间距离障碍（Mallick，2011）。对于基本上人手一部手机的中国社会而言，主要问题不在于硬件设施，而在于是否有能力通过手机或电视等途径快速获得相关信息。环境社会工作者可以将帮助弱势群体提升环境信息获取能力作为工作的重要内容之一。设施落后的社区面对环境灾害时具有更大的暴露性和敏感性，环境社会工作者可以从改善物理条件和提升应对能力方面着手，增强社区应对环境灾害的适应性。